# 暗纹东方鲀"中洋1号"
# 生物学研究与绿色养殖技术

王 涛 尹绍武 编著

U0257319

中国农业出版社

北 京

# 内 容 简 介

　　本书在介绍暗纹东方鲀"中洋1号"生物学内容的同时，重点介绍了暗纹东方鲀"中洋1号"生物学特性、培育过程、抗寒机制、养殖技术，以及疾病防治等方面的新成果、新技术，力求展现先进性、实用性、通俗性、可读性和可操作性。主要内容包括河鲀概述、东方鲀属鱼类遗传育种研究进展、暗纹东方鲀"中洋1号"的生物学特性、暗纹东方鲀"中洋1号"的选育、暗纹东方鲀"中洋1号"抗寒机制、暗纹东方鲀应对病菌感染的响应机制、暗纹东方鲀"中洋1号"繁育与养殖技术、暗纹东方鲀"中洋1号"疾病防治、暗纹东方鲀"中洋1号"综合利用9个部分。

　　本书收集了国内外相关研究资料和近些年来包括作者在内的一系列研究成果，系统总结了暗纹东方鲀"中洋1号"的生物学和生态学知识，以及人工育苗和养殖技术等，可为从事暗纹东方鲀研究的人员提供参考。同时，可作为水产养殖学等相关专业的教科书，以及生产一线技术和管理人员的参考书。

# 前　言
## ·FOREWORD·

暗纹东方鲀（*Takifugu fasciatus*），是我国长江"三鲜"之一。当前暗纹东方鲀的需求量逐年增长，日本、韩国等国家对我国河鲀的进口需求也呈不断增长趋势。国家地方各级政府对河鲀养殖产业大力支持，2016年，农业部办公厅、国家食品药品监督管理总局办公厅联合发文《关于有条件放开养殖红鳍东方鲀和养殖暗纹东方鲀加工经营的通知》（农办渔〔2016〕53号），批准养殖暗纹东方鲀成为加工后可进入市场经营的河鲀品种之一。"十三五"期间，农业农村部将河鲀纳入国家海水鱼产业技术体系。可见，暗纹东方鲀在我国水产领域具有重要地位。但由于暗纹东方鲀属江海洄游鱼类，温度下降到18℃以下难以存活，人工养殖过程中保温越冬耗费能源、成活率低及生产速度显著下降的难题尤为凸显，亟待解决。本学科团队联合江苏中洋集团股份有限公司等单位经30余年的合作，培育出了暗纹东方鲀"中洋1号"国家审定的新品种，有效解决了暗纹东方鲀的越冬难题，节省了养殖能耗，提高了生长速度。本学科团队通过技术服务、转让、培训、媒体传播和建立示范基地等形式，进行暗纹东方鲀"中洋1号"的应用推广，带动了江苏省内外农户的共同富裕。同时，符合"种业振兴""长江大保护"国家战略，取得了重大的经济、社会和生态效益。

本书作者根据多年来的科研和生产实践，同时搜集整理相关材料，倾心编写。本书在介绍暗纹东方鲀"中洋1号"生物学知识的同时，重点介绍了暗纹东方鲀"中洋1号"生物学特性、培育过程、抗寒机制、养殖技术，以及疾病防治等方面的新成果、新技术，力求将先进性、实用性、通俗性、可读性和可操作性融为一体。编写中，参考了我国近年来在暗纹东方鲀方面的研究成果和期刊上的一些重要文章，在此对原作者的辛勤劳动致以谢意！同时，将目前有关暗纹东方鲀"中洋1号"的科研成果和存在问题做了一定的展示和介绍，旨在抛砖引玉，引起更多的水产科技工作者重视，以促使我国暗纹东方鲀养殖业快速健康发展。

本书的完成，得到了国家自然科学基金项目（项目批准号：32172948、31800436）、国家重点研发计划项目"蓝色粮仓科技创新"（项目批准号：2018YFD0900301）、江苏省种业振兴"揭榜挂帅"项目（项目批准号：JBGS〔2021〕034）、江苏省农业科技自主创新项目〔项目批准号：CX（22）2029〕、江苏省自然科学基金（项目批准号：BK20180728）、"十四五"南京师范大学水产重点学科建设项目等国家级、省部级项目的资助。本实验室研究生褚鹏、刘雨曦、张莹、唐晓东、王思进等参与了本书的资料收集和修改完善工作，在此一并致以谢意！

本书虽几经修改，但由于时间紧迫，学识与水平所限，错误与不足之处在所难免，衷心企盼读者朋友批评指正！

编著者

南京师范大学海洋科学与工程学院

2022年5月

# 目 录
• C O N T E N T S •

前言

## 第一章 河鲀概述 ............................................ 1

一、河鲀在动物分类学上的地位 ........................................ 1
二、我国主要鲀形目鱼类简介 .......................................... 2
三、河鲀的经济价值及开发前景 ...................................... 12

## 第二章 东方鲀属鱼类遗传育种研究进展 ....... 14

一、选择育种 ....................................................... 14
二、杂交育种 ....................................................... 15
三、分子标记辅助育种 .............................................. 17

## 第三章 暗纹东方鲀"中洋1号"的生物学特性 ... 19

一、暗纹东方鲀"中洋1号"形态构造 .................................. 19
二、暗纹东方鲀"中洋1号"组织形态学观察 ............................ 20
三、暗纹东方鲀"中洋1号"雌雄个体形态差异及其判别分析 ............. 23

## 第四章 暗纹东方鲀"中洋1号"的选育 ........... 29

一、暗纹东方鲀"中洋1号"育种工作 .................................. 29
二、制种或繁育情况 ................................................. 33
三、暗纹东方鲀"中洋1号"培育过程 .................................. 37

## 第五章 暗纹东方鲀 "中洋1号" 抗寒机制 43

一、鱼类抗寒机制的研究进展 43

二、暗纹东方鲀 "中洋1号" 应对低温胁迫的响应机制研究进展 49

  （一）低温胁迫下暗纹东方鲀肝脏的转录组学分析 49

  （二）低温胁迫下暗纹东方鲀肝脏的蛋白质组学分析 59

  （三）低温胁迫下暗纹东方鲀肝脏的代谢组学分析 66

  （四）低温胁迫下暗纹东方鲀肝脏的多组学联合分析 73

  （五）低温下盐度对暗纹东方鲀生理生化的影响 87

  （六）暗纹东方鲀 "中洋1号" 肌肉应对低温胁迫的响应机制 106

三、暗纹东方鲀耐寒性 SNP 位点开发 130

  （一）暗纹东方鲀 CIRP 基因 cDNA 序列克隆和生物信息学分析 130

  （二）暗纹东方鲀 CIRP 基因表达特征分析 135

  （三）暗纹东方鲀 CIRP 基因 SNP 位点开发及与耐寒性状相关联分析 136

## 第六章 暗纹东方鲀应对病菌感染的响应机制 140

一、暗纹东方鲀 TLR2、TLR7 和 TLR21 基因的克隆和生物信息学分析 140

二、脂多糖或嗜水气单胞菌刺激下暗纹东方鲀 TLR2、TLR7 和 TLR21 基因时序表达模式分析 151

三、脂多糖或嗜水气单胞菌刺激下暗纹东方鲀 MnSOD 和 Cu/ZnSOD 基因表达模式分析 155

## 第七章 暗纹东方鲀 "中洋1号" 繁育与养殖技术 164

一、暗纹东方鲀亲鱼和苗种 164

二、暗纹东方鲀 "中洋1号"（Takifugu fasciatus）繁殖制种要求标准 164

三、暗纹东方鲀 "中洋1号" 养殖技术操作规范 164

四、暗纹东方鲀 "中洋1号" 混养技术 164

## 第八章 暗纹东方鲀 "中洋1号" 疾病防治 179

一、病害特点及防治策略 179

二、发病原因 180

三、暗纹东方鲀养殖各时期防治对策 181

四、暗纹东方鲀常见病 186

## 第九章　暗纹东方鲀"中洋1号"综合利用　192

一、养殖暗纹东方鲀鲜、冻品加工操作规范 …………………………………… 193
二、河鲀烹饪方法介绍 …………………………………………………………… 193
三、中毒后的急救 ………………………………………………………………… 194
四、中毒的症状表现 ……………………………………………………………… 195
五、中毒后的急救措施 …………………………………………………………… 195
六、预防措施 ……………………………………………………………………… 196

参考文献 …………………………………………………………………………… 198

# 第一章
# 河 鲀 概 述

## 一、河鲀在动物分类学上的地位

鲀类是指鲀形目的一个鱼类群体，在民间，人们通常把其称为气鼓鱼、腊头、艇鲅鱼等。鲀类种类繁多，其分布广泛，从太平洋到大西洋均有其踪影。鲀形目下属种类很多，世界上共有300多种，大部分是暖水性海洋底栖鱼类。河鲀是鲀形目鲀科鱼类的俗称。我国的鲀科鱼类有54种，东方鲀属有22种，分布于南海、东海和黄渤海。其中，暗纹东方鲀可洄游进入长江、珠江等水系。常见的淡水河鲀有暗纹东方鲀（*Takifugu fasciatus*）、弓斑东方鲀（*Takifugu ocellatus*）；海水河鲀主要有红鳍东方鲀（*Takifugu rubripes*）、菊黄东方鲀（*Takifugu flavidus*）、条纹（黄鳍）东方鲀（*Takifugu xanthopterus*），还有假睛东方鲀（*Takifugu pseudommus*）、虫纹东方鲀（*Takifugu vermicularis*）、双斑东方鲀（*Takifugu bimaculatus*）、星点东方鲀（*Takifugu niphobles*）、铅点东方鲀（*Takifugu alboplumbeus*）、晕环东方鲀（*Takifugu coronoidus*）等。东方鲀属鱼种是一类经济价值较高的水产品，其肉质细嫩、味道鲜美，自古享有"鱼中之王"的美称。但由于河鲀体含剧毒，受国内市场销售需求和相关政策法规的限制，国内河鲀产业一直低下。但自2016年9月，农业部和国家食品药品监督管理总局联合发布了《关于有条件放开养殖红鳍东方鲀和养殖暗纹东方鲀加工经营的通知》（农办渔〔2016〕53号），我国河鲀市场初步放开。目前，河鲀养殖主要分布在沿海地区，以辽宁、河北、山东、江苏、广东和福建这几个省份为主。规模化、标准化的河鲀养殖产业，使得多种河鲀已成为当地重要的水产出口品种。

现代动物分类学已经明确界定，"河鲀"与"河豚"实际上是不同纲的两类动物。"河鲀"是硬骨鱼纲、鲀形目、鲀总科、鲀科鱼类的统称；而"河豚"则是哺乳纲、河豚总科、河豚科（也称淡水豚科）动物的统称，如白鳍豚、江豚（豚即猪，故江豚也俗称"江猪"）等。《辞海》中也有注明："河鲀"是硬骨鱼纲、鲀科鱼类的俗称。

## 二、我国主要鲀形目鱼类简介

由于生长环境的不同，以及地理群体的分化，东方鲀属之间有着其独特的生理特征。但是也有部分特征是所有东方鲀属都共有的特征。

**鼓胀：**河鲀腹部膨胀的原因与其自身的构造有关，其肠道前下方有一个向后扩大成袋状的气囊。气囊具有良好的弹性，当遇到外敌或受刺激而又不能迅速逃离时，河鲀很快冲到水面，通过口和鳃孔迅速吞入大量空气和（或）水使气囊膨胀，导致胸腹部膨大如球。同时皮刺竖起，浮在水面装死，以此自卫，使敌害有口难吞。待感觉安全后，迅速排放气囊中的空气与水后快速游走，也称"装丑诈死"。

**眼睑：**一般来说，鱼类没有眼睑，无法闭眼。但河鲀的眼周围有许多皮皱，通过来回运动这些皮皱使河鲀慢慢眨眼。在鱼类中，迄今发现只有河鲀有此习性。河鲀的两只眼睛，一只用来追捕猎物，另一只用来放哨。这一特点是很多动物（包括人类）无法比拟的。

**相残行为：**东方鲀有着独特的相残行为，指的是在养殖规格相差较大时，大的、强壮的个体会主动攻击弱小的个体。主要残咬的部位为尾鳍、背鳍和腹部，严重时甚至会咬食嘴部。仔细观察可发现尾鳍处有明显的缺口，严重时尾鳍全部断落，体表、腹部、尾鳍处有弧形牙齿印记。当幼鱼生长至 7~8mm 时，处于河鲀的出牙期，相当于人类长牙齿的时候，这时候可能需要磨牙。所以，在此阶段就会出现追尾互相咬的情况，但是此时个体差异不会相差太大，不会导致死亡。随着个体的生长，板状牙齿愈发成熟，裸露。摄食时可明显观察其牙齿。在互相撕咬的过程中，可能会出现腹部鼓胀应激的现象。这是一种通过快速吸入空气和水分，从而使得自身膨胀的一种状态。当遇到捕食者或者处于应激状态，河鲀都会通过"鼓气"来保护自己。当追尾消失或胁迫解除时，"鼓气"状态会消除。但也有过度紧张导致的应激，使得其无法解除"鼓气"状态，从而导致死亡。在幼鱼期间，全长达到 15mm 时，相残行为最剧烈。

**毒素：**野生的东方鲀体内各内脏器官都含有剧毒（tetrodotoxim，TTX），毒性随个体生育期、性别、季节、器官组织的不同而不同，毒性强弱依次为卵巢、肝脏、血液、皮肤、精巢、肌肉。雌性高于雄性，繁殖季节的毒性最强。

**1. 暗纹东方鲀**（*Takifugu fasciatus*） 属于硬骨鱼纲、鲀形目、鲀科、东方鲀属。按照国际动物命名法规中"优先律"的原则，暗纹东方鲀应使用 *Takifugu fasciatus*（McClland，1844）作为学名。然而，至今仍有很多关于暗纹东方鲀的文献资料甚至国际性的学术刊物，在使用 *Takifugu obscurus*。笔者建议，暗纹东方鲀的学名应由 *Takifugu obscurus* 恢复为 *Takifugu fasciatus*。暗纹东方鲀体呈亚圆筒形，前端钝圆，向后渐狭小，尾柄略为侧扁。胸鳍宽短，无腹鳍，背鳍后位，与臀鳍相对，同形，尾鳍后缘稍圆形。口小，端位。体棕褐色，体侧下方具淡黄色带，腹面白色。体色和条纹随体长不同而有变异。背部具不明显暗褐色横纹 4~6 条，横纹之间具白色狭纹 3~5 条。胸鳍上方体侧处具一圆形黑色大斑，边缘白色，背鳍基部具一长圆形黑色大斑。胸鳍基底外侧和里侧常各具一黑斑。胸鳍、背鳍、臀鳍黄棕色，尾鳍后端灰褐色。头部及体背、腹面均被小刺，背刺区与腹刺区在眼后部相连。吻侧、鳃孔后部体侧及尾柄光滑无刺（图 1-1）。

（1）**生活习性** 暗纹东方鲀生性凶残而胆小，当生存环境恶劣时，常会发生相互残杀，这种相残习性尤以苗种培育阶段为甚。其食道构造特殊，向前腹侧及后腹侧扩大成囊，没有肋骨。这一构造使其遇到敌害时，吸入空气和水，使胸腹部膨大如球，表皮小刺竖立，浮在水面装死，以此自卫。待感安全后，迅速排放

图 1-1 暗纹东方鲀（*Takifugu fasciatus*）

胸腹中的空气与水后快速游走。此外，它还有咬齿习性，被捕后会发出"咕咕"的叫声。幼鱼在江河或通江湖泊中育肥，然后入海；在海中生长发育至性成熟后，再进入淡水产卵。在自然条件下，暗纹东方鲀以摄食水生无脊椎动物为主，兼食自游生物及植物叶片和丝状藻类等，是偏肉食性的杂食性鱼类。其食性广，成鱼的动物性食物包括鱼、虾、螺、蚌、昆虫幼虫、枝角类、桡足类等；植物性食物包括高等植物的叶片、丝状藻类等。幼鱼食性稍不同于成鱼，主要以轮虫、枝角类、桡足类、寡毛类、端足类及多毛类等浮游动物和小鱼苗为食。其吃食特点是将食物，一边向嘴里衔，一边退缩，同时品味嘴里的食物，味道好则吞食，味道差则吐出退逃。在人工饲养条件下，经过合理地驯食，可以很好地摄食人工配合饲料。

（2）**栖息环境及分布范围** 暗纹东方鲀为洄游性鱼类，栖息于水域的中下层，主要分布于东海、黄海及通海的江河下游。每年 3 月开始，便成群溯河至长江中产卵繁殖，幼鱼在江河或通江的湖泊中生长，至翌年春季返回海中。在中国产于东海、黄海和渤海，还分布于大清河、长江中下游流域、洞庭湖、鄱阳湖和太湖等淡水湖泊，以及闽江口。山东烟台、石岛大渔岛、青岛，江苏连云港西连岛、吕泗、江阴、太湖东山，上海吴淞、佘山、长江口，浙江蟹浦、舟山沈家门、蚂蚁岛。

（3）**繁殖方式** 暗纹东方鲀一般 2～3 年性成熟，其繁殖力很强，雌鱼绝对怀卵量为14 万～30 万粒，成熟系数为 11.4～22.8。卵巢肾形，棕黄色，左大右小。成熟卵粒为黏性沉性卵，入水后黏性增强。卵圆球形，卵膜薄而透明，淡黄色，卵径 1.1～1.3mm，油球小而多。雄鱼精巢较大，乳白色，成熟后轻压腹部有乳白色精液流出，成熟系数为10.8～16.4。暗纹东方鲀产卵期较长，每年 3—6 月溯河至通海的江河水草丛生的地方产卵繁殖，为一次性产卵型。产卵对水温条件有一定的要求，但并不十分严格。水温 23℃左右时，胚胎发育需 4～7d。从刚孵化出的仔鱼到卵黄囊吸收，约需 6d 的时间。长江中捕捞的暗纹东方鲀，通过合理的方法在池塘中进一步培育，可进行催产繁殖，培育不当则会导致性腺退化。全人工饲养的个体没有经历过海淡水洄游，一般不具繁殖力。

**2. 红鳍东方鲀**（*Takifugu rubripes*） 地方名黑艇巴、黑腊头、虎鲀，为大型鲀类，体长一般为 350～450mm，最大可达 800mm，体重 10kg 以上。初次性成熟雄性体长350mm、雌性体长 360mm。体呈亚圆筒形，背面和腹面被小棘。上下颌各具 2 个喙状牙板。体侧皮褶发达。背面黑灰色，胸斑后方具多条黑色斑纹。臀全部白色。暖温性中下层有毒鱼类。受刺激后迅速吸入水或空气，鼓体张棘，以此威吓御敌。其身上的骨头不多，背鳍和腹鳍都很软，但长着两排利牙，能咬碎蛤蜊、牡蛎、海胆等带硬壳的食物。肝和卵巢含剧毒，误食会致死。红鳍东方鲀背鳍数 17，臀鳍数 15，胸鳍数 17～18，尾鳍数 10

（8分支）。体长135～515mm。头胸粗圆向后渐尖，尾柄锥状，头体下方有一纵皮棱。体长为体高的1.9～3.5倍，为头长的1.8～2.9倍。头后半部似方形，头长为吻长的2.2～2.5倍，为眼径的6.4～8.2倍，为眼间隔的1.8～2倍。吻钝圆，约等于眼后头长。眼稍小，侧上位。两鼻孔位鼻囊突起两侧。口小，前位。唇发达。上下颌骨与牙合为4个大牙状。鳃孔侧中位，短横月形。无鳞。除吻、头体两侧及尾部外，均有小刺。侧线在尾柄近侧中位，到头部有项背支、头侧支、眼上下支及吻背支。体后半部下方有腹支、头部下侧有下颌支。背鳍小刀状，位肛门后上缘。臀鳍与背鳍相似而略后。胸鳍侧中位，近扇形。尾鳍圆截形。背侧黑色，腹侧白色，沿腹棱艳黄色；胸鳍后上方体侧有一白缘眼状大黑斑，其后到尾部尚有数个小黑斑。背鳍及尾鳍黑色，胸鳍灰褐色，臀鳍红黄色，基部较红（图1-2）。

图1-2　红鳍东方鲀（*Takifugu rubripes*）

（1）生活习性　为暖温带及热带近海底层鱼类，栖于近海地区。有少数进入淡水江河中。幼鱼常在沙泥底质的近海区域活动，游入河口域或浅水域，一年后则移往外海区栖息。成鱼于秋季时向外海洄游越冬，春季初再向近岸洄游。最适温范围为14～25℃，属于广盐性鱼类。游动缓慢，受惊吓时会吸入大量空气或水，将鱼体鼓胀成圆球状，同时皮肤上的小刺竖起，借以自卫，以吓退掠食者。主要以软体动物、甲壳类、棘皮动物及鱼类等为食。河鲀的牙齿与刺鲀的牙齿很相似。河鲀的牙齿融合成1个喙。上下颌的牙齿用来咬碎软体动物和珊瑚。河鲀将这些生物活的部分，连同蟹、蠕虫和藤壶等海洋生物一起吞食。

（2）分布范围　为底层肉食性洄游鱼类。栖息于礁区、沙泥底、河口、近海沿岸。冬居近海，春夏间入江河产卵索食，秋末返海。分布于西北太平洋区，由日本、韩国及俄罗斯沿海至东中国海。在中国台湾分布于北部、东北部及东部海域。

（3）繁殖方式　红鳍东方鲀为大型鲀类，属于一次性产卵类型。冬季末期性腺开始成熟，春季产卵，每年春季由近海至沿岸产卵。黏性卵会附着于海底物体，4～5月即开始出现仔鱼。产卵场一般在盐度较低的河口内湾地区，水深20m以内，水温17℃左右，3—5月产卵，海州湾地区在5月上旬，盛产期很短，沉性卵且具有黏性，球形，卵径1.09～1.20mm，多油球，卵膜厚。怀卵量随个体大小而定，3kg怀卵量有20万～30万粒。受精后2h形成胚盘，2.5h第一次分裂，4～5d后未受精的卵变为黄色或紫色，好的卵为乳白色且有光泽，发眼期前后出现色素细胞。孵化时间一般为13℃、15d，15℃、10d，17～18℃、7～8d。仔鱼孵化出膜。

**3. 菊黄东方鲀**（*Takifugu flavidus*）　属于硬骨鱼纲、鲀形目、鲀科、东方鲀属。头骨骨质硬而细密，呈白色。中筛骨短而宽，前缘分叉中等凹陷。额骨隆起面中等宽，呈箭头形，具众多纵走细纹。左右额骨纵走隆起线呈细腰形，细腰中部中等宽，前端向外弧形弯曲，达到前额骨后缘内侧，后端达到额骨后缘稍内侧。额骨后缘两侧具齿状突起。额骨长稍大于宽。前额骨大，呈三角形，前缘微凹，向内侧倾斜，外侧角锐尖，外缘长而微圆突，下方向内倾斜收敛。前额骨外缘显著长于额骨外缘。眶上缘中等长，由长前额骨、短额骨和短蝶耳骨外缘构成。额骨与蝶耳骨外缘成锐角。蝶耳骨突起中等宽，中等长，稍向上倾斜伸出。背面棕黄色，腹面乳白色，体侧下缘皮褶呈宽橙黄色纵带。体和斑纹随生长有变异，幼鱼体背侧散布白色小圆点，随体长增大，白斑渐模糊而后逐渐消失，呈均匀的棕黄色。幼鱼胸斑大而明显，呈黑色，边缘浅白色，随个体生长，胸斑变小，狭长直至分裂成散碎斑状。胸鳍基部内外侧常有一小深褐斑点，成鱼体侧后部下方有时出现一列小褐色斑点。幼鱼的胸鳍浅黄色，成鱼的棕褐色。幼鱼的背鳍黄褐色，成鱼的棕色，均有黑色边缘。幼鱼的臀鳍基部白色，中部黄色，末端棕色，成鱼的基部白色，其余部分棕褐色。幼鱼的尾鳍深褐至黑色，成鱼的黑色。菊黄东方鲀与星点东方鲀（*Takifugu niphobles*）在幼鱼阶段极相似。但在成鱼阶段，两种东方鲀特征显著不同：菊黄东方鲀体形较粗短，为中大型东方鲀，体长可达 300mm；

星点东方鲀体形较细长，为小型东方鲀，体长仅 150mm。菊黄东方鲀皮厚，皮刺较突出；星点东方鲀皮薄，皮刺极细小。菊黄东方鲀体色和小白斑点随生长变化；星点东方鲀体色和小白斑点不随生长而变化。菊黄东方鲀皮褶为橘黄色纵带；星点东方鲀为浅黄色纵带。菊黄东方鲀胸斑竖形狭长状，随生长变小，直至呈碎斑状；星点东方鲀为横斜形扁平状，斑径不随生长变化（图 1-3）。

图 1-3 菊黄东方鲀（*Takifugu flavidus*）

(1) 生活习性 菊黄东方鲀与大多数东方鲀属一样，具有"鼓气"、残食互相撕咬等习性。在自然界，菊黄东方鲀经常会腹部朝下，"趴"在海底，左右晃动身体，拨开海底沙子，并用其尾部将身子埋于土中，眼睛和背鳍露于外面。养殖越冬期间，在给土池大棚内的菊黄东方鲀喂食时，可见其体表黏附泥土；水泥池养殖时，可见其尾鳍触碰池底，头部依靠池壁静卧，这些都是菊黄东方鲀伏底钻沙的表现。菊黄东方鲀为肉食性鱼类，主要以小鱼、甲壳类和贝类等无脊椎动物为食，其消化腺发达，消化能力强，但性成熟个体在生殖季节摄食能力有所下降。在人工养殖条件下，经驯食能够摄食配合饲料。

(2) 分布范围 中国温带近海底层杂食性鱼类，在我国分布于东海、黄海、渤海等海域，该物种的模式产地在青岛。

(3) 繁殖方式 研究人员利用杭州湾河口区的天然海水对人工繁养的菊黄东方鲀亲鱼进行强化培育，使其达到性成熟，挑选其中性腺发育良好的亲本进行催产，并采用半干法人工授精。在水温 21～22℃下，受精卵经过 100～120h 的静水充气孵化后仔鱼出膜；在水温 24～25℃下，经过约 25d 的培育，乌仔的全长达 15mm。试验结果表明，2004 年分 4 批共计催产 18 组，催产率为 94.4%，获得受精卵 67.5 万粒、初孵仔鱼 58.1 万尾、乌仔 29.3 万尾，受精率为 70.2%，孵化率 86.1%，育苗成活率 50.4%；2005 年催产 12 组，催产率 83.3%，获得受精卵 110.3 万粒、初孵仔鱼 90.8 万尾、乌仔 49.6 万尾，受精率为 77.5%，孵化率为 82.3%，育苗成活率 54.6%。试验结果还表明，两个不同盐度（15、25）对菊黄东方鲀受精卵孵化和苗种培育的影响不明显。

**4. 黄鳍东方鲀**（*Takifugu xanthopterus*） 属于硬骨鱼纲、鲀形目、鲀科、东方鲀属。个体较大，体长 200～500mm，大的可达 600mm。体亚圆筒锥形，头胸部粗圆，微侧扁，躯干后部渐细，尾柄圆锥状，后部渐侧扁。体侧下缘纵行皮褶发达。头大，钝圆，头长显著短于鳃孔至背鳍起点距。吻短，钝圆，吻长显著短于眼后头长。眼中等大，侧上位。眼间隔宽，稍圆突，为眼径的 2.0～3.9 倍。鼻瓣呈卵圆形突起，位于眼前缘上方；鼻孔每侧 2 个，紧位于鼻瓣内外侧。口稍小，前位，呈横浅弧形状。上下颌牙呈喙状，牙齿与上下颌骨愈合，形成 4 个大牙板，中央缝显著。唇厚，有细裂纹，下唇较上唇长，其两端向上弯曲，伸达上唇外侧。鳃孔中大，侧中位，呈浅弧形，微倾斜，位于胸鳍基底前方。鳃膜白。体背面自鼻孔前缘上方至背鳍前方和腹面自鼻孔后缘下方至肛门前方均被小刺，小刺较突出，余部光滑无刺。侧线发达，背侧支侧上位；向前与眼眶支相连；前方达吻上方，在鼻瓣前方，左右吻支相连，形成吻背支；在眼眶支后端下方向下垂直，形成头侧支；在鳃孔上方，左右背侧支横走分支，相连形成项背支；背侧支向后延伸至尾柄末端上方；下颌支自口角下方向后延伸，止于鳃孔后缘下方；腹侧支自胸鳍末端下方延伸至尾柄末端下方。背鳍 1 个，位于体后部、肛门稍前方，近似镰刀形，中部鳍条延长。臀鳍 1 个，与背鳍几同形，基底与背鳍相对或稍后于背鳍起点。无腹鳍。胸鳍侧中位，短宽，似倒梯形，后缘稍圆形。尾鳍宽大，后缘呈浅凹形。体腔大，腹腔淡色，鳔大，有气囊。骨质薄，质硬而细密，呈象牙白色。中筛骨短而亮，前缘分叉中等凹形。额骨隆起面窄，无细刻纹。左右额骨隆起线呈瘦细腰形，细腰中部窄，棱线不明显，前端向外弧形弯曲，伸至前额骨内侧后缘，后端亦向外弧形弯曲，达到额骨后缘外侧。后端隆起线中部有一棘状突起。额骨后缘具 2～3 个大尖棘状突起。细腰中部外侧具一浅凹陷。额骨特宽，显著大于额骨长。前额骨大，呈四方形，前缘微凹，向内倾斜，外侧角钝圆，外缘长，平直或微向外突，后部向外侧扩大。额骨外缘颇短，约等于前额骨外缘的 1/3。蝶耳骨短而中等宽，向后弯曲伸出。鱼体背面呈浅青灰色，有多条深蓝色斜行宽带，宽带有时断裂成斑带状。无胸斑，胸带附近的斜行宽带末端常呈椭圆状。背鳍基底有一椭圆形蓝黑色大斑。胸鳍基底内外侧各具一蓝黑色圆斑。腹面乳白色。体侧下缘纵行皮褶在幼鱼

图 1-4　黄鳍东方鲀 (*Takifugu xanthopterus*)

时呈黄色，成鱼时为乳白色。各鳍显鲜艳的橘黄色，与其他东方鲀属成员很容易区分（图 1-4）。

（1）**生活习性**　黄鳍东方鲀为暖温水性近海底层中大型鱼类。主要以虾、蟹、贝类、头足类、棘皮动物和小型鱼类为食。4—5 月仔鱼出现于沿岸水域。喜集群，亦进入江河口，幼鱼栖息于咸淡水中。每年 2 月从外海游向近岸，10 月由近岸向外海洄游越冬。

（2）**分布范围**　分布于中国、朝鲜半岛和日本相模湾以南的太平洋沿岸，在东海和黄海有分布，主要栖息于中国江苏海州湾至韩国济州岛南部海域。另外，在中国渤海、南海，以及台湾沿岸被发现，长江口见之于崇明东滩，以及近海区水域。

（3）**繁殖方式**　冬末（2 月）性腺成熟，开始生殖洄游，向我国大陆沿岸各大河口移动。中国长江口繁殖季节在 2—3 月，在河口咸淡水水域产卵。卵呈球形，具油球，黏性。

**5. 双斑东方鲀**（*Takifugu bimaculatus*）　属于硬骨鱼纲、鲀形目、鲀科、东方鲀属。体呈椭圆形。前部粗壮，后部渐细。头圆柱状，后部近方形。吻短钝。口裂小，前横位。上颌略突。两颌各具两个喙状齿板，中缝显著。唇发达，下唇包住上唇。眼圆形，上

侧位，具脂膜。眼间宽而微凸。鼻孔 2 个，位于眼前方。鳃孔小，位于胸鳍基前方，呈横弧状，边缘有鳃盖膜突。鳃盖条 5。鳃 3。具假鳃。鳃盖膜与峡部相连。肛门位于臀鳍前。背鳍略呈椭圆形，起点约与肛门后缘相对；臀鳍与背鳍相似，起点略在背鳍起点之后；胸鳍侧中位，近正方形，上部鳍条略长；

图 1-5 双斑东方鲀 (*Takifugu bimaculatus*)

尾鳍截形。体无鳞。背部自鼻孔至背鳍基稍前方和腹部自鼻孔正下方至肛门稍前方均被小刺。背刺区与腹刺区分离。吻部、头体两侧及尾部光滑。侧线发达（图 1-5）。

（1）生活习性　为近海暖温性底层鱼类。栖息于近海沙底海区及河口附近，肉食性，主要以甲壳类、贝类等无脊椎动物和小鱼为食。

（2）分布范围　双斑东方鲀对盐度适应性强，可在河口咸淡水和海水环境中存活。分布于东亚地区的太平洋沿岸，从江苏海州湾至广东珠江口近海一带均有发现，长江口见之于崇明东滩及近海区水域。另外，在日本、韩国沿海一带也有分布。

（3）繁殖方式　双斑东方鲀产卵期为 3—6 月份，产卵水温为 15～25℃。性成熟年龄为 3～4 年，人工养殖条件下为 2 年。自然海区双斑东方鲀具生殖洄游，季节到时游近河口海边多沙处挖窝产卵。双斑东方鲀受精卵为黏性沉性卵，乳白色，卵膜厚不透明，卵径 0.9～1.0mm，同批亲鱼，雄鱼发育成熟比雌鱼稍慢，雌鱼性腺早成熟、早退化。

**6. 弓斑东方鲀**（*Takifugu ocellatus*）　属于硬骨鱼纲、鲀形目、鲀科、东方鲀属。头及体背侧灰褐色，微绿，腹面白色，在胸鳍后上方有一横跨背部的墨绿色鞍状斑，为"1"形，周缘为橙色边，背鳍基部具一橙色边缘的圆形大黑斑，各鳍浅色透明。头部与体背、腹面均被皮刺，皮刺细弱，背刺区与腹刺区分离。吻部、头体的两侧及背部光滑，无皮刺。一般体长 100～150mm，大的可达 200mm。为小型鱼类。体亚圆筒锥形，稍细长，后部渐狭细，尾柄圆锥状，后部侧扁。体侧下缘皮褶发达。头中大，钝圆，头长较鳃孔至背鳍起点距小。吻部钝圆，吻长约等于眼后头长。眼中大，侧上位。眼间隔宽，微圆突，为眼径的 2.1～2.8 倍。鼻瓣呈卵圆形突起，位于眼前缘上方；鼻孔每侧 2 个，紧位于鼻瓣内外侧。口小，前位。上下颌各有 2 个喙状牙板，中央缝显著。唇较厚，下唇较上唇长，其两端向上弯曲，伸达上唇外侧。鳃孔中大，侧中位，呈垂直弧形，位于胸鳍基底前方。鳃膜厚，外露，淡色。体背面自鼻孔后方至背鳍起点和腹面自鼻孔下方至肛门前方均被细小刺，吻部、体侧和尾部光滑无刺。侧线发达，背侧支侧上位；向前与眼眶支相连；前方达吻上方，在鼻孔前方左右支相连，形成吻背支；在鳃孔上方左右横走支相连，形成项背支；眼眶支后部下方向下垂直形成头侧支；背侧支向后延伸至尾柄末端上方；下颌支自口角向后延伸，止于鳃孔后缘下方，腹侧支由胸鳍末端下方始起，延伸至尾柄末端下方。背鳍 1 个，位于体后部、肛门稍后上方，近似镰刀形，中部鳍条较长；臀鳍 1 个，与背鳍几同形，基底与背鳍基底相对；无腹鳍；胸鳍侧中位，短宽，后缘呈微圆形；尾鳍宽，后缘微圆形。体腔大，腹腔淡色。鳔大。有气囊。头骨骨质薄，质硬而细密，呈白色。中筛骨短而宽，前缘分叉为深凹形。额骨隆起面呈等边三角形，平坦，具几列纵走细刻纹。左右额骨纵走隆起线呈顶尖形，前端向内弧形靠拢，消失于额骨前端，不与前额骨后缘相连，后端向外弧形扩张，达额骨后缘外侧，后缘两侧均具一朝向外斜行的大尖棘。

额骨长显著大于宽。前额骨大，似方形，前缘微凹，前缘中部具一大而明显的嗅神经孔，

外侧角呈直角，外缘长而平直或微圆突，向后稍扩大。额骨外缘短，约为前额骨外缘的一半。蝶耳骨短而宽，平直向外突出。眶上缘较短，呈向内浅凹弧形，由较长的前额骨和短的额骨和蝶耳骨外缘构成。生活时体背面呈黄绿色，腹面乳白色。胸斑大，黑色，背面有"一"字形暗绿色横带将左右胸斑相连接，横带、胸斑和背鳍基底黑斑均具橙黄色边缘。各鳍浅色透明（图1-6）。

图1-6 弓斑东方鲀（*Takifugu ocellatus*）

（1）生活习性 有气囊。遇敌害时能吸入水或空气，使腹部膨胀。捕食小鱼、小型贝类、小蟹、端足类、细螯虾及有机物碎屑。进入淡水时，捕食虾类、蟹、蚌、小鱼苗、水生昆虫幼体、枝角类及桡足类，偶尔也会进食水生维管束植物及丝状藻类。

（2）分布范围 弓斑东方鲀属暖水性小型肉食性底层鱼类，主要栖息于近岸水域，有时亦进入淡水江河及咸淡水河口。分布于中国、日本、韩国、朝鲜、菲律宾和越南沿海。在我国分布于南海、东海、台湾沿海和黄海，以及与此相连的珠江、九龙江和长江等河口和中下游淡水水域。

（3）繁殖方式 中国黄海区所产的弓斑东方鲀怀卵量为15万～32万粒，个体大的约能到40万粒。产卵期4—6月，鱼群进入江河中下游产卵，产沉性黏性卵，属一次产卵类型。卵径0.9～1.1mm，细小油球众多。在15～19℃静水中孵化，需要12～14d。

**7. 铅点东方鲀**（*Takifugu alboplumbeus*） 属于硬骨鱼纲、鲀形目、鲀科、东方鲀属。系暖温性近海底层鱼类。体延长，近圆柱形，稍平扁，前部粗大，后部渐细稍侧扁。头中大，宽而圆，吻端圆钝。口小，前位，平裂；唇发达，下唇较长，两端上弯。两颌约相等。上下颌各有2枚喙状板齿，中央缝隙明显。眼小，侧上位；眼间隔宽平。鳃孔中大，位于胸鳍基部前方。尾柄较粗，长约为高的3倍。背鳍1个，始于肛门后缘的背上，基底短，中部鳍条长；胸鳍短宽，侧下位，近方形，鳍条上部稍长；无腹鳍；臀鳍与背鳍同形同大，基底近相对；尾鳍截形，后缘微凸。体无鳞。体背、腹面及两侧均有小刺，吻部、眼下、尾部侧腹面及背鳍基均光滑。侧线发达，前端有分支。体背部黄褐色，有许多大小不等的淡绿色多角形小斑点，形成网纹状。眼间隔、项部、胸鳍后上方体上、背鳍前方和基部及尾柄上各有1条深褐色横带。体侧下方有1条艳黄色纵带，腹面白色。无胸斑。背鳍基底下黑斑不明显。各鳍均呈浅黄色。体长一般为200mm左右。肉味鲜美，可鲜食。有剧毒，清除后方可食用，但限制食用。毒素可药用。《水产品卫生管理办法》规定，严禁铅点东方鲀鲜品销售，防止食后引起中毒（图1-7）。

图1-7 铅点东方鲀（*Takifugu alboplumbeus*）

（1）**生活习性** 铅点东方鲀栖息于近海及江河口附近水域底层。在江河口附近水域产卵，冬季移至近岸深水区，越冬时间较长。具有气囊御敌。主要食物为小型鱼类、甲壳类、底栖贝类。2～3龄可达性成熟。生殖期不详。

（2）**分布范围** 分布于印度洋北部沿岸，东至印度尼西亚，朝鲜及中国南海、东海、黄海、渤海等海域。该物种的模式产地在广东。

**8. 虫纹东方鲀**（*Takifugu vermicularis*） 属于硬骨鱼纲、鲀形目、鲀科、东方鲀属。一般体长150～250mm，大者可达300mm。体亚圆筒锥形，头胸部粗圆，微侧扁，躯干后部渐细，尾柄圆锥状，后部渐侧扁。体侧下缘各侧有一纵行皮褶。头中大，短粗，钝圆，头长显著短于鳃孔至背鳍起点距长。吻短，钝圆，吻长显著短于眼后头长。眼中等大，侧上位。眼间隔宽，稍圆突，为眼径的2.9～3.8倍。鼻瓣呈卵圆形突起，位于眼前缘上方；鼻孔每侧2个，紧位于鼻瓣内外侧。口小，前位，呈横浅弧形状。上下颌牙呈喙状，牙齿与上下颌骨愈合，形成4个大牙板，中央缝显著。唇厚，有细裂纹，下唇较长，其两端向上弯曲，伸达上唇外侧。鳃孔中大，侧中位，呈浅弧形，稍倾斜，位于胸鳍基底前方。鳃膜白色。头部、体背和腹面均光滑无刺，亦无疣状皮质突起。侧线发达，背侧支侧上位，向前与眼眶支相连，前方达吻上方，在鼻瓣前方左右吻分支相连，形成吻背支；在鳃孔上方左右背侧支横走分支相连，形成项背支；在眼眶支后部下方向下垂直，形成头侧支；背侧支向后延伸至尾柄末端上方；下颌支自下颌下方向后延伸，止于鳃孔后缘下方；腹侧支起于胸鳍末端下方，延伸至尾柄末端下方。背鳍1个，位于体后部、肛门稍后上方，近似镰刀形，中部鳍条延长；臀鳍1个，与背鳍同形，基底与背鳍基底相对；无腹鳍；胸鳍侧中位，短而宽，近方形，后缘圆形；尾鳍宽大，后缘呈亚圆形。体腔大，腹腔淡色。鳔大。有气囊。虫纹东方鲀的头骨骨质厚，质软而较疏松，呈象牙白色。中筛骨短而宽，前缘分叉为中等凹形。额骨隆起面颇宽，布满纵走细刻纹。左右额骨纵走隆起线呈细腰扩开形，细腰中部宽，前端向外圆形弯曲，棱线显著，伸至额中部外缘，不与前额骨后缘相连，后端亦向外圆形弯曲，达到额骨后缘外侧，额骨后缘外侧具锯状突起，细腰中部外侧具一深凹陷。额骨宽，约等于长。前额骨中等大，呈倒梯形，前缘平直，未倾斜，外侧角钝圆，外缘较长，平直，向内侧稍倾斜。额骨隆起面还以窄细带相连于前额骨外侧边缘。额骨外缘较长，约等于前额骨外缘。蝶耳骨细而稍长，向后弯曲伸出。眶上缘较长，向内浅弧形弯曲，由约等长的前额骨和额骨，以及一半长的蝶耳骨外缘构成。生活时体背面紫褐色，布满许多扁圆形、大小不同的青灰色白斑，体侧圆斑较大，扁长，弯曲，呈条状或蠕虫纹状。胸斑大，深褐色，具青灰色花瓣状边缘，在胸斑上方的背部底色变暗，似具一模糊褐色横带状。背鳍基底亦有一深褐色斑纹，有时不明显。体侧皮褶有一黄色纵带，腹面乳白色。胸鳍、背鳍和臀鳍浅黄色；尾鳍黄色，下缘有一白色窄带（图1-8）。

图1-8 虫纹东方鲀（*Takifugu vermicularis*）

（1）**生活习性** 虫纹东方鲀为暖温水性近海底层中小型鱼类。栖息于河口附近，有气囊，遇敌害能使腹部膨胀。肉食性，主要摄食贝类，甲壳类（细螯虾、脊尾白虾、日本鼓虾、口虾蛄、泥脚隆背蟹、小蟹）和头足鱼类（枪乌贼、双喙耳乌贼、小型鱼类、赤鼻棱鳀、黑鳃梅童、棘头梅童、叫姑鱼）等。

（2）分布范围　暖温水性近海底层中小型鱼类。分布于太平洋西侧海域，中国、日本、韩国、朝鲜沿海均有分布。在我国分布于南海、东海、台湾沿海、黄海和渤海。

（3）繁殖方式　雄鱼2龄性成熟，雌鱼3龄性成熟。黄渤海区所产个体怀卵量为8.7万～23万粒。黄渤海产卵期5—6月，东海4—6月，南海3—4月。产沉性黏性卵，属一次产卵类型。亲鱼在产卵期从外海游至沿岸河口附近，渤海的虫纹东方鲀从黄海游入渤海。渤海出现期4—11月，产卵后分散索饵，10月下旬游出渤海向黄海移动，至稍深海区栖息后进行越冬洄游。

**9. 假睛东方鲀**（*Takifugu pseudommus*）　属于硬骨鱼纲、鲀形目、鲀科、东方鲀属。背鳍16～17；臀鳍15～17；胸鳍16～18。体亚圆筒形，向后渐狭小，体长为体高的2.7～3.3倍，为头长的2.8～3.0倍。头中长，头长稍小于鳃孔至背鳍起点的距离；头长为吻长的2.3～2.7倍，为眼径的6.5～6.8倍。额骨长与宽约相等；额骨纵走隆起线向前延伸，常弯曲达前额骨后缘中部，两隆起线间距离较窄；前额骨占眶上缘的1/3。吻圆钝，吻长为眼径的2.5～3.0倍，约等于眼后头长。眼小，眼间隔宽平，鼻孔微凸，每侧2个，鼻瓣呈卵圆形突起。口小，前位。上下颌各具2个喙状牙板，中央缝显著。唇发达，细裂；下唇较长，两端向上弯曲。鳃孔中大，侧位，位于胸鳍基底前方。鳃盖膜白色。头部与体背、腹面均被较强小刺，背刺区与腹刺区分离。侧线发达，上侧位，至尾部下弯于尾柄中部。侧线具分支多条。体侧皮褶发达。背鳍呈镰刀状，始于肛门后上方，具16～17鳍条；臀鳍与背鳍同形，起点稍后于背鳍起点，具15～17鳍条；胸鳍宽短，近方形；尾鳍截形。体背青黑色，腹面白色。体色花纹差异大。体长170mm以下时，体上散布白色小斑点，斑径小于斑间距；体长200mm左右时，白斑渐不明显；至240mm左右时，白斑消失，体侧具不规则黑斑。胸鳍后上方具圆形大黑斑，白色边缘有时不明显。臀鳍黑色或灰褐色，前缘及端部暗灰色。背鳍及胸鳍灰褐色；尾鳍黑色（图1-9）。

图1-9　假睛东方鲀（*Takifugu pseudommus*）

（1）生态习性　有气囊，遇敌害时能使腹部膨胀。春季产卵期多向近岸潮流缓慢的内湾及河洄游，产卵后多在稍深的近海栖息。为沿岸近海底层肉食性鱼类、中小型暖温性鱼类。栖息于沿岸浅水区，有短距离洄游习性，有溯江特性，据报道，8月中旬在东海、黄海的朝鲜近岸形成渔场；9—10月移向黄海及港式输油管线州湾外海；12月至翌年2月向济州岛海域移动。主要摄食虾、蟹、乌贼、贝类和鱼类。产卵期为每年的4—5月，卵沉性，有黏性。

（2）分布范围　暖温性下层鱼类，栖息在广大近海及咸淡水中，有时进入江河。主要分布在东亚沿海地区。我国常见于东海北部、黄海和渤海；国外产于朝鲜、日本沿海。

（3）**繁殖方式**　产卵期为每年的 4—5 月。卵沉性，有黏性。最大体长可达 457mm。性成熟体长：雄性 245mm，雌性 260mm。

**10. 星点东方鲀**（*Takifugu niphobles*）　属于硬骨鱼纲、鲀形目、鲀科、东方鲀属。体型较小，一般体长 100～150mm，最大体长 200mm，体重 100g 左右。体背、腹面及两侧均被小刺，小刺基底具圆形肉质突起。背部有许多大小不等的淡黄色圆斑，斑的边缘黄褐色，形成网纹。身体两侧靠近 1/2 处各有 1 个圆形黑斑，大致与眼位齐平。胸鳍后上方和背鳍基底没有杂色斑纹。各鳍均呈淡黄色。体呈圆筒形，被覆由鳞片特化的细棘；口小。鱼背部黄褐色，散布许多白色圆斑；有些身上会具数块深色横斑，腹部银白色。尾鳍截形。背鳍 12～15，臀鳍 10～13。背鳍 1 个，始于肛门后缘的背上，基底短，中部鳍条长；胸鳍短宽，侧下位，近方形，鳍条上部稍长；无腹鳍；臀鳍与背鳍同形同大，基底近相对；尾鳍截形，后缘微凸。体无鳞。体背、腹面及两侧均有小刺，吻部、眼下、尾部侧腹面及背鳍基均光滑。侧线发达，前端有分支。体背部棕绿色，有许多大小不等的淡黄色近似圆形小斑点，形成网纹状。眼间隔、项部、胸鳍后上方体上、背鳍前方和基部及尾柄上各处无横带。体侧下方无纵带，腹面白色。无胸斑。背鳍基底下黑斑不明显。各鳍均呈浅黄色。星点东方鲀栖息于近海及江河口附近水域底层。在江河口附近水域产卵，冬季移至近岸深水区，越冬时间较长。具有气囊御敌。主要食物为小型鱼类、甲壳类、底栖贝类。2～3 龄可达性成熟。常用延绳钓渔具钓捕，底拖网、定置网渔具可兼捕，江河口附近多用三重流网捕捞。肉味鲜美，可鲜食。该鱼野生状态下肌肉组织有弱毒，皮、内脏等其他组织有剧毒，清除后方可食用，但限制食用。毒素可药用。《水产品卫生管理办法》规定，严禁星点东方鲀鲜品销售，防止食后引起中毒（图 1-10）。

图 1-10　星点东方鲀（*Takifugu niphobles*）

（1）**生活习性**　常栖息于近海岩礁及沙砾底海域。夏季在岸边产卵，有潜沙的习性。

（2）**分布范围**　暖温性近海小型鱼类。分布于中国、日本、韩国、朝鲜、菲律宾和越南沿海。在我国分布于南海、东海、台湾沿海，以及与此相连的珠江、九龙江和漳江等河口和中下游淡水水域。

（3）**繁殖方式**　不详。

**11. 黑青斑河鲀**（*Tetraodon nigroviridis*）　属于硬骨鱼纲、鲀形目、四齿鲀科、鲀属。常见于水族市场，多为观赏鱼。商品名印度蓝金龙、条纹琴龙鱼、潜水艇、金娃娃、绿河鲀等，是热带观赏鱼里面最热门的鲀科类观赏鱼。成鱼体长 100～180mm。体形约呈横状长椭圆形，头部粗圆，1 对突起的大眼睛非常有神，瞳孔黑色为主，亦可呈现蓝色和绿色。体表光滑无鳞。鱼鳍半透明，无腹鳍，尾柄竖扁、打开呈扇形，只靠胸鳍和短小的背鳍和臀鳍游泳，各鳍扇动速度相当快速，但不以泳速见长。约以胸鳍为界，以上（含背部）皮肤呈金黄色偏绿的光泽，另有黑色的圆形斑点交错其中，类似豹纹；以下（含腹部）皮肤呈净白色的一片。前额处有一块特别亮眼的金色偏荧光绿。该鱼主要作为观赏鱼而进入市场，不具备食用价值（图1-11）。

图1-11 黑青斑河鲀（*Tetraodon nigroviridis*）

（1）生活习性　黑青斑河鲀不爱潜水，爱在水上层和水面游动，并好跳，能适应21～30℃的水温。不择食，性情凶猛会啃食撕咬小鱼、小虾，因此，不建议与其他观赏鱼同缸混养。该鱼生活在河口汽水区，盐度比重在1.002～1.018的水域都可称之为汽水域。

（2）分布范围　暖温性近海小型鱼类。该鱼属于热带鱼种，不耐低温。广泛分布于东南亚地区，如泰国、缅甸、越南、印度尼西亚、马来西亚，生活在近海淡水或淡咸水交汇处。

（3）繁殖方式　黑青斑河鲀选择体长7cm左右的为亲鱼。平时雌雄鱼不易区分，但发情期的雄鱼体色比雌鱼艳丽，尾鳍外缘中央出现尖形；而雌鱼尾鳍仍为圆形，背鳍、臀鳍端较圆钝。雌雄鱼体长、大小相近，但雌鱼腹部膨大。产卵箱水温保持在25～26℃，水质宜微酸性，氢离子浓度158.5～199.5nmol/L（pH 6.7～6.8），放菊花草浮于水面。1尾雌鱼可产卵100余粒，然后捞出亲鱼。卵粒比较大，受精卵孵化期较长，需12d左右方能孵出仔鱼。小黑青斑河鲀开食即能捕食丰年虫、水蚤幼体等活饵。不择食，口大能吞食小鱼，不宜和其他小鱼混养。对食物的喜好存在个体上的差异，普遍可以接受的食物有线虫、冰冻红虫、文蛤、冰冻虾肉、冰冻鱼肉、虾皮、干燥虾、面包虫、蜗牛或螺、活虾、活鱼等。

## 三、河鲀的经济价值及开发前景

东方鲀属鱼种是一类经济价值较高的水产品，其肉质细嫩、味道鲜美，自古就享有"鱼中之王"的美称。暗纹东方鲀的粗蛋白含量可达18.38%，粗脂肪含量不超过0.83%，风味氨基酸和8种必需氨基酸分别占41.80%和45.92%，高于大多数淡水鱼。而且牛磺酸和金属离子（如$K^+$、$Na^+$、$Ca^{2+}$、$Zn^{2+}$、$Mn^{2+}$）的含量也非常丰富。暗纹东方鲀的精巢具有柔软的白色外观，并含有丰富的鱼精蛋白和EPA（二十碳五烯酸），因而在我国被称之为"西施乳"。肝脏中的DHA可以用于预防动脉硬化。

日本、韩国等将其奉为"百鱼之首"，是河鲀的主要进口消费国家，每年会大量进口河鲀，主要用于制作生鱼片或天妇罗等食物。而中国作为最大的出口国，原本以野外捕捞为主，但是随着野生河鲀的资源减少，我国从20世纪80年代开始开展了河鲀的工厂化养殖和鱼苗技术的开发。经过多年的发展，我国涌现了一批批优秀的养殖行业和科技人员，在20世纪90年代就实现了全人工养殖和规模化养殖。起初，国内北方的主要养殖地点分布在山东、河北、辽宁等省份，南方主要分布在江苏、广东、浙江等地，随着养殖技术的提升和新品种的研发，养殖的地域进一步向南方延伸。2010年12月，卫生部颁布78号令，其中，禁止河鲀流入市场的《水产品卫生管理办法》被废除，河鲀被作为合规食品可以进行售卖，预示着国内河鲀巨大消费需求的到来。

另外，更具特色的是河鲀的眼球、卵巢、肝脏、血液等组织都含有河豚毒素

（TTX），TTX 的分子结构和在河鲀体内的分布如图 1-12 所示。

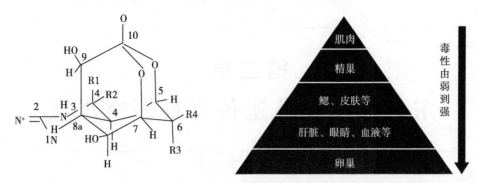

图 1-12　TTX 的分子结构和在河鲀体内的分布

TTX 是一种碱性生物碱，在高浓度时非常致命，通过阻断钠离子通道而起作用。在食用河鲀时摄入致命量的 TTX，可能阻断神经传导，最终导致摄食者死亡。在性腺发育过程中，TTX 在河鲀体内急剧上升，毒性分布如图 1-12 所示。因此，为了避免 TTX 在暗纹东方鲀中积累，需要在整个水产养殖过程中控制养殖环境，以及确保饵料无外源性的 TTX。但由于 TTX 对 $Na^+$ 离子信号通道具有高度的专一性作用，已经成为神经生理学、药理学、肌肉生理学等方面被广泛应用的工具药。

自从 1964 年在除河鲀以外的动物——蝾螈中再次发现河豚毒素后，人们在腹足类、两栖类等动物体内相继发现了河豚毒素或类似的化合物。由此推测，河豚毒素可能来源于生物体内的产毒微生物群体，如溶藻弧菌、假单胞菌属、鳗弧菌等。麻痹性贝毒和河豚毒素同时都存在于亚历山大藻中，表明其可能是河豚毒素的来源。但从解藻朊酸弧菌中提取毒素，将其与河豚毒素的单克隆抗体反应，发现其并没有结合。因而推测，河豚毒素不是由共生细菌产生的。同时，发现人工培育的河鲀胚胎在发育的过程中其河豚毒素也在增加，表明河豚毒素是内源性产生的。但是内源性假说无法解释人工养殖的河鲀不含河豚毒素这一事实，因此，河豚毒素的产生很有可能是河鲀与其共生细菌共同作用的产物。虽然现在已经可以人工合成河豚毒素，但是还是非常依赖从鱼体内提取。且河豚毒素价格昂贵，每克高达 21 万美元。因此，培育有毒河鲀也许是一个巨大的潜在产业。

# 2

# 第二章
# 东方鲀属鱼类遗传育种研究进展

河鲀属于硬骨鱼纲（Ostechthyes）、鲀形目（Teteraodontiformes）、鲀科（Tetra-odontidae）、东方鲀属（*Takifugu*），俗称河鲀鱼、气鼓鱼、腊头、艇鲅鱼等。其在日本、韩国及中国沿海均有广阔的开发利用前景，尤其畅销日本和韩国市场，是我国重要的水产品出口对象。东方鲀属河鲀包括红鳍东方鲀（*T. rubripes*）、暗纹东方鲀（*T. fasciatus*）、黄鳍东方鲀（*T. xanthopterus*）、紫色东方鲀（*T. porphyreus*）、假睛东方鲀（*T. pseud-ommus*）、菊黄东方鲀（*T. flavidus*）等 19 种东方鲀属鱼类。其中，红鳍东方鲀和暗纹东方鲀是中国养殖量最大的 2 个品种。北方养殖品种以淡海水结合养殖模式的红鳍东方鲀为主，大多出口到日本和韩国；南方养殖品种以淡水养殖的暗纹东方鲀为主，主要供应内地市场。

东方鲀属鱼种是一类经济价值较高的水产品，其肉质细嫩、味道鲜美，自古享有"鱼中之王"的美称。但由于河鲀体含剧毒，受国内市场销售需求和相关政策法规的限制，国内河鲀产业一直低下。但自 2016 年 9 月，我国颁布了关于养殖暗纹东方鲀和红鳍东方鲀加工经营的新政策，有条件放开了河鲀产业的经营，从此我国河鲀市场初步开放。目前，河鲀的养殖主要分布在沿海 10 个省，以辽宁、河北、山东、江苏、广东和福建等沿海各省为主要养殖省份。规模化、标准化的河鲀养殖产业，使得多种河鲀已成为当地重要的水产出口品种。目前，国内河鲀养殖和加工规模较大的企业和单位，主要有大连天正实业有限公司、江苏中洋集团股份有限公司，及大连富谷水产有限公司等。

近年来，随着河鲀人工养殖业不断发展壮大，针对红鳍东方鲀和暗纹东方鲀等鲀科鱼类遗传育种和养殖技术的研究逐渐增多，河鲀养殖逐步迈入正轨。近些年，对河鲀种质改良的研究主要集中在选择育种、杂交育种、分子标记辅助育种等遗传育种方面。

## 一、选择育种

选择育种是当今鱼类育种研究中最为基本、广泛的育种方法之一。选育原理为：选择群体内具有优势性状的个体作为亲本，进行有目的的育种，将优势亲本产生的子代多次分离、培育和发展，最终培育出具有生长、抗病等多种优势的新品种。通过选择育种的方法，可以增加群体内具有育种价值的优势基因型的基因频率，从而可以使得培养的鱼类群体更加适应于特定的生产目的和要求。

目前，关于鲀科鱼类选择育种方面的报道并不多，研究对象主要集中在暗纹东方鲀和红鳍东方鲀两个物种。暗纹东方鲀具有海淡水洄游习性，每年 10 月温度下降到 18℃左右时，在长江中下游无法正常生存，需下海在温暖洋流中越冬。在暗纹东方鲀规模化繁殖生产过程中，冬季的水温远低于其最佳生长温度，这导致了暗纹东方鲀大量死亡，并造成巨大的经济损失。暗纹东方鲀越冬的最常见方式是增加水的盐度，以及使用锅炉加热供暖，来提高暗纹东方鲀越冬的生长率和存活率。但两者均需投入大量的人力物力，因此，这些方法均不具备可持续发展的潜质。可见，培育耐寒新品种大为重要。江苏中洋集团股份有限公司、中国水产科学研究院淡水渔业研究中心和南京师范大学 3 家单位采用群体选育技术，连续培育 5 代，每代 3 次低温胁迫地渐进式降温，从 15℃逐步降至 7℃，淘汰不具有耐低温特性的暗纹东方鲀个体，直至第 5 代保留具有耐低温特性的亲本群体。通过以上选育方法，培育出了具有耐低温特性且可稳定遗传的暗纹东方鲀新品种"中洋 1 号"（品种登记号为 GS‑01‑003‑2018）。研究证明，普通暗纹东方鲀在 16℃时停止摄食，低于 13℃开始出现死亡。在相同养殖条件下，暗纹东方鲀新品种"中洋 1 号"群体与普通暗纹东方鲀群体相比，12℃以上正常摄食，最低摄食温度降低了 4℃（耐低温能力提高了 4℃），越冬成活率平均提高 11.8%。

在红鳍东方鲀养殖业迅速发展的同时，也伴随着较为严重的低孵化率和成活率、生长速度减慢以及抗逆性较差等种质退化现象。李伟业等采用巢式设计方法和人工授精技术，按照 1 雄配 2 雌的原则，选取养殖、野生和日本 3 个红鳍东方鲀群体进行定向交配，并对红鳍东方鲀苗种进行了环境标准化和 4 次数量标准化培育。结果表明，每次数量标准化培育各家系内鱼苗数量都较为集中且成活率也较高，但存在部分家系间数量差异显著；4 次数量标准化培育成功，构建 22 个父系半同胞家系、48 个母系全同胞家系。该技术解决了红鳍东方鲀养殖产业的良种化问题，为后续良种选育奠定了基础。

## 二、杂交育种

杂交育种是重要的传统遗传选育手段之一。通过将亲本基因型进行重新组合，子一代不仅可表现出亲本优良性状，而且可能产生亲本未出现的优良性状，获得杂种优势。目前，已被广泛运用于鱼类新品种的选育。

迄今为止，关于我国东方鲀属种间杂交已有不少报道，主要集中在红鳍东方鲀、暗纹东方鲀、菊黄东方鲀以及双斑东方鲀（T. bimaculatus）的杂交育种研究（表 2‑1）。

尽管目前已经获得部分东方鲀属鱼类杂交苗种的基础性数据，但很多杂交组合受精率、存活率并不高，在生产实践中并没有产生较大的推广及生产意义，更未在分子水平上针对其遗传特性进行深入研究。

如已报道的暗纹东方鲀（♀）×红鳍东方鲀（♂）杂交产生的杂交东方鲀，既具有暗纹东方鲀的鲜美风味，又具有红鳍东方鲀生长快速的特性。尽管三者在成鱼时期外观体型差异明显，仅凭肉眼即可区分；但在三者稚、幼鱼时期，外观体型十分相似，无法用肉眼区分，极易出现多种鱼类种质混杂的现象，严重影响优质苗种的培育。而关于暗纹东方鲀、红鳍东方鲀及杂交东方鲀鉴定的研究至今未见报道。目前，针对该杂交品系仅开展了关于苗种养殖、气味成分差异及口感风味差异方面的相关研究。因此，针对已开发的杂交河鲀组合，应在种质鉴定、群体遗传多样性等多方面进行系统和深入的研究。

**表 2-1 东方鲀属鱼类远缘杂交育种实践一览**

| 杂交组合 | 受精率（%） | 出苗率（%） | 成活率（%） | 杂交种特点 |
| --- | --- | --- | --- | --- |
| 暗纹东方鲀（♀）×红鳍东方鲀（♂） | 85.7（淡水孵化）/81.1（海水孵化）<br><br>96.5（15%生理盐水） | — | 83.4（淡水孵化）/43.7（海水孵化） | 杂交子代在淡水中孵化，受精率、孵化率等指标与双亲无较大差异，在海水中孵化，孵化率和存活率与双亲相比明显较低；在体重方面明显大于父本，略低于母本 |
| 红鳍东方鲀（♀）×双斑东方鲀（♂） | 93.5 | — | 18.7（室内） | 杂交子代有生长优势，但不耐高温，在高水温环境下不能存活 |
| 双斑东方鲀（♀）×红鳍东方鲀（♂） | 95.6 | — | 28.4（室内）/18.3（池塘） | 杂交子代生长速度快，可适应高水温环境 |
| 菊黄东方鲀（♀）×红鳍东方鲀（♂） | | | | 杂交后代早期形态与母本相似，平均体长和体重介于父本和母本之间，具有显著的经济杂交价值 |
| | | | | 杂交东方鲀粗脂肪、粗灰分和必需氨基酸总量显著高于两亲本；肌肉鲜味氨基酸含量与母本无显著性差异，而显著高于父本 |
| | | | | 父本与杂交后代在头长、体长等6个性状上表现出极显著差异；在体长/体宽等3个性状比值上表现出极显著差异；在体长/头长等3个性状比值上表现出显著差异；在体宽/尾柄高上不具有显著差异 |
| | 66.77±9.05 | — | — | 杂交子代平均受精率和平均孵化率均介于双亲之间；受精卵的发育速度、胚胎发育特征、初孵仔鱼的形态特征均与双亲相同；其体长与母本相同，较父本小；杂交幼鱼的斑纹、体型和体色介于父母本之间；杂交子代生长速度介于父本和母本之间；杂交鲀性情温驯，偏向于母本菊黄东方鲀 |
| | — | — | — | 对杂交子代进行盐度骤变和渐变试验时，杂交子代在盐度从30骤变到15~50时，存活率最高；20~35是杂交子代最佳摄食盐度；盐度5~50梯度中杂交$F_1$代存活率最高；在盐度30时摄食量和摄食率均达到最大 |
| | — | — | — | 杂交鲀遗传多样性介于亲本之间；聚类分析显示杂交种分布于亲本之间，与母本相似比例和相似值略高 |
| | — | — | — | 杂交东方鲀和亲本相比，耗氧量与临界窒息点均介于亲本之间 |

（续）

| 杂交组合 | 受精率（%） | 出苗率（%） | 成活率（%） | 杂交种特点 |
|---|---|---|---|---|
| 暗纹东方鲀（♀）×菊黄东方鲀（♂） | 90 | 85 | 80 | 杂交后代体重与亲本具有显著差异，为亲本的1.68～1.77倍；粗蛋白含量则与亲本差异不显著；总氨基酸含量则介于两亲本之间；鲜味氨基酸总量（23.30%）较其父本偏高，但低于其母本 |
| 菊黄东方鲀（♀）×暗纹东方鲀（♂） | — | — | — | 杂交后代体重与亲本具有显著差异，为亲本的1.48～1.56倍；粗蛋白含量则与亲本差异不显著；总氨基酸含量相较于亲本最高；鲜味氨基酸含量为26.68%，明显高于双亲 |
|  | — | — | — | 杂交东方鲀受精卵在5～45盐度范围内均可孵化，孵化适宜盐度为15～35，其平均孵化率均大于80%，孵化最适盐度范围为15～30，孵化率均高于93.00%。其中，盐度为20时杂交东方鲀受精卵的孵化率最高，为96.50% |
|  | 80 | 80 | — | 采用人工授精的方法，杂交子代催产率达到95%，受精率、孵化率、开口率均在80%以上，苗种畸形率在0.2% |
| 弓斑东方鲀（♀）×暗纹东方鲀（♂） | 5～30 | — | — | 杂交子代受精卵的形态特征、胚胎出膜的方式也与母本相同；受精率为15%～30%，比纯种弓斑东方鲀的80%～90%和暗纹东方鲀的90%～95%都低。但孵化率较高，为70%～80% |
| 红鳍东方鲀（♀）×假晴东方鲀（♂） | — | — | — | 杂交种的表现性状多介于两亲本之间，处于过渡状态，形成中间类型 |

注："—"为未见报道。

## 三、分子标记辅助育种

近年来，关于鱼类 DNA 分子标记的开发与应用发展非常迅速。利用分子标记进行鱼类遗传图谱的构建、功能标记的筛选、物种鉴定及亲缘关系鉴定等，已成为当今遗传育种重点研究的方向。通过开展对重要经济性状如生长、抗病和抗逆等分子标记的开发，可为培育新品种、提高养殖经济效益等奠定基础。在东方鲀属鱼类生长性状相关分子标记筛选研究中，已开发了一批稳定、质量良好的标记。邹杰采用 SSR 结合分离群体标记关联分析法（BSA）技术，利用 85 对 SSR 引物对暗纹东方鲀生长性状相关 SSR 标记进行了筛选。其中，位点 $fms15$、$fms75$ 与生长性状显著相关（$P<0.01$），可作为鉴定优良生长性状的分子标记用于人工选育；刘永新等利用 34 个 SSR 分子标记辅助家系选育，进行 2 个红鳍东方鲀群体生长性状的遗传评估，发现利用具有高亲本排除概率的 SSR 标记能够有效建立红鳍东方鲀系谱，进行生长性状的遗传参数评估；王秀利、仇雪梅等分别发明了

关于红鳍东方鲀快速生长相关的 SNP 位点专利，两者所述的 SNP 位点 AA 纯合型、TT 纯合型的生长性状表型值，分别显著高于其他基因型，可用于选育具有快速生长潜力的红鳍东方鲀个体。

此外，多种分子标记技术包括 SSR 标记技术、AFLP 技术、SRAP 技术等，已较为系统地应用于东方鲀属群体遗传多样性的分析。邹杰等采用 19 个多态性 SSR 对 3 个暗纹东方鲀养殖群体遗传多样性进行了探究，发现 3 个养殖群体有一定程度的遗传分化，作为选育群体具有一定的遗传潜力。程长洪等利用 SRAP 标记技术对 4 个暗纹东方鲀群体进行了遗传多样性分析，49 对引物中有 18 对引物可在 4 个群体中稳定扩增，并发现 4 个暗纹东方鲀群体均具有较高的遗传多样性，群体间相似性较大，存在一定的基因交流。

分子标记也成功地运用于东方鲀属亲本选育、物种鉴定及性别相关标记的筛选等方面。崔建洲等为鉴定红鳍东方鲀与假睛东方鲀的种间关系，利用 9 对红鳍东方鲀 SSR 引物对野生红鳍东方鲀、野生假睛东方鲀两个地理种群和一个养殖红鳍东方鲀群体进行了遗传多样性分析，发现红鳍东方鲀养殖群体遗传多样性显著下降（$P<0.05$），红鳍东方鲀与假睛东方鲀应为同一个种。岳亮等采用 SSR 标记技术对红鳍东方鲀雌、雄群体进行性别差异标记筛选的研究，发现引物 f383 在两个性别群体中扩增的差异条带与性别都呈极显著相关性（$P<0.01$）。

随着河鲀高密度遗传图谱的建立和高质量基因组信息的公布，利用开发的大量分子标记可作为有效的育种标记应用于河鲀遗传育种的研究。

# 3

## 第三章
## 暗纹东方鲀"中洋1号"的
## 生物学特性

### 一、暗纹东方鲀"中洋1号"形态构造

**1. 外部形态** 体呈亚圆筒形，前端钝圆，向后渐狭小，尾柄略为侧扁。吻短而圆钝。口小，端位，横裂。上下颌与齿愈合，形成2对板状齿，保留有中央缝隙，能压碎食物。唇发达。眼微凸，侧上位，眼间隔宽；眼周围有皮褶，通过来回运动可形成"闭眼"假象。鼻孔每侧2个，互相连通，鼻瓣呈卵圆形突起。鳃孔小，呈弧形裂缝状，侧位，紧位于胸鳍基部前方。

背部及体侧基色为黄色，腹部白色，体侧和腹部交界处有1条边缘较不整齐的橘黄色带。背部具明显边缘不整齐的暗褐色宽横纹（暗纹）4～5条，除背鳍前方1条暗纹较宽外，其他暗纹的宽度略等于胸鳍后面黑斑的宽度，暗纹之间是狭长的黄色横纹。

胸鳍后部体侧偏上处和背鳍基部各有1个近似圆形的由白边框围的黑色大斑，随着生长体色和暗纹有所变异。幼体时暗纹上散布着白色小点，随着生长白点逐渐消失，暗纹也变得暗淡。另外，体色和暗纹在不同个体间也存在差异。

表皮坚韧而富有弹性，鳞片特化而成为皮刺，皮刺在头部、背部、胸腹部较密，形成背刺区、腹刺区和胸腹刺区。背刺区与腹刺区在眼的后部相连，吻部及其侧后部、体侧、尾柄处的表皮光滑无皮刺。一般来说，皮刺倒伏于体表，当"鼓气"时，皮刺则竖立。侧线明显，每侧2条，上为背侧线、下为腹侧线，背侧线在尾部向下弯至尾柄中央，在头部有分支，分支出现于鼻孔、两眼、吻端处。体侧皮褶发达（图3-1、图3-2）。

**2. 可量性状** 背鳍鳍式 P. 16～18；臀鳍鳍式 A. 13～16；胸鳍鳍式 D. 15～18，胸鳍短宽，近方形，无腹鳍；臀鳍略呈镰刀形，位于泄殖孔后方。背鳍1个，无棘，与臀鳍形状相近，起点稍前于臀鳍起点，背鳍、尾鳍后端呈灰褐色。可量性状见表3-1。

**3. 细胞及分子遗传特征**

（1）**染色体组测试** 体细胞染色体数为：$2n＝44$，核型公式：$10m＋6sm＋8st＋20t$

（式中，*m* 为中部着丝点染色体；*sm* 为亚中部着丝点染色体；*st* 为亚端部着丝点染色体；*t* 为端部着丝点染色体）。染色体组型见图 3-3。

图 3-1　未选育暗纹东方鲀

图 3-2　暗纹东方鲀"中洋1号"

**表 3-1　暗纹东方鲀"中洋1号"可量性状**

| 体长/体高 | 体长/头长 | 头长/吻长 | 头长/眼径 | 吻长/眼径 | 头长/眼间距 |
|---|---|---|---|---|---|
| 2.9～3.7 | 3.0～4.0 | 1.7～3.1 | 5.4/12 | 2.4/4.0 | 1.5～2.0 |

图 3-3　暗纹东方鲀"中洋1号"染色体组型

（2）生化遗传学特征　肌肉组织乳酸脱氢酶（LDH）同工酶电泳图谱及扫描图谱见图 3-4。

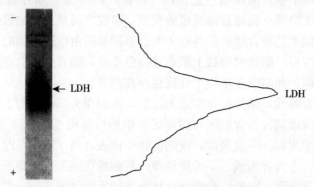

图 3-4　乳酸脱氢酶（LDH）同工酶电泳图谱及扫描图谱

## 二、暗纹东方鲀"中洋1号"组织形态学观察

本章节介绍的是暗纹东方鲀"中洋1号"在苏木精-伊红染色下的组织形态学。

**1. 脑** 脑呈白色匀质组织，分为端脑、间脑、中脑、小脑、延脑，又称五部脑。整体呈椭圆形。位于河鲀头部基部头骨正中间部位，正常脑组织结构匀称（图3-5）。

**2. 鳃** 暗纹东方鲀具有3对鳃，是鱼的呼吸器官。水从口进入后经过鳃流出，水流方向正好与鳃板中的血流方向相反。排鳃片由许多鳃丝排列组成，每根鳃丝的两侧又生出许多细小的鳃小片，形成逆流交换系统，能高效地既带来氧又带走二氧化碳（图3-6）。

图3-5 暗纹东方鲀中脑组织（苏木精-
　　　伊红染色，200×）

图3-6 暗纹东方鲀鳃组织（苏木精-
　　　伊红染色，200×）

**3. 肝** 暗纹东方鲀肝重可占鱼体重的1/3，呈黄色。暗纹东方鲀肝脏中可积累大量的脂肪，脂肪含量可占肝重的60%。切片观察可见富含脂肪（图3-7）。

 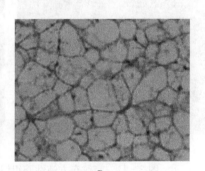

**A** 　　　　　　　　　　　**B**

图3-7 暗纹东方鲀肝脏结构（苏木精-伊红染色，200×）
A. 正常暗纹东方鲀肝脏外观　B. 正常暗纹东方鲀肝脏显微结构

**4. 肠** 暗纹东方鲀"中洋1号"为杂食性偏肉鱼类，因此，其拥有较强的消化系统，肠道褶皱弯曲在体内，延伸开可达数十厘米（图3-8）。

**5. 肌肉** 暗纹东方鲀"中洋1号"肌肉主要为白肌，因此其有较强的爆发力，游泳能力较强，在遇到危险时能迅速地游离（图3-9）。

**6. 皮** 河鲀皮上有独特的突起的皮刺，是鱼鳞的另一种形式，覆盖于头部、背部和腹部上，在遭受到胁迫或者被捕食的时候，会通过吸入大量空气和水分使得

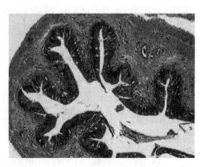

图3-8 暗纹东方鲀肠道组织（苏
　　　木精-伊红染色，200×）

其竖立起来，恐吓敌人，从而保护自己。食用时可将其卷起来，食用其内部，不然难以下咽（图3-10）。

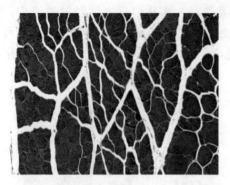

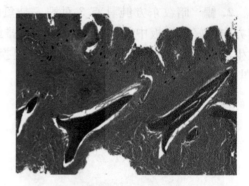

图3-9　暗纹东方鲀肌肉组织（苏木精-
　　　　伊红染色，200×）

图3-10　暗纹东方鲀皮肤组织（苏木精-
　　　　伊红染色，200×）

**7. 性腺**　由于暗纹东方鲀没有明显的生殖突，目前除去解剖观察性腺外，还未有百分之百能判断性别的方法。根据其性腺的发育程度，主要分为4期。在幼年时，性腺分化不明显。精巢呈细长条状；卵巢肥大袋装，剪开中空，且卵巢上密布血管。这是精巢和卵巢的重要区分点（图3-11）。

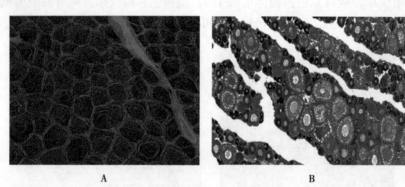

A

B

图3-11　暗纹东方鲀性腺组织（苏木精-伊红染色，200×）
A. 暗纹东方鲀精巢显微结构　B. 暗纹东方鲀卵巢显微结构

**8. 心脏**　心脏位于体腔顶部，沿着泄殖腔剪开后，除去内脏团即可观察跳动的心脏。如需观察心脏，应在处死河鲀后第一时间观察。因为心脏呈红棕色，停止跳动后与内脏团血块混在一起，极不容易发现（图3-12）。

**9. 肾**　肾脏位于腹腔脊椎骨两侧，被一层体膜包裹，除去内脏团后，除去内脏包膜可见左右两侧各有1个肾脏（图3-13）。

**10. 脾**　脾脏与内脏团系膜连接在一起，约有豌豆大小（图3-14）。

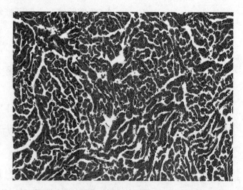

图3-12　暗纹东方鲀心脏组织（苏木精-
　　　　伊红染色，200×）

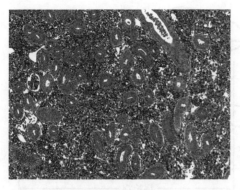

图 3-13 暗纹东方鲀肾脏组织（苏木精-
伊红染色，200×）

图 3-14 暗纹东方鲀脾脏组织（苏木精-
伊红染色，200×）

## 三、暗纹东方鲀"中洋1号"雌雄个体形态差异及其判别分析

暗纹东方鲀雌雄个体外形差异较小，且生长规律相似，不易辨别。实际生产上，需要有丰富操作经验的人员，通过抚摸轻压已发育成熟个体（3～4龄）的性腺进行区分，导致区分困难，易形成技术垄断；无经验的人员操作时，甚至有可能对鱼体内脏造成物理损伤。目前，已公开的利用引物扩增鉴定东方鲀幼鱼性别的方法，尽管精确度高，但是需要提取鱼体的组织，无法避免地会对鱼类造成物理损伤。而且经过 DNA 提取、引物扩增和测序过程后，将会耗费大量时间，不利于即时标记性别，成本也过高。面对不足1龄的个体时，从外观和抚摸都无法判断其雌雄，一旦通过解剖观察性腺以分辨雌雄，个体死亡就失去了养殖和利用价值。因此，市场上急需一种耗时短、方法简单、成本低的东方鲀属鱼类性别鉴定方法。利用暗纹东方鲀的形态指标，筛选出特定指标进行性别判定。该方法可为今后暗纹东方鲀人工养殖及新品种培育过程中雌雄的判别提供参考方法和理论依据，也将为其他鱼类的雌雄鉴定方法提供参考。

**1. 材料与方法**

（1）**试验材料** 实验用鱼均于 2018 年 4 月采自江苏省江阴市申港三鲜养殖有限公司，共取实验用鱼 300 尾，2～3 月龄，剔除无法辨别雌雄的个体后，最终得到 296 尾暗纹东方鲀的有效计量性状。其体长范围为（74.90～124.10）mm，体重范围为（11.752±8.32）～（56.948±8.32）g。通过解剖观察其性腺特征确定性别，其中，雌鱼 158 尾、雄鱼 138 尾。

（2）**数据测量** 测量全部 296 尾暗纹东方鲀 11 项计量性状，包括全长 $FL$（118.32±10.21）mm，体长 $BL$（101.44±8.23）mm，头长 $HL$（36.43±3.27）mm，躯干长 $TL$（33.07±3.48）mm，尾柄长 $CPL$（20.32±2.16）mm，尾柄高 $CPH$（9.00±1.10）mm，体高 $BH$（21.50±2.78）mm，体宽 $BW$（23.76±2.74）mm，眼径 $ED$（5.66±0.44）mm，眼间距 $ID$（19.19±1.90）mm，体重 $W$（33.17±8.32）g。长度测量采用游标卡尺（573～642，±0.05mm），重量测量采用电子天平（JSC-T29-6，±0.001g），各指标测量方法见图 3-15。肥满度（$CF$）=体重（g）/体长（cm³）×100%，体重精确至 0.01g，体长精确至 0.01cm。

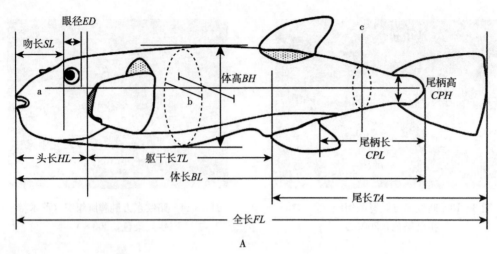

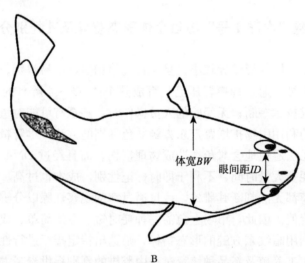

图 3-15 暗纹东方鲀形态测量示意
A. 整体侧面观　B. 整体背面观
a. 主轴　b. 横轴　c. 尾柄矢轴

（3）数据处理　为消除个体差异对数据的影响，将测得数据进行整理及计算各性状间的比值，共得到 11 项计量性状（全长 FL、体长 BL、头长 HL、躯干长 TL、尾柄长 CPL、尾柄高 CPH、体高 BH、体宽 BW、眼径 ED、眼间距 ID、体重 W）及 11 项比例性状（肥满度 CF、全长/体长 FL/BL、头长/体长 HL/BL、躯干长/体长 TL/BL、尾柄长/体长 CPL/BL、尾柄高/体长 CPH/BL、尾柄长/尾柄高 CPL/CPH、体高/体长 BH/BL、体宽/体长 BW/BL、眼径/头长 ED/HL、眼间距/头长 ID/HL）。利用 Excel 2019 进行数据的初步统计和处理，利用 SPSS 21.0 软件进行主成分分析和逐步判别分析等。

**2. 结果与分析**　暗纹东方鲀主成分分析：为简化暗纹东方鲀的外形特征，明确其雌雄形态特点，对暗纹东方鲀雌、雄个体的 11 项计量性状和 11 项比例性状进行主成分分析。KMO 和巴特利特球形先行检验证明，296 尾暗纹东方鲀 KMO 取样适切性量数为 0.644>0.6，巴特利特球形检验显著性 $P<0.01$，表明各比例性状间存在关联，因子降维

分析结果可靠。总方差分析最终获得 4 个主成分，累计贡献率为 72.31%，4 个主成分及其包含的性状和负荷量见表 3 - 2。其中，主成分 I 的贡献率为 31.47%，包括全长 FL、体长 BL、头长 HL、躯干长 TL、尾柄长 CPL、尾柄高 CPH、体高 BH、体宽 BW、眼间距 ID、体重 W 10 项计量性状，反映了暗纹东方鲀的整体轮廓指标；主成分 II 的贡献率为 18.64%，包括体高 BH、尾柄高/体长 CPH/BL、尾柄长/尾柄高 CPL/CPH、体高/体长 BH/BL、体宽/体长 BW/BL，主要反映了暗纹东方鲀的整体及尾部的浑圆程度；主成分 III 贡献率为 11.32%，包括头长/体长 HL/BL、眼径/头长 ED/HL、眼间距/头长 ID/HL，主要反映了暗纹东方鲀的头部特征；主成分 IV 贡献率为 10.89%，包括肥满度 CF 和尾柄长/体长 CPL/BL，主要反映了暗纹东方鲀的尾部特征。

表 3 - 2 个体主成分贡献率及各个指标负荷量

| 性状 | 负荷量 | | | |
| --- | --- | --- | --- | --- |
| | 主成分 I PC I | 主成分 II PC II | 主成分 III PC III | 主成分 IV PC IV |
| 全长（mm） | 0.952[a] | −0.029 | −0.050 | −0.039 |
| 体长（mm） | 0.957[a] | −0.086 | −0.100 | −0.245 |
| 头长（mm） | 0.796[a] | 0.117 | −0.488 | 0.121 |
| 躯干长（mm） | 0.796[a] | −0.030 | 0.265 | 0.122 |
| 尾柄长（mm） | 0.843[a] | −0.190 | −0.180 | 0.224 |
| 尾柄高（mm） | 0.706[a] | 0.593 | −0.078 | −0.084 |
| 体高（mm） | 0.686[a] | 0.607[a] | 0.051 | 0.153 |
| 体宽（mm） | 0.725[a] | 0.518 | −0.054 | 0.170 |
| 眼径（mm） | 0.439 | 0.116 | 0.502 | 0.053 |
| 眼间距（mm） | 0.653[a] | 0.222 | 0.118 | 0.167 |
| 体重（g） | 0.883[a] | 0.142 | −0.078 | 0.212 |
| 肥满度 | −0.053 | 0.380 | 0.040 | 0.733[a] |
| 全长/体长 | 0.157 | 0.134 | 0.123 | 0.508 |
| 头长/体长 | −0.124 | 0.289 | −0.612[a] | 0.516 |
| 躯干长/体长 | 0.073 | 0.061 | 0.500 | 0.435 |
| 尾柄长/体长 | 0.179 | −0.206 | −0.180 | 0.640[a] |
| 尾柄高/体长 | 0.086 | 0.839[a] | −0.011 | 0.108 |
| 尾柄长/尾柄高 | 0.059 | −0.878[a] | −0.104 | 0.327 |
| 体高/体长 | 0.096 | 0.801[a] | 0.149 | 0.375 |
| 体宽/体长 | 0.068 | 0.738[a] | 0.024 | 0.439 |
| 眼径/头长 | −0.344 | 0.000 | 0.836[a] | −0.069 |
| 眼间距/头长 | −0.077 | 0.139 | 0.670[a] | 0.053 |
| 特征值 | 7.786 | 3.868 | 2.406 | 1.848 |
| 贡献率（%） | 31.468 | 18.637 | 11.319 | 10.885 |
| 累计贡献率（%） | 31.468 | 50.105 | 61.424 | 72.309 |

注：a 代表负荷量大于 0.6 的性状。

根据主成分分析的结果,对主成分Ⅰ与主成分Ⅱ的雌雄个体主成分的得分做散点图。从图 3-16 中可以看出,圆形相较三角形更偏上方聚集,雌鱼相较于雄鱼在主成分Ⅱ的得分上更高一些。

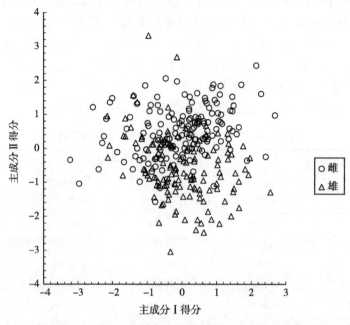

图 3-16 暗纹东方鲀在主成分Ⅰ和主成分Ⅱ上的分布

暗纹东方鲀雌雄判别分析:对所采集的 296 尾暗纹东方鲀 11 项计量性状及 11 项标准化性状进行逐步判别分析,依据各变量对判别模型的贡献大小,逐步剔除不相关变量,最终共筛选出 5 个变量,分别为 $X_1$(眼径,mm)、$X_2$(肥满度)、$X_3$(头长/体长)、$X_4$(尾柄高/体长)、$X_5$(体宽/体长)5 个变量。这 5 个形态指标反映了暗纹东方鲀雌雄个体在整体轮廓上的差异,根据筛选出的 5 个变量所建立的典型判别模型方程为:

雌性 $F_1 = 26.621X_1 - 1\,493.478X_2 + 786.452X_3 + 668.068X_4 + 388.008X_5 - 271.703$

雄性 $F_2 = 28.199X_1 - 1\,320.342X_2 + 804.754X_3 + 495.247X_4 + 321.246X_5 - 261.767$

判别函数的显著性检验显示 $P < 0.01$,表明判别函数达到极显著水平。分别计算出雌雄个体的判别分数值,得到暗纹东方鲀雌雄个体的频布图,表明该模型可以用于区分暗纹东方鲀的性别(图 3-17、图 3-18)。

根据所建立的判别方程,对所采集的 296 尾暗纹东方鲀进行回判,将每尾个体的 5 个特征参数值带入方程,分别计算 $F_1$ 和 $F_2$。如果 $F_1 > F_2$,则该个体为雌性;反之则为雄性。经验证,该判别方程的综合判别准确率达 81.1%,其中,雌性判别准确率为 84.2%,雄性判别准确率为 77.5%(表 3-3)。

对用于建立判别函数的 5 个形态指标进行 t 检验,其结果显示,5 个形态指标中,只有尾柄高/体长和体宽/体长 2 个标准化性状在暗纹东方鲀雌雄个体间呈现出极显著差异($P < 0.01$)(表 3-4)。表明雌性个体身体较宽,尾柄较高。

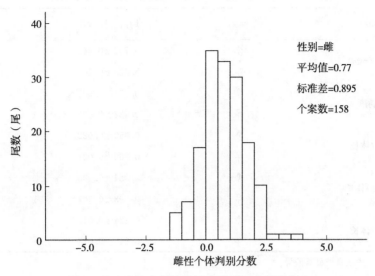

图 3-17 暗纹东方鲀雌性个体判别分数的频布

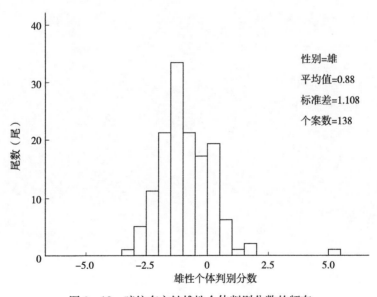

图 3-18 暗纹东方鲀雄性个体判别分数的频布

表 3-3 暗纹东方鲀性别判别结果

| 性别 | 尾数 | 判别结果 | | 判别准确率（%） | 综合判别率（%） |
| --- | --- | --- | --- | --- | --- |
| | | 雌♀ | 雄♂ | | |
| 雌♀ | 158 | 133 | 25 | 84.2 | 81.1 |
| 雄♂ | 138 | 31 | 107 | 77.5 | |

表 3-4 特征性状的 $t$ 检验及暗纹东方鲀雌雄形态差异

| 性状 | 性别 | 均值±标准差 | $P$ 值 |
|---|---|---|---|
| 眼径（mm） | ♂ | 5.702±0.441 | >0.05 |
| | ♀ | 5.628±0.442 | |
| 肥满度 | ♂ | 0.031±0.005 | >0.05 |
| | ♀ | 0.032±0.005 | |
| 头长/体长 | ♂ | 0.359±0.022 | >0.05 |
| | ♀ | 0.360±0.021 | |
| 尾柄高/体长 | ♂ | 0.084±0.008 | <0.01 |
| | ♀ | 0.093±0.007 | |
| 体宽/体长 | ♂ | 0.224±0.019 | <0.01 |
| | ♀ | 0.243±0.018 | |

注：$P<0.01$，表示有极显著差异。

# 4

# 第四章
# 暗纹东方鲀"中洋1号"的选育

## 一、暗纹东方鲀"中洋1号"育种工作

**1. 育种背景** 暗纹东方鲀（*Takifugu fasciatus*）隶属鲀形目、鲀科、东方鲀属。暗纹东方鲀于20世纪90年代进行人工繁殖，目前养殖技术成熟。采用全人工孵化，工厂化、规模化养殖。2016—2022年，全国年产量约1万t，产区主要分布在长江流域以南的江苏、广东、福建等省份。消费市场主要在江苏省、浙江省、上海市，但也逐渐扩展到全国。国家地方各级政府对河鲀养殖产业大力支持，加之企业发展建设，已形成河鲀繁育、规范养殖、物流运输、出口创汇、国内销售河鲀深加工制品和营养品，以及河鲀文化的完整产业链。随着我国人民生活水平的不断提高，暗纹东方鲀的需求量在逐年增长，日本、韩国等东南亚国家对我国河鲀的进口需求也呈不断增长趋势。但暗纹东方鲀属于江海洄游鱼类，在每年10月初温度下降到18℃时，河鲀开始下海，其在长江中下游自然环境条件下是无法生存的，故一般养殖暗纹东方鲀在冬季都需要温室锅炉加温，而且无法避免转池不及时带来的冻伤死亡。这就使得养殖成本增高，死亡率升高。故江苏中洋集团股份有限公司与南京师范大学自1994年至今，对暗纹东方鲀进行了大量的研究，包括人工繁殖、分子遗传、遗传育种等，并进行了暗纹东方鲀耐寒选育，实现了暗纹东方鲀在11~13℃环境下正常摄食、6~7℃稳定存活的目标，部分地区不需要温室就能够自然越冬，降低了养殖成本，提高了暗纹东方鲀养殖的成活率，有利于该品种的广泛养殖。

**2. 育种需求与目标** 暗纹东方鲀的人工养殖业在快速发展的同时，种质退化的问题也逐步显现。突出表现在养殖暗纹东方鲀的环境适应性严重降低，耐寒能力下降，养殖病害不断增多并越来越严重，寄生虫病、细菌病等主要病害给养殖生产造成了严重的损失；养殖群体的耐寒能力较弱，低温死亡率不断增高，越冬保温周期加长，从而导致养殖产量锐减、经济效益下滑。此外，由于缺乏对暗纹东方鲀种质资源的保护，以及不重视对苗种生产的种质开发管理，养殖成鱼出现了生长速度变慢、个体小型化、性早熟、病害增多、体色异化等性状退化问题。

（1）选育耐寒暗纹东方鲀"中洋1号" 暗纹东方鲀有效选育方法的研究尤为迫切，

传统选育方法选种范围小，无法培育筛选性状最优的育种材料。我们在原有家系选育的基础上，以生产单元为研究对象，配合群体选育方法，获得最佳目标性状的育种材料。通过人为温度控制，经4代渐进式降低环境温度耐寒适应性和极限死亡法进行低温胁迫，选育耐寒新品种，实现耐寒能力的增强，生长周期增长，并可稳定遗传。同时，保持暗纹东方鲀耐寒新品种的遗传多样性。

（2）促进河鲀产业发展　在已有的工作基础上，收集整理暗纹东方鲀选育基础群体，对所收集、有广泛代表性的暗纹东方鲀亲本资源群体选育，促进产业发展。2016年，农业部、国家食品药品监督管理总局联合签发《关于有条件放开养殖红鳍东方鲀和养殖暗纹东方鲀加工经营的通知》，对推动中国河鲀产业健康有序发展起到了关键作用，是河鲀产业快速发展的最佳契机，暗纹东方鲀产业发展从此进入全新的飞跃阶段。通过新品种的创制，为全国暗纹东方鲀养殖提供优质高效耐寒性强的苗种，为大规模生产优质的暗纹东方鲀苗种提供种质资源，以促进产业的健康可持续发展。

目前，全国有江苏、上海、浙江、安徽、广东、福建、山东等省（直辖市）开展了暗纹东方鲀的养殖。全国每年年产量约1万t，出口3 000t，国内销售7 000t。而江苏省作为暗纹东方鲀的传统产地，养殖量占全国的60%以上，是最主要的消费市场，具有悠久的河鲀消费文化。未来无论是国内市场还是国际市场，对暗纹东方鲀的需求量都将快速上升。预计5年内，市场年需求量达到5万t以上。通过项目实施，为产业提供了先进的技术和充足优质的苗种，从而提升产业发展水平和产业发展速度，满足市场对产品的需求。

### 3. 育种过程与基本情况

（1）$F_1$ 选育

①亲鱼繁育：1997年1月，挑选雌雄各480尾作为亲鱼，分为16组进行人工繁殖。每组再选择性腺发育最佳的亲鱼进行人工授精，产生的受精卵用孵化桶单独孵化，并做好编号记录。

②育苗：16组亲鱼产生16组鱼苗，在每组鱼苗中挑选3万～4万尾，分别用室外池塘单独培育，并做好编号记录。

③鱼苗低温胁迫：1997年10月上旬，当野外温度达到13～15℃时，室外养殖15d，从16组鱼苗中分别挑选实验鱼种群体，每组挑选1万尾。要求规格整齐，体质健壮，每尾重120g以上，并转移至温室养殖，养殖温度维持在13～15℃，养殖15d，剔除冻伤、活力不强的鱼种。

④转池：温室中养殖至1998年4月中下旬，当野外池水温度达到18℃以上时，将上述16组鱼种分别放养至16口室外池塘中，编号记录。

⑤1龄鱼低温胁迫：养殖至1998年10月中下旬，当室外温度达到11～13℃时，养殖15d，从中挑选游动敏捷、体质健壮、体重达到350g以上的鱼种，每组挑选2 500～3 000尾。将16组$F_1$鱼种群体分别转至温室的16口水泥池中进行养殖，温度维持在11～13℃，养殖15d，剔除冻伤、活力不强的鱼种。

⑥标记亲鱼：1999年4月中下旬，当野外温度达到18℃以上时，在温室的16口水泥池中挑选出鱼种存活率最高、平均体重较大的4口培育池。在每口培育池中分别挑选规格最大（550g以上）的雌雄鱼各500尾作为亲鱼，并在尾部打好标记后分别转至室外池塘中，编号记录。

⑦2 龄鱼低温胁迫：养殖到 1999 年 10 月中下旬，当室外温度达到 11～13℃时，养殖 15d。将 4 组鱼种群体分别转至温室的 4 口水泥池培育养殖，并做好编号记录。养殖温度维持在 11～13℃，养殖 15d，剔除冻伤、活力不强的鱼种。

（2）F$_2$ 选育

①亲鱼繁育：2000 年 1 月中下旬，将温室 4 口培育池中的标记亲本平均分为 16 组，分别进行人工催产。每组再选择性腺发育最佳的亲鱼进行人工授精，产生的受精卵用孵化桶单独孵化，并做好编号记录。

②育苗：16 组亲鱼产生 16 组鱼苗，在每组鱼苗中挑选 3 万～4 万尾，分别用室外池塘单独培育，并做好编号记录。

③鱼苗低温胁迫：2000 年的 11 月中上旬，当野外温度达到 9～11℃时，室外养殖 15d，从 16 组鱼苗中分别挑选实验鱼种群体，每组挑选 1 万尾。要求规格整齐，体质健壮，每尾重 120g 以上，并转移至温室养殖，养殖温度维持在 9～11℃，养殖 15d，剔除冻伤、活力不强的鱼种。

④转池：温室中养殖至 2001 年 4 月中下旬，当野外池水温度达到 18℃以上时，将上述 16 组鱼种群体分别放养至 16 口室外池塘中，编号记录。

⑤1 龄鱼低温胁迫：养殖到 2001 年 11 月中上旬，当室外温度达到 9～11℃时，养殖 15d，挑选游动敏捷、体质健壮、体重达到 350g 以上的鱼种，每组挑选 2 500～3 000 尾。将 16 组鱼种群体分别转至温室的 16 口水泥池中进行养殖，温度维持在 9～11℃，养殖 15d，剔除冻伤、活力不强的鱼种。

⑥标记亲鱼：2002 年 4 月中下旬，野外温度 18℃以上时，在温室的 16 口水泥池中，挑选出鱼种存活率最高、平均体重较大的 4 口培育池。在每口培育池中分别挑选规格最大（550g 以上）的雌雄鱼各 500 尾作为亲鱼，并在尾部打好标记后分别转至室外池塘中，编号记录。

⑦2 龄鱼低温胁迫：养殖到 2002 年 11 月中上旬，当室外温度达到 9～11℃时，养殖 15d。将 4 组鱼种群体分别转至温室的 4 口水泥池培育养殖，并编号记录。养殖温度维持在 9～11℃，养殖 15d，剔除冻伤、活力不强的鱼种。

（3）F$_3$ 选育

①亲鱼繁育：2003 年 1 月中下旬，将温室 4 组培育池中的标记亲本平均分为 16 组，分别进行人工催产。每组再选择性腺发育最佳的亲鱼进行人工授精，产生的受精卵用孵化桶单独孵化，编号记录。

②育苗：16 组亲鱼产生 16 组鱼苗，在每组鱼苗中挑选 3 万～4 万尾，分别用室外池塘单独培育，并做好编号记录。

③鱼苗低温胁迫：2003 年 12 月中上旬，当野外温度达到 7～9℃时，室外养殖 15d，从 16 组鱼苗中分别挑选实验鱼种群体，每组挑选 1 万尾。要求规格整齐，体质健壮，每尾重 120g 以上，并转移至温室养殖，养殖温度维持在 7～9℃，养殖 15d，剔除冻伤、活力不强的鱼种。

④转池：温室中养殖至 2004 年 4 月中下旬，当野外池水温度达到 18℃以上时，将上述 16 组鱼种分别放养至 16 口室外池塘中，编号记录。

⑤1 龄鱼低温胁迫：养殖到 2004 年 12 月中上旬，当室外温度达到 7～9℃时，养殖

15d，挑选游动敏捷、体质健壮、体重达到350g以上的鱼种，每组挑选2 500～3 000尾。将16组鱼种群体分别转至温室的16口水泥池中进行养殖，温度维持在7～9℃，养殖15d，剔除冻伤、活力不强的鱼种。

⑥标记亲鱼：2005年4月中下旬，当野外温度达到18℃以上时，在温室的16口水泥池中挑选出鱼种存活率最高、平均体重较大的4口培育池。在每口培育池中分别挑选规格最大（550g以上）的雌雄鱼各500尾作为亲鱼，并在尾部打好标记后分别转至室外池塘中，编号记录。

⑦2龄鱼低温胁迫：养殖到2005年12月中上旬，当室外温度达到7～9℃时，养殖15d，将4组鱼种群体分别转至温室的4口水泥池培育养殖，并编号记录。养殖温度维持在7～9℃，养殖15d，剔除冻伤、活力不强的鱼种。

（4）$F_4$选育

①亲鱼繁育：2006年1月中下旬，将温室4口培育池中的标记亲本平均分为16组，分别进行人工催产。每组再选择性腺发育最佳的亲鱼进行人工授精，产生的受精卵用孵化桶单独孵化，编号记录。

②育苗：16组亲鱼产生16组鱼苗，在每组鱼苗中挑选3万～4万尾，分别用室外池塘单独培育，并做好编号记录。

③鱼苗低温胁迫：2006年12月中上旬，当野外温度达到7～9℃时，室外养殖15d，从16组鱼苗中分别挑选实验鱼种群体，每组挑选1万尾。要求规格整齐，体质健壮，每尾重120g以上，并转移至温室养殖，养殖温度维持在7～9℃，养殖15d，剔除冻伤、活力不强的鱼种。

④转池：温室中养殖至2007年4月中下旬，当野外池水温度达到18℃以上时，将上述16组鱼种分别放养至16口室外池塘中，编号记录。

⑤1龄鱼低温胁迫：养殖到2007年12月中上旬，当室外温度达到7～9℃时，养殖15d，挑选游动敏捷、体质健壮、体重达到350g以上的鱼种，每组挑选2 500～3 000尾。将16组$F_1$鱼种群体分别转至温室的16口水泥池中进行养殖，温度维持在7～9℃，养殖15d，剔除冻伤、活力不强的鱼种。

⑥标记亲鱼：2008年4月中下旬，当野外温度达到18℃以上时，在温室的16口水泥池中挑选出鱼种存活率最高、平均体重较大的4口培育池。在每口培育池中分别挑选规格最大（550g以上）的雌雄鱼各500尾作为亲鱼，并在尾部打好标记后分别转至室外池塘中，编号记录。

⑦2龄鱼低温胁迫：养殖到2008年12月中上旬，当室外温度达到7～9℃时，养殖15d，将4组$F_1$鱼种群体分别转至温室的4口水泥池培育养殖，并编号记录。养殖温度维持在6～7℃，养殖15d，剔除冻伤、活力不强的鱼种。

（5）$F_5$选育

①亲鱼繁育：2009年1月中下旬，将温室4口培育池中的标记亲本平均分为16组，分别进行人工催产。每组再选择性腺发育最佳的亲鱼进行人工授精，产生的受精卵用孵化桶单独孵化，编号记录。

②育苗：16组亲鱼产生16组鱼苗，在每组鱼苗中挑选3万～4万尾，分别用室外池塘单独培育，并做好编号记录。

③鱼苗低温胁迫：2009 年 12 月中上旬，当野外温度达到 7～9℃时，室外养殖 15d，从 16 组鱼苗中分别挑选实验鱼种群体，每组挑选 1 万尾。要求规格整齐，体质健壮，每尾重 120g 以上，并转移至温室养殖，养殖温度维持在 6～7℃，养殖 15d，剔除冻伤、活力不强的鱼种。

④转池：温室中养殖至 2010 年 4 月中下旬，当野外池水温度达到 18℃以上时，将上述 16 组鱼种分别放养至 16 口室外池塘中，编号记录。

⑤1 龄鱼低温胁迫：养殖到 2010 年 12 月中上旬，当室外温度达到 7～9℃时，养殖 15d，挑选游动敏捷、体质健壮、体重达到 350g 以上的鱼种，每组挑选 2 500～3 000 尾。将 16 组 $F_1$ 鱼种群体分别转至温室的 16 口水泥池中进行养殖，温度维持在 6～7℃，养殖 15d，剔除冻伤、活力不强的鱼种。

⑥标记亲鱼：2011 年 4 月中下旬，当野外温度达到 18℃以上时，在温室的 16 口水泥池中挑选出鱼种存活率最高、平均体重较大的 4 口培育池。在每个培育池中分别挑选规格最大（550g 以上）的雌雄鱼各 500 尾作为亲鱼，并在尾部打好标记后分别转至室外池塘中，编号记录。

⑦2 龄鱼低温胁迫：养殖到 2011 年 12 月中上旬，当室外温度达到 7～9℃时，养殖 15d，将 4 组 $F_1$ 鱼种群体分别转至温室的 4 口水泥池培育养殖，并编号记录。养殖温度维持在 6～7℃，养殖 15d，剔除冻伤、活力不强的鱼种。

（6）耐寒暗纹东方鲀新品系培育 2012 年 1 月中下旬，对温室 4 口培育池中的标记亲本进行人工催产。选择性腺发育最佳的亲鱼进行人工授精，产生的受精卵用孵化桶单独孵化。经过培育，养成成鱼命名为耐寒暗纹东方鲀新品系，并作为良种保存，建立一个包含四大群体耐寒的品种体系。

2012—2014 年，连续 3 年对耐寒品系进行生长对比试验。并且在育种期间，对耐寒品系的鱼进行随机抽样，每个品系抽样 20～30 尾进行小试试验。冬季，将样本置于 6℃ 的培育池中，进行极限温度胁迫试验。观察其死亡率，检测其是否保持耐低温的性状，是否可以正常生存，并做进一步记录，保证其耐寒性的稳定遗传。

## 二、制种或繁育情况

江苏中洋集团全资子公司南通龙洋水产有限公司全面负责经营和管理的繁育中心拥有面积 32hm²。其中，室外驯养池 20hm²，室外生物饵料培养池 6.67hm²，保种温室 8 004m²，苗种培育温室 16 675m²，生物饵料培养温室 8 004m²，车间 4 000m²，沙石道路 3 264m²，绿化带 8 004m²。拥有孵化环道 3 套、孵化缸 40 个、孵化桶 8 个、圆形产卵池 2 套、亲本培育池 8 个、催产池 4 个，理化分析室、水质检测室、营养检测室和疾病防控室等实验室各 1 个，档案室、标本室各 1 个。

我们选用的暗纹东方鲀亲鱼培育温室面积 7 000m²，内设 16 个培育池，培育池面积 400m²。温室采用双层中空塑料膜覆盖，采用地源热泵加温，冬季温室内温度控制范围为 4～16℃。以群体选育为基础，利用渐进式低温胁迫和极限死亡法培育出具有耐寒性的暗纹东方鲀"中洋1号"。

**1. 历年小试和生产性对比试验情况** 2000—2011 年，对 $F_1$～$F_5$ 耐寒暗纹东方鲀与暗纹东方鲀原种进行耐寒对比小试试验。选用 6 口面积 $60m^2$ 的小水泥池进行编号，选择暗纹东方鲀耐寒品种与原种 80～120g 各 300 尾，分 2 个试验组，每组设 3 个平行，称重后分别放入 6 口小水泥池中，人为控制温度，每天观察其摄食状况、死亡数量及生长状况，并做相应记录。试验周期为 7～10d，整理数据，分析总结得出结果见表 4-1。

表 4-1 耐低温小试试验记录

| 时间 | 品种名称 | 温度（℃） | 摄食状况 | 死亡率（%） |
| --- | --- | --- | --- | --- |
| 2000-11 | $F_1$ 耐寒品系 | 11～13 | 良好 | 10 |
| 2000-11 | 未经选育的暗纹东方鲀 | 11～13 | 不摄食 | 53.3 |
| 2003-11 | $F_2$ 耐寒品系 | 9～11 | 较差 | 6.7 |
| 2003-11 | 未经选育的暗纹东方鲀 | 9～11 | 不摄食 | 57.8 |
| 2006-11 | $F_3$ 耐寒品系 | 7～9 | 不摄食 | 7.7 |
| 2006-11 | 未经选育的暗纹东方鲀 | 7～9 | 不摄食 | 80 |
| 2009-11 | $F_4$ 耐寒品系 | 6～7 | 不摄食 | 4.4 |
| 2009-11 | 未经选育的暗纹东方鲀 | 6～7 | 不摄食 | 97.7 |
| 2012-11 | $F_5$ 耐寒品系 | 6～7 | 不摄食 | 2.4 |
| 2012-11 | 未经选育的暗纹东方鲀 | 6～7 | 不摄食 | 97.7 |

因野生暗纹东方鲀在 18℃ 以上正常摄食，最低可在 13～14℃ 生存，故由小试试验总结可知：

（1）$F_1$ 代暗纹东方鲀"中洋1号"比未经选育的长江野生暗纹东方鲀群体耐寒性提高了 2℃，可在 11～13℃ 的环境下正常生存；$F_2$ 代暗纹东方鲀"中洋1号"比未经选育的长江野生暗纹东方鲀群体耐寒性提高了 3～4℃，可在 9～11℃ 的环境下正常生存；$F_3$ 代暗纹东方鲀"中洋1号"比未经选育的长江野生暗纹东方鲀群体耐寒性提高了 5～6℃，可在 7～9℃ 的环境下正常生存；$F_4$、$F_5$ 代暗纹东方鲀"中洋1号"比未经选育的长江野生暗纹东方鲀群体耐寒性提高了 7℃。由上总结可知，"中洋1号"在 6～7℃ 的环境下活力正常，死亡率不超过 10%。

（2）作为对照的未经选育的长江野生暗纹东方鲀群体，在 9～11℃ 的环境下，部分个体脱离群体静卧池底，少量个体有体表发红的冻伤现象；在 7～9℃ 的环境下，静卧池底的数量增加，不摄食，且随着时间推延，冻伤现象越加明显；在 6～7℃ 的环境下，不摄食，大部分短时间内冻伤死亡，死亡率达到了 90% 以上。

从而得出，1997—2012 年，对渐进式低温胁迫和极限死亡法连续培育的 5 代耐寒品系和后期稳定培养的河鲀进行了耐寒性对比试验，冻伤死亡数量降低了，且耐寒性状可稳定遗传。现在的耐寒品系可在 6～7℃ 的环境下保持活力正常不死亡。

**2. 暗纹东方鲀耐寒新品系中试养殖情况** 2012—2015 年，在海安县苏粤水产有限公司和珠海市年丰水产养殖有限公司进行暗纹东方鲀新品系"中洋1号"与未经选育的长江野生暗纹东方鲀群体养殖对比试验，测量大面积池塘养殖生产性能。

（1）在江苏省海安县进行养殖对比试验

①试验时间和地点：2012 年 10 月，在海安县苏粤水产有限公司选取 6 口 3 335$m^2$ 的

池塘，进行编号，开展养殖试验。其中，3口养殖未经选育的长江野生暗纹东方鲀群体作为对照组；另外3口放养暗纹东方鲀"中洋1号"。

②放养规格和密度：暗纹东方鲀鱼种规格10～12cm，每口池塘投放1.4万尾鱼苗。

③养殖方式：两种河鲀同时投喂相同饲料。养殖至12月塘面冰封前、温度7～8℃时，拉网计算成活率，测量体重。并将两种河鲀转入温室，温室温度维持在13～14℃。2013年3月，室外温度达到13～14℃时，测量体重，并将河鲀转回3 335m² 池塘，继续养殖，同上养殖至2013年11月，养成出塘。养殖结果见表4-2、表4-3。

表4-2　海安县苏粤水产有限公司连续3年暗纹东方鲀养殖对比试验

| 品种 | 入塘规格（cm） | 入塘数量（万尾） | 越冬前平均规格（g） | 越冬后平均规格（g） | 越冬成活率（%） | 收获平均规格（g） | 产量（kg） |
|---|---|---|---|---|---|---|---|
| 1 | 10～12 | 1.4 | 246.2 | 234.9 | 67.1 | 312.6 | 2 936.6 |
| 1 | 10～12 | 1.4 | 253.6 | 244.5 | 65.3 | 306.8 | 2 804.8 |
| 1 | 10～12 | 1.4 | 268.3 | 248.8 | 62.8 | 330.4 | 2 904.9 |
| 2 | 10～12 | 1.4 | 269.5 | 298.1 | 93.7 | 369.8 | 4 850.9 |
| 2 | 10～12 | 1.4 | 278.4 | 289.3 | 92.6 | 390.5 | 5 062.4 |
| 2 | 10～12 | 1.4 | 267.5 | 286.4 | 91.1 | 392.9 | 5 010.2 |

注：品种1为未经选育的长江野生暗纹东方鲀，品种2为暗纹东方鲀"中洋1号"。

表4-3　越冬成活率、产量均值比较

| 品种 | 越冬成活率（%） | 产量（kg） |
|---|---|---|
| 1 | 65.07±2.16[a] | 2 882.10±68.79[a] |
| 2 | 92.47±1.31[b] | 4 850.9±110.18[b] |

注：品种1为未经选育的长江野生暗纹东方鲀；品种2为暗纹东方鲀"中洋1号"；同列上标小写字母不同，表示差异极显著（$P<0.01$）。

经过3年的养殖试验对比，暗纹东方鲀"中洋1号"亩产量为1.0t左右；而未经选育长江野生暗纹东方鲀群体，亩产量为0.6t左右。在12月塘面冰封前转入温室的情况下，暗纹东方鲀"中洋1号"成活率达到90%以上；而未经选育长江野生群体成活率仅有60%左右。总结可知，暗纹东方鲀"中洋1号"可在12月塘面冰封前转入温室，具有耐低温的特性，且生长速度快、亩产量高，节约成本，较未经选育长江野生群体更适于大面积的推广养殖。

（2）在广东省珠海市进行养殖对比试验

①试验时间和地点：2013年10月，在珠海市年丰水产养殖有限公司选取6口3 335m² 池塘，进行编号，开展养殖试验。其中，3口养殖未经选育的长江野生暗纹东方鲀群体作为对照组；另外3口放养暗纹东方鲀"中洋1号"。

②放养规格和密度：暗纹东方鲀鱼种规格10～12cm，每亩池塘投放2 800尾鱼苗。

③养殖方式：两种河鲀同时投喂相同饲料。养殖至2014年1月、温度7～8℃时，拉网计算成活率，测量体重。露天自然养殖至3月，拉网计算成活率、测量体重。继续养殖，至2014年10月，养成出塘。养殖结果见表4-4、表4-5。

**表4-4 珠海市年丰水产养殖有限公司暗纹东方鲀养殖对比试验**

| 品种 | 入塘规格 (cm) | 入塘数量 (万尾) | 越冬前平均规格 (g) | 越冬后平均规格 (g) | 越冬成活率 (%) | 收获平均规格 (g) | 产量 (kg) |
|---|---|---|---|---|---|---|---|
| 1 | 10~12 | 1.4 | 253.2 | 230.9 | 48.2 | 330.5 | 2 230.2 |
| 1 | 10~12 | 1.4 | 235.6 | 220.5 | 65.3 | 315.8 | 2 886.9 |
| 1 | 10~12 | 1.4 | 245.3 | 227.8 | 50.8 | 332.9 | 2 367.58 |
| 2 | 10~12 | 1.4 | 269.5 | 286.5 | 90.7 | 398.2 | 5 056.3 |
| 2 | 10~12 | 1.4 | 263.4 | 289.3 | 94.6 | 360.4 | 4 773.1 |
| 2 | 10~12 | 1.4 | 279.5 | 299.5 | 90.2 | 375.6 | 4 743.1 |

注：品种1为未经选育的长江野生暗纹东方鲀，品种2为暗纹东方鲀"中洋1号"。

**表4-5 越冬成活率、产量均值比较**

| 品种 | 越冬成活率（%） | 产量（kg） |
|---|---|---|
| 1 | 54.77±9.21[a] | 2 494.89±346.37[a] |
| 2 | 91.83±2.40[b] | 4 857.50±172.81[b] |

注：品种1为未经选育的长江野生暗纹东方鲀，品种2为暗纹东方鲀"中洋1号"；同列上标小写字母不同，表示差异显著（$P<0.05$）。

在广东珠海年丰水产养殖有限公司进行的养殖对比试验结果表明，经过4代群体筛选和第5代低温胁迫选育的暗纹东方鲀"中洋1号"具有显著的耐寒特性。在广东1—2月温度较低、达7℃左右时，没有进温室，在露天养殖条件下，暗纹东方鲀"中洋1号"成活率仍可达到90%以上，能够实现自然越冬，亩产量为1.0t左右；而未经选育长江野生暗纹东方鲀群体，越冬成活率和最终亩产量都明显低于暗纹东方鲀"中洋1号"耐寒品种。可以看出，暗纹东方鲀"中洋1号"耐寒新品种对养殖设施条件要求低，相同养殖条件下，产量有保证，利于示范推广。

**3. 暗纹东方鲀"中洋1号"生产性能对比试验** 从2012年起，在江苏省海安县、广东省珠海市等地区进行了中间试验。"中洋1号"耐寒性强、养殖周期短、越冬成活率高，在部分地区实现了自然越冬，降低了养殖成本和区域限制，丰富了养殖品种，取得了良好的经济、社会和自然效益。

海安县苏粤水产有限公司于2014年与中洋集团合作进行"中洋1号"养殖生产。2015年养殖面积13.33hm²，产量217.4t；2016年养殖面积15.87hm²，产量251.6t；2017年养殖面积16.27hm²，产量260.2t。3年累计养殖面积45.47hm²，总产量729.2t，产值4 010.6万元，与未经选育的长江野生暗纹东方鲀相比，新增产值2 128.2万元，新增利润640.7万元。3年养殖结果证明，暗纹东方鲀耐寒新品系"中洋1号"生长速度快，越冬成活率较高，耐寒性提高了5~6℃，个体较均匀，体形好，具有很好的养殖效益，是一个非常适合推广的养殖品种。

珠海市年丰水产养殖有限公司于2015年和2016年引进"中洋1号"在广东地区进行自然越冬养殖。养殖面积均为13.33hm²，连续两年亩产量达1.0t，越冬成活率超90%，年产值1 144.6万元，与未经选育的长江野生暗纹东方鲀相比，新增利润198.2万元。与未经选育的群体相比，每亩越冬成本降低 2 243.5 元，养殖效益大大提高。

**4. 品种推广应用价值与潜力** 现阶段，暗纹东方鲀耐寒新品种已经在江苏、广东等地进行了大规模养殖，逐步取代了原种暗纹东方鲀。暗纹东方鲀"中洋1号"因其可在 7～8℃ 的低温环境下生存，且在 13℃ 以上低温环境可正常摄食、正常生长，使暗纹东方鲀越冬时的死亡率降低，同时，因其在低温环境下可正常摄食、生存，使得耐旱新品种比原种多生长 2 个月，这大大地提高了暗纹东方鲀的生长速率。冬季，耐寒新品种转池到温室不需要加温，节省了能源，降低了成本，减少了污染排放，保护了环境。

2018 年，亲鱼保种量为 500 尾，每年可供苗种 2 000 万尾。通过新品种的创制，为全国暗纹东方鲀养殖提供了优质高效耐寒性强的苗种，为江苏、广东、福建三省大规模生产优质的暗纹东方鲀苗种提供了种质资源，促进产业的健康可持续发展，使暗纹东方鲀产业发展进入全新的飞跃阶段。

**5. 命名依据** "中洋1号"命名依据是取自该品种主要选育单位江苏中洋集团股份有限公司名称中的"中洋"二字；而"1号"则表示该品种是江苏中洋集团股份有限公司、中国水产科学研究院淡水渔业研究中心和南京师范大学共同培育出的第一个暗纹东方鲀新品种。

## 三、暗纹东方鲀"中洋1号"培育过程

**1. 亲本来源** 1993—1994 年，于如皋、江阴江段和扬中县江段，收集暗纹东方鲀长江野生群体 6 500 尾；1994—1997 年，经过人工养殖、繁育，构成暗纹东方鲀"中洋1号"起始亲本种群，从中挑选规格整齐、体质健壮、体重达到 550g 以上、发育程度一致的暗纹东方鲀作为亲本；亲本表型特征与野生暗纹东方鲀一致，没有显著差异。

**2. 拉丁文名称** 暗纹东方鲀"中洋1号"是通过群体选育方法选育出的耐低温新品系，故暗纹东方鲀"中洋1号"拉丁文名称仍为（*Takifugu fasciatus* "Zhongyang No. 1"）。

**3. 选育技术路线** （图 4-1）暗纹东方鲀"中洋1号"以长江干流 6 500 尾暗纹东方鲀野生幼鱼为基础选育群体，以耐低温能力为主要目标性状，采用群体选育技术，经 5 代渐进式降温（选育群体每年推迟进入温室越冬，利用自然降温、人工掌握胁迫温度范围及胁迫时间实现低温胁迫）选育而成，增强了耐低温能力，并可稳定遗传（表 4-6）。

每代具体选育方法：起始从基础群体中挑选优质个体作为亲本，以后每代从上一代亲本繁育的苗种中挑选 12 万尾进行选育，分为 6 个池塘，每池 2 万尾。

3 次选择 { ①鱼种阶段：室外水温下降至选育温度时，继续养殖 15d，选择强度 30%。
②成鱼阶段：室外水温下降至选育温度时，继续养殖 15d，选择强度 66.6%。
③亲鱼阶段：室外水温下降至选育温度时，继续养殖 15d，选择强度 75%。

每代都从 6 个鱼池中挑选雌雄各 500 尾、尾重 550g 以上鱼种作为下一代亲鱼，选择强度 5%。

**4. 制种技术路线** 具体方法参照 Q/JSZY036S—2018 企业标准暗纹东方鲀"中洋1号"繁殖制种技术规范，路线见图 4-2。

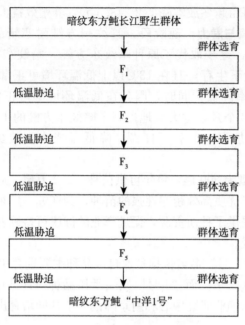

图4-1 选育整体技术路线

**表4-6 F₁~F₅ 低温胁迫温度**

| 世代 | $F_1$ | $F_2$ | $F_3$ | $F_4$ | $F_5$ |
|---|---|---|---|---|---|
| 温度（℃） | 13~15 | 11~13 | 9~11 | 7~9 | 6~7 |

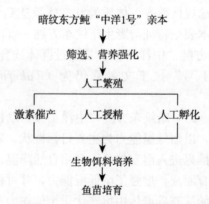

图4-2 暗纹东方鲀"中洋1号"繁殖制种技术规范路线

**5. 育种目标** 以生产单元为研究基础，采用群体选育方法。通过利用自然降温、人工掌握胁迫温度范围及胁迫时间实现低温胁迫，经5代渐进式降低环境温度，提高耐低温适应性，并通过极限死亡法进行低温胁迫，获得目标性状13℃以上正常摄食，17℃稳定存活，耐低温性提高4~6℃。选育耐低温新品种，实现其耐低温能力的增强，从而能够扩大暗纹东方鲀适宜养殖区域，使其从主要养殖集散地华东地区和南方地区逐渐向周边扩展，在长江中下游地区越冬大棚养殖过程中无须加温，南方地区露天自然越冬，大幅降低越冬成本，延长生长时间，缩短养成周期；并且耐低温能力特性可稳定遗传，同时保留暗纹东方鲀优良品质的遗传多样性。

**6. 育种技术**

选育技术　我们采用群体选育技术，在选育过程中利用渐进式低温胁迫和极限死亡法选育暗纹东方鲀"中洋1号"，从1997—2012年连续培育5代，每代3次低温胁迫的渐进式降温，从15℃逐步降至7℃，淘汰不具有耐低温特性的暗纹东方鲀个体，直至第5代保留具有耐低温特性的亲本群体。通过以上选育方法，得到了具有较强耐低温特性的新品种——暗纹东方鲀"中洋1号"。

耐低温性能选育过程中的亲本选配原则及近交控制措施：暗纹东方鲀"中洋1号"亲本选配原则包括①每代按照设定的暗纹东方鲀选育标准，选择耐低温性强、个体规格大的亲本；②选育过程配种繁殖时，以减少近亲交配为原则，6口平行池塘尽量进行交叉配种（图4-3）。

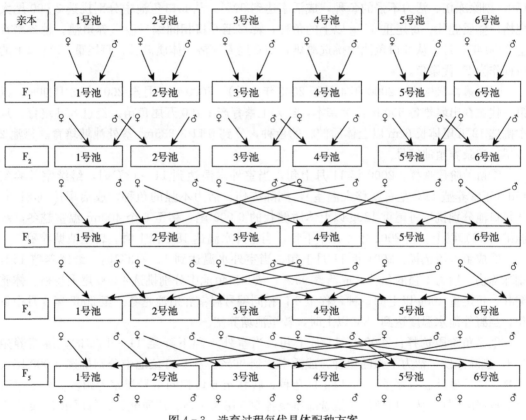

图4-3　选育过程每代具体配种方案

**7. 育种过程**

基础群体构建：1993—1994年，于如皋、江阴和扬中县江段，收集暗纹东方鲀长江野生群体6 500尾，体重100～200g；1994—1997年，将收集的暗纹东方鲀野生群体进行培育，从中挑选大规格、体质健壮、每尾重550g以上的雌雄鱼各480尾，作为选育基础群体。

技术路线：以耐低温能力为主要目标性状，采用群体选育技术，经连续5代选育而成。

（1）第一代选育（1997年4月至2000年3月）　1997年4月，以基础群体中选育出雌雄鱼各480尾作为亲本。经人工繁育产1 300万尾鱼苗。经过85d培育，从中挑选12万尾体长6cm以上体质健壮的鱼种，分到6口3 335m² 室外池塘培育。每池2万尾，记录养殖池编号。

①苗种阶段选择：1997年10月中下旬，室外水温下降至13～15℃时，继续室外养殖15d（正常养殖时18℃左右就移入温室），剔除冻伤、活力不强的鱼种，成活率78%。从每口池分别挑选每尾重120g以上体质健壮的6 000尾，移至6口400m² 温室越冬，水温维持18℃以上。至1998年4月中下旬，当室外池水温度达18℃以上时，转至池塘养殖。

②成鱼阶段选择：1998年10月中下旬，室外水温下降至13～15℃时，继续养殖15d，剔除冻伤、活力不强的鱼种，成活率83%。从6口鱼池中分别挑选4 000尾大规格、体质健壮、每尾重400g以上的鱼种，移至6口相同编号温室养殖池越冬。至1999年4月中下旬，野外池水温度达到18℃以上时，转至池塘养殖。

③亲鱼阶段选择：1999年11月上旬，当室外水温下降至13～15℃时，连续养殖15d，剔除冻伤、活力不强的鱼种，成活率达到90%。从6口鱼池中分别挑选3 000尾大规格、体质健壮、每尾重650g以上的鱼种，转移至6口相同编号温室养殖池。越冬培育至2000年3月，从6口鱼池中挑选雌雄各500尾大规格、体质健壮、每尾重650g以上的鱼种作为 $F_2$ 代亲鱼。

（2）第二代选育（2000年4月至2003年3月）　2000年4月至2003年3月期间，以第一代选育出雌雄各500尾作为亲本，经人工繁育产1 700万尾鱼苗。经过85d培育，从中挑选12万尾体长6cm以上体质健壮的鱼种，分到6口3 335m² 室外池塘培育。每池2万尾，记录养殖池编号。

①苗种阶段选择：2000年11月上旬，当室外水温达到11～13℃时，继续室外养殖15d（正常养殖18℃左右就移入温室），剔除冻伤、活力不强的鱼种，成活率达到81%。从每口池分别挑选每尾重120g以上体质健壮的6 000尾，移至6个400m² 温室越冬，水温维持18℃以上。至2001年4月中下旬，当室外水温达18℃以上时，转至池塘养殖。

②成鱼阶段选择：2001年11月上旬，当室外水温达到11～13℃时，继续养殖15d，剔除冻伤、活力不强的鱼种，成活率93%。从6口鱼池中分别挑选4 000尾大规格、体质健壮、每尾重400g以上的鱼种，移至6口相同编号温室养殖池越冬。至2002年4月中下旬，当野外池水温度达到18℃以上时，转至池塘养殖。

③亲鱼阶段选择：2002年11月上旬，当室外水温下降至11～13℃时，继续养殖15d，剔除冻伤、活力不强的鱼种，成活率达到96%。从6口鱼池中分别挑选3 000尾大规格、体质健壮、每尾重650g以上的鱼种，转移至6口相同编号温室养殖池。越冬培育至2003年3月，从6口鱼池中挑选雌雄鱼各500尾大规格、体质健壮、每尾重700g以上的鱼种，作为 $F_3$ 代亲鱼。

（3）第三代选育（2003年4月至2006年3月）　2003年4月至2006年3月期间，以第二代选育出雌雄鱼各500尾作为亲本，经人工繁育产1 600万尾鱼苗。经过85d培育，从中挑选12万尾体长6cm以上、体质健壮的鱼种，分到6口3 335m² 室外池塘培育。每池2万尾，记录养殖池编号。

①苗种阶段选择：2003年11月中下旬，当室外水温达到9～11℃时，继续室外养殖15d（正常养殖18℃左右就移入温室），剔除冻伤、活力不强的鱼种，成活率达到88%。从每口池分别挑选每尾重120g以上、体质健壮的6 000尾，移至6口400m² 温室越冬，水温维持18℃以上。至2004年4月中下旬，当室外水温达18℃以上时，转至池塘养殖。

②成鱼阶段选择：2004年11月中下旬，室外水温达到9～11℃时，继续养殖15d，剔除冻伤、活力不强的鱼种，成活率93％。从6口鱼池中分别挑选4 000尾大规格、体质健壮、每尾重400g以上的鱼种，移至6口相同编号温室养殖池越冬。至2005年4月中下旬，当野外池水温度达到18℃以上时，转至原编号池塘养殖。

③亲鱼阶段选择：2005年11月中下旬，室外水温下降至9～11℃时，继续养殖15d，剔除冻伤、活力不强的鱼种，成活率达到92％。从6口鱼池中分别挑选3 000尾大规格、体质健壮、每尾重650g以上的鱼种，转移至6口相同编号温室养殖池。越冬培育至2006年3月，从6口鱼池中挑选雌雄各500尾大规格、体质健壮、每尾重725g以上的鱼种，作为$F_4$代亲鱼。

(4) 第四代选育（2006年4月至2009年3月） 2006年4月至2009年3月期间，以第三代选育出雌雄各500尾作为亲本，经人工繁育产1 600万尾鱼苗。经过85d培育，从中挑选12万尾体长6cm以上、体质健壮的鱼种，分到6口3 335m² 室外池塘培育。每池2万尾，记录养殖池编号。

①苗种阶段选择：2006年12月，室外水温达到7～9℃时，继续室外养殖15d（正常养殖18℃左右就移入温室），剔除冻伤、活力不强的鱼种，成活率达到86％。从每口池分别挑选每尾重120g以上体质健壮的6 000尾，移至6口400m² 温室越冬，水温维持18℃以上。至2007年4月中下旬，当室外水温达18℃以上时，转至池塘养殖。

②成鱼阶段选择：2007年12月，室外水温达到7～9℃时，继续养殖15d，剔除冻伤、活力不强的鱼种，成活率92％。从6口鱼池中分别挑选4 000尾大规格、体质健壮、每尾重400g以上的鱼种，移至6口相同编号温室养殖池越冬。至2008年4月中下旬，野外池水温度达到18℃以上时，转至原编号池塘养殖。

③亲鱼阶段选择：2008年12月，室外水温下降至7～9℃时，继续养殖15d，剔除冻伤、活力不强的鱼种，成活率达到90％。从6口鱼池中分别挑选3 000尾大规格、体质健壮、每尾重650g以上的鱼种，转移至6口相同编号温室养殖池。越冬培育至2009年3月，从6口鱼池中挑选雌雄各500尾大规格、体质健壮、每尾重725g以上的鱼种，作为$F_5$代亲鱼。

(5) 第五代选育（2009年4月至2012年3月） 2009年4月至2012年3月期间，以第四代选育出雌雄各500尾作为亲本，经人工繁育产1 600万尾鱼苗。经过85d培育，从中挑选12万尾体长6cm以上体质健壮的鱼种，分到6口3 335m² 室外池塘培育。每池2万尾，记录养殖池编号。

①苗种阶段选择：2010年1月，室外水温达到6～7℃时，继续室外养殖15d（正常养殖18℃左右就移入温室），剔除冻伤、活力不强的鱼种，成活率达到91％。从每口池分别挑选每尾重120g以上、体质健壮的6 000尾，移至6口400m² 温室越冬，水温维持18℃以上。至2010年4月中下旬，当室外水温达18℃以上时，转至池塘养殖。

②成鱼阶段选择：2011年1月，室外水温达到6～7℃时，继续养殖15d，剔除冻伤、活力不强的鱼种，成活率96％。从6口鱼池中分别挑选4 000尾大规格、体质健壮、每尾重400g以上的鱼种，移至6口相同编号温室养殖池越冬。至2011年4月中下旬，室外池水温度达到18℃以上时，转至池塘养殖。

③亲鱼阶段选择：2012年1月，室外水温下降至6～7℃时，连续养殖15d，剔除冻伤、活力不强的鱼种，成活率达到97％。从6口鱼池中分别挑选3 000尾大规格、体质健

壮、每尾重 750g 以上的鱼种，转移至 6 口相同编号温室养殖池。越冬培育至 2012 年 4 月，作为暗纹东方鲀 "中洋 1 号" 储备亲本。

**8. 暗纹东方鲀 "中洋 1 号" 培育**

（1）种质保存　2012 年 1 月中下旬，对温室培育池中储备亲本进行人工催产。选择性腺发育最佳的亲鱼进行人工授精，产生的受精卵用孵化桶单独孵化。经过培育，养成成鱼命名为耐低温暗纹东方鲀 "中洋 1 号"，并作为良种保存。

（2）耐低温特性遗传稳定　2012—2014 年，在不同地区进行暗纹东方鲀 "中洋 1 号" 的生长对比试验。并且在试验期间，对暗纹东方鲀 "中洋 1 号" 进行随机抽样，开展水温 7℃ 冻伤死亡对比试验，统计越冬和水温 7℃ 成活率。数据显示，不同地区、不同年份成活率变异程度接近，表明其耐低温性能够保持稳定（表 4-7、表 4-8）：

表 4-7　暗纹东方鲀 "中洋 1 号" 不同地区、不同年份越冬成活率（%）

| 试验单位 | 2013 年 | 均值 | 变异系数 | 2014 年 | 均值 | 变异系数 (CV) | 试验单位 | 2016 年 | 均值 | 变异系数 (CV) |
|---|---|---|---|---|---|---|---|---|---|---|
| 海安县苏粤水产有限公司 | 95.14 | | | 97.48 | | | 广东建兴 | 93.10 | | |
| | 95.84 | | | 95.69 | | | | 93.23 | | |
| | 95.60 | 95.30± | 1.39 | 96.37 | 96.44± | 1.0 | | 92.99 | 93.08± | 0.1 |
| | 92.93 | 1.32 | | 97.71 | 0.96 | | | 93.08 | 0.09 | |
| | 96.94 | | | 95.37 | | | | 93.02 | | |
| | 95.34 | | | 96.05 | | | | | | |
| 海安惠云水产养殖厂 | 96.27 | | | 97.33 | | | 广东海惠生态农业发展有限公司 | 91.32 | | |
| | 94.36 | 95.80± | 0.01 | 98.87 | 97.19± | 1.42 | | 92.40 | 91.81± | 0.49 |
| | 95.87 | 0.01 | | 95.03 | 1.38 | | | 91.70 | 0.45 | |
| | 96.67 | | | 97.52 | | | | 91.84 | | |

表 4-8　暗纹东方鲀 "中洋 1 号" 不同地区、不同年份 7℃ 成活率（%）

| 试验单位 | 2013 年 | 均值 | 变异系数 (CV) | 2014 年 | 均值 | 变异系数 (CV) |
|---|---|---|---|---|---|---|
| 海安县苏粤水产有限公司 | 97.92 | | | 95.27 | | |
| | 95.72 | | | 94.87 | | |
| | 95.96 | 95.79±1.75 | 1.83 | 95.63 | 95.61±1.18 | 1.23 |
| | 97.36 | | | 97.93 | | |
| | 93.18 | | | 95.23 | | |
| | 94.58 | | | 94.73 | | |
| 海安惠云水产养殖厂 | 95.72 | | | 95.33 | | |
| | 94.76 | | | 96.5 | | |
| | 96.10 | 95.21±0.85 | 0.89 | 94.93 | 95.94±0.97 | 1.01 |
| | 94.26 | | | 97.00 | | |

# 5

# 第五章
# 暗纹东方鲀 "中洋1号" 抗寒机制

一、鱼类抗寒机制的研究进展

**1. 环境低温对鱼类影响的研究进展** 鱼类的生长、发育和生殖都会受到温度的直接影响。根据对温度耐受的程度，鱼类可以分为广温性鱼类和狭温性鱼类。广温性鱼类可以耐受较大的温度变化范围，如鲤（*Cyprinus carpio*）和草鱼（*Ctenopharyngodon idellus*）等鲤科鱼类，可以耐受 0~32℃ 的水温；而狭温性鱼类的温度适应范围很窄，如南极海洋的博氏南冰䲢（*Pagothenia borchgrevinki*），适合在 0℃ 以下的温度中生活，其最高上限温度是 6℃；大部分热带鱼类不能耐受低温，如水产养殖中的重要经济物种尼罗罗非鱼（*Oreochromis niloticus*），当水温低于 16℃ 时，罗非鱼就停止进食，减少游动，温度再降低将导致其死亡。研究发现，低温能够对鱼体的免疫、氧化应激、脂类代谢、信号转导、细胞凋亡等诸多方面造成影响。鱼类之所以能够逐渐适应低温环境，是因为它们通过不断调节自身的生理代谢，以达到一个内环境平衡的状态。

硬骨鱼类应对低温胁迫所产生的一系列生理和行为的变化可分为三级，即一、二、三级反应或初级、次级、高级反应。初级反应，指的是生命体在神经和内分泌系统中的响应，司职中枢调控作用进而启动生命体的生理和行为的反应；次级反应，就是由初级反应引起的一系列生理和生化的变化，是参与机体内平衡调控的各种机制之间相互作用的体现，绝大多数关于鱼类响应低温胁迫的研究都集中在次级变化的检测上，它主要包括免疫反应、新陈代谢、抗氧化等方面；高级反应，则是在次级反应的基础上，体现出来的表型性状，如行为、生长、抗病力低下、易受惊吓等现象。

**2. 初级反应-低温胁迫下鱼类体内相关激素的变化** 鱼类可在很短时间内感知温度变化并启动初级应激反应。对鲤的研究发现，视前区可以在温度开始降低的 30s 内进行感知，并刺激周围神经内分泌细胞进行反应；在 90s 内，脑部血容量开始下降，以限制鳃部低温血液流入大脑，从而保持脑部温度，为鱼类进行初级神经反应争取时间。此外，鱼类面对应激胁迫时通常都会启动 HPI 轴（下丘脑-垂体-肾间组织）的响应。当低温刺激时，通过一些信号传递后，鱼类的肾间组织会分泌皮质类固醇和儿茶酚胺激素并通过血液运输到相应的组织，起到应激的作用。因此，血浆中的皮质醇含量往往会被作为一个指标去评估动物的生理状态。据研究报道，对金鱼（*Carassius auratus*）小脑及其附近的区域进行降温，即使在适宜的水温，其脑部都会产生初级反应且改变了血浆中皮质醇的含量。相似地，吉富罗非鱼（*Oreochromis niloticus*）在低温胁迫下的皮质醇含量也发生了改变，说明其初级反应也被激活。

**3. 次级反应-低温胁迫下鱼类生理和生化的变化** 研究发现，鱼类在受到冷胁迫时，其血液中各项指标均出现不同程度的变化。血液中的各项指标，是机体各种机能效率的反馈依据。据统计，目前涉及鱼类应对温度胁迫的血液检测指标主要为血清肌酐（CREA）、血清蛋白（TP）、血清血糖（GLU）、胆固醇（CHOL）、甘油三酯（TG）、皮质醇（COR）、谷草转氨酶（AST）、谷丙转氨酶（ALT）、乳酸脱氢酶（LDH）、三碘甲腺原氨酸（T3）、甲状腺素（T4）、血细胞数、红细胞数等。如低温胁迫下，吉富罗非鱼血清中甘油三酯（TG）和胆固醇的含量发生了显著的变化；而不同温度胁迫下，尼罗罗非鱼血清蛋白的含量变化并不显著。血清蛋白（TP）不仅具有修复机体损伤组织、调节渗透压和免疫应答的功能，还可作为能量来源，对机体正常的生命活动具有不可忽略的作用。甘油三酯（TG）和总胆固醇（TC）都是重要能源物质，主要通过肝肠合成和分泌，它们能反映蛋白合成和摄取的能力。低温胁迫下，斜带石斑鱼（*Epinephelus coioides*）的TG含量，会随着时间的推移呈现出先降低后上升的趋势；而宝石鲈（*Scortum barcoo*）则呈现出相反的趋势，即水体温度处于16~28℃温度范围时，其TG含量会先升后降。这说明不同种类的鱼，对于甘油三酯的调控是不一样的。血糖（GLU）是鱼类能量的直接来源，研究报道，在适宜的水温下，鱼类血糖是一种平衡的状态。当水温升高时，血糖浓度会相应地升高；但超出了耐受温度后，血糖浓度就会降低。相似地，当水温低于许氏平鲉（*Ebastods schlegelii*）的耐受下限时，血糖含量也会降低。这说明，血糖也可以作为温度胁迫后生理变化的一个指标。血液中的各项指标因温度改变而变化，究其原因，其造血功能以及各项代谢都受到了影响；而造血功能的受损，直接影响到血液中的血细胞数和红细胞数，进而破坏机体氧气的运输，外加上低温使得呼吸频率受到影响，机体往往会表现出缺氧的状态。因此，红细胞数和血红蛋白也被作为低温对鱼类影响的检测标志。研究发现，暗纹东方鲀在低温胁迫下的总血细胞数和细胞活力都显著下降，同样的结果在斜带石斑鱼中也被证实。这与先前的研究推测是匹配的，谢妙等认为当红细胞脆度大于正常值的50%，血糖水平低至55%以下，血脂水平大于正常值55%以上时，鱼类就会休克甚至死亡。以上这些变化可作为鱼类越冬的重要检测指标。

水环境温度的变化，也会对鱼类的免疫系统构成影响。当初级反应响应后，势必会影响内分泌的稳定性，进而改变机体的免疫力。如鲤春病毒血症和大西洋鲑（*Salmo saIar*）的冷水溃疡，以及暗纹东方鲀的水霉病等，都是低温所导致的疾病。鱼类的免疫系统分为特异性和非特异性两种模式。在低温胁迫下，两种模式都会受到不同程度的影响。在非特异性免疫中，斑点叉尾鮰（*Letalurus punetaus*）的原始T细胞在低温胁迫下其功能容易受到抑制，因为初级响应而改变了激素水平，进而影响机体的新陈代谢和造血功能等，最终导致具有免疫功能的白细胞数量显著减少。Ndong等证实了在低温胁迫下，红罗非鱼（*Oreochromis mossambicus*）的白细胞数量、呼吸能力、溶菌酶活性都显著下降。随后，对罗非鱼腹腔注射抗链球菌后，低温下罗非鱼死亡率更高，这说明低温能够影响罗非鱼的第一道免疫防线。研究还发现，低温也能够诱发斜带石斑鱼、暗纹东方鲀等鱼类非特异性免疫相关基因的表达。

活性氧（reactive oxygen species，ROS）是一类具有高度活性细胞代谢物，在细胞处于正常或异常状态时均可产生，包括过氧化氢、羟自由基、超氧阴离子等。在正常情况下，活性氧在动物体内处于动态平衡，但当机体遭受冷刺激的时候，其代谢活动会受到不同程度的抑制。活性氧在此过程中不断累积，过量的活性氧会促进不饱和脂肪酸发生氧化反应，由此形成的过氧自由基可以引发另一个不饱和脂肪酸的过氧化反应，形成恶性循环。细胞膜中的脂肪酸发生过氧化反应后，其流动性会不断降低，通透性也会增大，细胞内的离子发生外渗现象，从而导致细胞损伤甚至凋亡。如低温导致尼罗罗非鱼和斑马鱼（*Danio rerio*）鳃组织凋亡；而暗纹东方鲀和斜带石斑鱼肝脏的相关凋亡途径在低温胁迫下也被激活，并诱导 Caspase 家族、B 淋巴细胞瘤（Bcl－2）及 Bax 等凋亡相关基因发生表达变化。有机体的抗氧化系统在机体发生损伤的时候，会被激活去应对过氧化反应所带来的威胁。动物的抗氧化体系由两部分组成，包括酶促反应和非酶促反应抗氧化系统。其中，酶促反应抗氧化系统包括超氧化物歧化酶（superoxide dismutase，SOD）、谷胱甘肽过氧化物酶（glutathione peroxidase，GSH－PX）以及过氧化氢酶（catalase，CAT）等；而类胡萝卜素、维生素 E、维生素 C、硫辛酸、核黄素及多种微量元素等，都属于非酶促反应抗氧化系统。研究发现，绝大部分的暖水性硬骨鱼类在冷胁迫下，其抗氧化酶的活性会增加。此外，过氧化物酶体增殖物活化受体（peroxisome proliferator－activated receptors，PPARs）可以调控抗氧化酶及解偶联蛋白（uncoupling proteins，UCPs），也可以通过其解偶联作用，来降低机体细胞线粒体内活性氧水平。Arsenijevic 等发现，UCPs 在抗氧化系统中发挥着一定的作用，包括消除线粒体内外膜的质子梯度。通过氧化磷酸化与 ATP 的合成反应进行解偶联，从而减少活性氧的生成。

**4. 高级反应-低温胁迫对鱼类行为和生长的影响** 经过初级和次级反应后，高级反应所呈现的是表面性状上的变化。金鱼的行为能力随着温度的不断下降，从正常游动到不协调地游动，接着以头碰撞培养箱壁，最终失去平衡并昏迷。当温度逐渐回升时，其行为明显逐步地恢复正常。显然，低温对于鱼类的影响在一定条件下是有可能恢复的。低温可导致硬骨鱼类食欲减退，甚至停止摄食进而影响生长。罗非鱼在 13℃ 下游泳及其他动作的频率明显迟缓，且不再进食。当水温进一步降低时，会出现失衡，最终死亡。相似地，金头鲷（*Sparus aurata*）在 13℃ 下几乎不再进食。大菱鲆（*Scophthalmus maximus*）幼鱼在水温 8℃ 时基本停止摄食，当水温恢复至 12℃ 以上时，其摄食的速率会随着温度的上升而增高。这说明，鱼类的摄食状态与水温有着密切的联系。在生长方面，斜带石斑鱼幼鱼在 11℃ 低温的水环境中基本停止生长，并在 18d 后死亡。在发育时期，对红鲑（*Oncorhynchus nerka*）进行低温胁迫，其 100d 后才进行发育；然而对另一种鲑（*Oncorhynchus tschawytscha*）孵化阶段进行低温胁迫时，却出现发育速率提升的现象。这说明即使是同属而不同种的鱼，应对低温耐受的补偿机制也不尽相同。补偿机制能够使鱼体面对水温下降时，通过机体自身的调节，在相应方面做出代谢的增强或减弱以保证内稳态，使得温度刺激造成的损伤降至最低。在运动方面，当水温 8℃ 时，大黄鱼（*Larimichthys crocea*）游动迟缓，对外界的刺激反应衰弱，水温降到 5℃ 时，大黄鱼失去平衡并仰浮于水面上；在水温达到 0℃，大部分鲈（*Lateolabrax japonicus*）都在底层活动且非常缓慢，活动能力大幅下降。当水温低于 0℃，鲈基本不再游动，无活力，对外界反应迟钝，最终失衡沉入水底；除此之外，史氏鲟（*Acipenser schrenckii*）幼鱼和马来西亚红罗非鱼都随着温度的下降以及胁迫时间的增加，出现了与大黄鱼同样的行为表现。可能是机体通过降低自身能量消耗以响应低温胁迫，且在可耐受范围内，鱼类能够通过自身的调节再次达到代谢平衡并保持存活。当环境超出了可耐受的范围后，机体便因为凋亡、衰竭等现象的加剧出现了不可逆的伤害，进而导致死亡。如奥尼罗非鱼（*Orechromis niloticus* ♀ × *O. aureus* ♂），在温度下降到 18℃时，其肾脏和肝脏均出现了不同程度的损伤；当其适应该环境后，鱼体内建立新的内稳态，其血糖、蛋白质、脂肪代谢的水平会恢复正常。不仅如此，低温还能够影响肌肉的组成。将斑马鱼卵置于 22℃、26℃、31℃温度下孵化，比较孵化后的斑马鱼发现，斑马鱼快肌纤维数量出现了显著差异，其中 22℃最少。同样地，低温处理成年的斑马鱼也检测到骨骼肌的差异变化，低温诱导了需氧型骨骼肌的分化。而低温下肌肉收缩的特征和酶活的变化是一致的，这或许是因为鱼类面对低温时被迫调整自己的运动频率所造成的。低温使肌肉兴奋性以及新陈代谢速率降低，会改变 $Ca^{2+}$ 浓度，继而影响大黄鱼的渗透压调节功能，并负反馈于新陈代谢，导致大黄鱼内环境紊乱。

**5. 鱼类应对低温胁迫的分子机制研究进展**　温度能影响物种的分布，它能够迫使生命体进行适应性进化的调整。当面对这一自然环境的变化时，鱼类如何通过调整自身的机制去应对环境压力，是一个值得探讨的科学问题。不同的鱼类或鱼体中不同的组织面对低温胁迫时，都具有其独特的调控机制。深入研究这个科学问题的共性和特性，将有利于全面解析鱼类低温耐受机制，进而应用于水产抗逆育种。

温度变化对鱼类的生理影响非常广泛，关联的调控通路和基因众多，哪些通路和基因作为温度耐受性的"主效"，是需要深入探讨的科学问题。在过去的 10 年中，随着许多鱼类基因组、低温耐受转录组的构建，已经促使许多与低温耐受相关的关键通路和主效基因被报道。如极地鱼类的基因组背景，是研究鱼类低温耐受性的有效切入点。分布于极地海域的鱼类终生生活在低于 0℃的海洋环境中，它们是研究鱼类低温适应性进化的理想模型。挖掘它们区别于其他海域或暖水性鱼类的基因组信息，将利于从代谢、生殖、和发育等方面深入了解其相关机制，进而为揭示鱼类低温耐受的调控机制奠定理论基础。Chen 等对多种极地鱼类的基因组进行分析后，发现了许多适应性进化的基因选择。这些基因主要与蛋白质折叠和泛素依赖的蛋白质降解、压力应激、抗活性氧、抗凋亡、编码细胞结构成分蛋白、RNA 结合和加工、先天性免疫等生物过程相关。如 Ras/MAPK 和 TGFβ 信号转导通路、编码 F 型凝集素的 *FBP32* 基因、分子伴侣基因、C 型凝集素、鱼类的 II 型抗冻蛋白、卵壳蛋白、造血相关的基因。将鳞头犬牙南极鱼（*Dissostichus mawsoni*）的 *ATP6V0C* 基因转染到 HeLa 细胞中，其过表达能够显著降低低温胁迫下 HeLa 细胞的死亡率。相似地，许多研究都以斑马鱼为对象而开展，并获得了丰富的生物学信息。南极鱼类的卵壳蛋白导入斑马鱼卵后发现，该鱼卵在低温环境下表现出更好的生存能力，其原因是南极鱼类的卵壳蛋白与温带鱼类的同源蛋白相比，具有更高含量的酸性氨基酸，这种高含量酸性氨基酸在促进冰的融化中具有更强的效果。Chen 等在体外试验，证实了斑马鱼和莫氏犬牙南极鱼的 p38MAPK 通路与它们适应低温环境有密切联系。杨敏等从南极鱼（*Lycodichthys dearborni*）的多聚三型抗冻蛋白基因 *LD12* 的 cDNA 中克隆得到 AFPIII 的四聚体，并将其转染到斑马鱼细胞系 ZF4 中发现，AFPⅢ的四聚体可在 ZF4 中大量表达，并且能够降低斑马鱼细胞在低温胁迫下的死亡率。至今已经有 5 种抗冻蛋白在极地鱼类中被揭示，它们的组成和结构不尽相同，但均通过抑制水分子与冰晶结合进而抑制冰晶的生长，以达到保护机体不受低温伤害的目的。将这些蛋白导入其他物种中，能显著地提高该物种的低温耐受能力。如美洲大绵鳚（Ocean pout）的Ⅲ型抗冻蛋白基因，能够显著提高小鼠卵巢和精子在低温下的保存时效。鱼类的Ⅰ型抗冻蛋白（AFPⅠ），能够通过稳定植物叶绿体类囊体的膜结构功能，进而缓解低温造成的压力。在转录因子方面，南极鱼基因组的逆转座子拷贝数也发生了特别显著（8～300 倍）的扩增现象，如编码反转录酶和限制性核酸内切酶的核酸片段。然而，它与低温耐受的关系还有待进一步研究。Shin 等推测南极岩斑鳕（Notothenia coriiceps）HSF1 基因结构性的变化，使其具有更高稳定表达热激蛋白的能力，是其适应寒冷环境和提供充足氧气的一种适应性进化策略；而生活于北大西洋和北极海洋的大西洋鳕（Gadus morhua），它是一种高经济价值且能够适应极寒环境的硬骨鱼类。相较于南极岩斑鳕，大西洋鳕的适应低氧环境的进化策略显然不同。Star 等分析大西洋鳕基因组特征，揭示其血红蛋白基因与温度适应存在相关性。进一步研究发现，参与编码血红蛋白的 Bl-globin 基因，其启动子区域具有一个 72bp 的插入片段，具有这个插入片段的群体，分布于更北边、更寒冷的区域。该启动子能够上调基因的表达量，进而增强血红蛋白与氧结合的能力，以应对极低温度造成的压力。因此，从基因组的层面看，适应极地环境的鱼类在其进化过程表现出与低温耐受相关的选择。这些南北极硬骨鱼类之间的差异，或许与极地海洋气候演变过程相关。此外，关于血红蛋白在鱼类低温适应中扮演的角色也进行了研究。南极鱼亚目冰鱼科（Channichthyidae）的 16 个物种都丢失了 α 和 β 球蛋白基因，且它们的血液呈纯白色，血液中的红细胞含量极低。相似地，一部分冰鱼科物种的心脏等器官也呈现完全的白色，原因是其肌红蛋白基因丢失，最终导致其血液运载氧气的能力只有正常鱼类的 10%～20%，其他氧气需求主要靠体液中的溶解氧供给。针对这一现象，Xu 等通过比较失去血红蛋白基因的冰鱼（Chionodraco hamatus）、具有血红蛋白基因的南极鱼（Trematomus bernacchii）造血组织进行转录比较发现，在冰鱼的造血组织中，如 Gata1、Cmyb、ALAS2、LMO2、Gata2、TALl 等与红细胞发生相关的转录因子，其表达都显著下调，并且与红细胞非常关切的 Gata1 和 ALAS2 基因几乎无法被检测到。然而，这些与造血功能相关的转录因子在冰鱼基因组中是完整存在的，这说明其转录后仍具有相关的调控机制。随后，Xu 等进一步联合 mRNA 和 microRNA 分析后，筛选出 91 种与红细胞发生相关的 microRNA，最后通过斑马鱼模型的表达，验证了 3 个相关的 microRNA，证实了它们可以显著降低血红蛋白的表达。该结果说明，复杂的转录后调控机制也参与了鱼类低温耐受的调控。此外，Xu 等还揭示，冰鱼造血组织中 TGF-β 信号通路及 p53 通路与造血功能息息相关。当然，针对鱼类适应低温环境的造血及携氧机制的研究目前仍然很局限，相关结果需要今后进一步在经济鱼类中得以证实。

除了极地鱼类外，许多模式物种或经济价值品种也开展了低温适应性的研究。这些研究，主要揭示了由低温引起的差异表达基因及受影响的调控通路。模式物种斑马鱼的低温调控机制已经有许多报道，斑马鱼幼鱼的低温响应主要集中在一些生物学过程，如应激反应、核糖体发生、RNA 剪切、蛋白质降解等。斑马鱼成鱼受到较长时间（10d）低温胁迫后，对其脑组织进行转录组和 microRNA 组的测序发现，两种具有相互作用关系的 RNA 并没有表现出一致性。这说明，斑马鱼对适应中长期低温具有非常复杂的转录后调控机制。胡鹏等将斑马鱼从正常温度（28℃）逐步降到18℃和10℃，然后对8种组织（心脏、脑、鳃、肠道、肌肉、肾、肝、脾）进行转录组测序，各个组织的差异基因数有较大差别，而且，每个组织的差异基因都富集到该组织的特定功能（如肾脏的造血基因）。这说明，鱼类低温响应是一个复杂的基因调控过程，既有共同的调控机制，又有组织特异的低温响应因子参与。该结果与鲤的研究结果相似，Gracey 等采用芯片杂交，对鲤7个组织在不同低温和不同时间下分析基因表达规律，总共有3 400个差异基因被检测到，但仅有260个基因具有组织共性，绝大部分的基因表现出了组织特异性的响应模式。通过对斑马鱼和尼罗罗非鱼的低温耐受性研究发现，在6h胁迫时，两者的差异表现在代谢和胰岛素信号通路上。到了12h，对应的信号通路差异表现在细胞凋亡和 FoxO 信号通路上，说明压力的持续会使得调控机制不断调整其响应。孙建华等选取18℃、8℃、5℃胁迫下的红鳍东方鲀（*Takifugu rubripes*）肝脏组织进行转录组测序，结果显示，差异基因主要富集到信号转导、运输和代谢。对相关基因的表达模式进行分析发现，红鳍东方鲀抗冻蛋白基因（*AFP1*）和高速迁移蛋白家族蛋白基因（*HMGB1*）与温度存在一定的相关性；而冷诱导 RNA 结合蛋白基因（*CIRP*）和 *Y-box* 结合蛋白基因虽有不同程度的表达，但并未出现显著变化。说明 *AFP1* 基因和 *HMGB1* 基因在调控红鳍东方鲀低温耐受机制方面发挥着重要的作用。同样地，*HMGB1* 可能也是鳉（*Austrofundulus limnaeu*）的一个低温感应分子，在低温引起的基因调控中起重要作用。有研究报道，将鳉置于不同的水温和连续变化的水温中，其表现出不同的低温耐受机制，表明该鱼具有多样化的调控机制去适应不同形式的温度刺激。转录组分析金头鲷肝脏响应低温胁迫的调控机制，发现其主要的变化体现在氧化应激、线粒体功能、脂类代谢、膜组成等。相似地，牙鲆（*Paralichthys olivaceus*）的低温适应转录组学研究也揭示差异基因主要与信号转导、脂类代谢、消化系统等相关。Minnni 等进一步分析相关基因的表达模式后发现，*CIRP*、*HMGB1* 和 *APO-AIV* 基因可能都参与了牙鲆的低温调控。而在其他的研究中，许多基因也相继被揭示其与鱼类耐寒存在联系，如斑马鱼的 *rnmtlla* 基因、草鱼的 *Hsp70* 和 *Hsp90*（热休克蛋白基因）、虹鳟（*Oncorhynchus mykiss*）的冷休克蛋白、尼罗罗非鱼的 *AQP1*（水通道蛋白基因）、鲤的耐低温候选基因 *CcSCD* 等。

**6. 培育耐低温暗纹东方鲀的目的及意义**　当温度超出适应范围后，其都会给生物的生殖和生长带来负面的影响。一个生物的温度适应范围是其历史衍变后的结果，其低温耐受的上限是水产育种中的一个重要方向。然而，涉及低温耐受的调控网络是一个庞大且复杂的机制，其涉及了众多的基因。因此，如何获取准确的调控信息是提高工作效率的关键。鱼类低温适应机制一直是鱼类生理学的研究热点之一，目前，大多数鱼类低温耐受机制都停留在单一层面而且主要集中在斑马鱼，并不能从整体的视角去全面联合剖析其潜在的分子机制。不同水平之间的分子化合物具有非常复杂的调控关系。因此，将它们联合后能够获得较为可靠的分析结果。

　　暗纹东方鲀于20世纪90年代进行人工养殖，但受限于其品种的特殊性、政策管控因素，养殖规模极为有限。同时，暗纹东方鲀作为江海洄游鱼类，每年10月温度下降到18℃左右时，在长江中下游自然温度条件下无法正常生存，需下海在温暖洋流中越冬。养殖过程中也发现，养殖的暗纹东方鲀在16℃停止摄食，低于13℃时开始出现死亡。因此，暗纹东方鲀不耐低温的生理特性，提高了养殖过程中对养殖设施的要求，越冬养殖需要人为加温，仍难以避免突发寒流更会造成大量冻伤死亡，导致越冬养殖成活率低，养殖成本高，严重制约了暗纹东方鲀的养殖规模，迫切需要选育耐低温品种。

然而，关于暗纹东方鲀应对低温胁迫机制的研究仍不够深入，因此，阐明其低温胁迫的分子调控机制显得十分迫切。运用高通量测序技术，对暗纹东方鲀低温适应机制进行转录、蛋白质、代谢3个水平的联合分析，探究暗纹东方鲀应对低温胁迫的分子调控机制，为后续辅助育种开发出有效的分子标记。在此基础上，进一步探究低温下盐度对暗纹东方鲀生理生化的影响。研究结果不仅对进一步提高暗纹东方鲀耐寒性能至关重要，也对提高暗纹东方鲀养殖效益和健康化养殖水平具有重要意义。

## 二、暗纹东方鲀"中洋1号"应对低温胁迫的响应机制研究进展

### （一）低温胁迫下暗纹东方鲀肝脏的转录组学分析

#### 1. 材料与方法

（1）试验材料和低温胁迫处理

①预试验：根据先前的研究报道，试验选择13℃作为低温胁迫温度，25℃作为常温对照组。同时，对常温组和低温组在0h、6h、24h和7d进行取材，运用试剂盒（建成生物，南京，中国）测定活性氧（ROS）、超氧化物歧化酶（SOD）、谷胱甘肽（GSH）和谷胱甘肽过氧化物酶（GSH-PX）的活性。每组试验重复3次，综合判断低温胁迫取材的理想时间。

②正式试验：试验材料来源于江苏中洋集团有限公司基地（海安市，江苏），总共120尾暗纹东方鲀［体长：（13±1.76）cm；体重：（22±2.85）g］随机平均转移到6组循环水养殖系统中。每组系统具有独立的控温系统，总体积为200L，水流速为5L/min。其中，3组作为对照组，分别命名为G1、G2、G3；另外3组作为试验组，分别命名为Ga、Gb、Gc。试验开始前，实验鱼在（25±1）℃条件下适应2周，并且每天喂养商业颗粒饲料2次（饲料配方：蛋白质42.0%、脂肪8.0%、钙0.5%～0.35%、磷1.2%、氯化钠0.3%～2.5%），直到试验正式开始前24h停止喂养。

对照组维持水环境条件平衡，而试验组以每小时0.85℃的速率下降温度。当水温下调至19℃时维持12h，以减缓应激；随后，以同样的速率下降至13℃，维持到预试验所确定的理想时间；然后，同时对试验组和对照组进行取材。每小组（如G1）随机选取6尾鱼，在MS-222的麻醉下，快速分离河鲀肝脏并混为1管，经液氮速冻后，保存于−80℃冰箱中，用于后续试验。

（2）RNA抽提、转录组测序及分析

①RNA抽提：Trizol试剂盒（Invitrogen，Carlsbad，CA，USA）被应用于每管样品的总RNA提取，操作过程严格参照试剂盒说明书。经1%的琼脂糖凝胶电泳检测RNA降解程度，Nanodrop检测RNA的纯度（$OD_{260/280}$）、浓度及核酸吸收峰，安捷伦2100

RNA Nano 6000 Assay Kit（Agilent Technologies，CA，USA）精确检测 RNA 的完整性和浓度，综合判断合格后用于测序。

②文库构建和转录组测序：基于 Illumina 测序平台，构建 cDNA 文库。首先，用带有 Oligo（Dt）的磁珠富集 mRNA；随后，加入 fragmentation buffer，将 mRNA 进行随机打断。以 mRNA 为模板，用六碱基随机引物合成第一条 cDNA 链；然后加入缓冲液、dNTPs、RNase H 和 DNA polymerase Ⅰ合成第二条 cDNA 链，利用 AMPure XP beads 纯化 cDNA。纯化的双链 cDNA 再进行末端修复、加 A 尾并连接测序接头，然后用 AM-Pure XP beads 进行片段大小选择。最后通过 PCR 富集得到 cDNA 文库，从而完成整个文库的制备工作。文库构建完成后，对文库质量进行检测。使用 Qubit2.0 进行初步定量，稀释文库至 1ng/μL，随后使用 Agilent 2100 对文库的插入尺寸进行检测。符合预期后，使用 qRT-PCR 方法，对文库的有效浓度进行准确定量（文库有效浓度＞2nmol/L），完成库检。检测合格后，采用 Illumina HiSeq 2500 平台进行测序。

（3）生物信息学分析　分析流程主要分为测序数据质控、数据比对分析和转录组深层分析三部分。其中，测序数据质控包括过滤测序所得序列、评估测序数据质量以及计算序列长度分布等；数据比对分析主要是针对比对到基因组中的序列，根据不同的基因组注释信息依次进行分类和特征分析，并计算相应的表达量；转录组深层分析包括差异表达分析、可变剪切分析、新转录本预测和变异分析等其他个性化分析（图 5-1）。

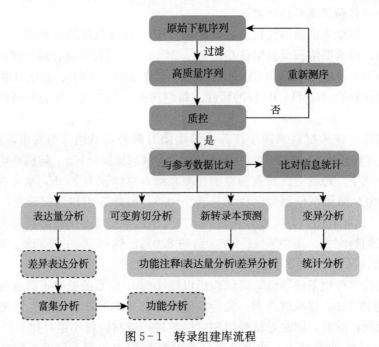

图 5-1　转录组建库流程

①转录组数据分析流程：测序得到的某些原始下机序列，会含有测序接头序列及低质量序列。为了保证信息分析数据的质量，试验对原始序列进行过滤，得到质量较高的 Clean Reads，再进行后续分析，后续分析都基于 Clean Reads。首先去除带接头（adapter）的 reads（Reads 中接头污染的碱基数大于 5bp）并去除 N（N 表示无法确定碱基信息）的比例大于 10％的 reads；随后去除低质量 reads（Qphred≤20 的碱基数占整个 read 长度的

50%以上的 reads)。

将质控后的数据匹配到课题组先前所测的暗纹东方鲀基因组数据上,测序序列定位算法为:选取 Hisat 2.0.4 软件,将过滤后的测序序列进行基因组定位分析。Hisat 能够有效地比对到 RNA Seq 测序数据中的 spliced reads,是目前比对率最高且最准确的比对软件。在分析过程中,采用软件默认参数。首先,将测序序列整段比对到基因组单外显子;其次,将测序序列分段比对到基因组的 2 个外显子上;最后,将测序序列分段比对到基因组 3 个以上(含 3 个)外显子(图 5 - 2)。

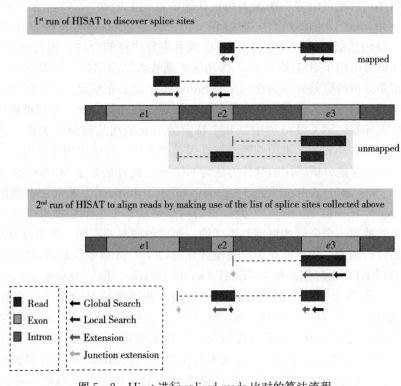

图 5 - 2　Hisat 进行 spliced reads 比对的算法流程

②基因表达水平分析:准确的基因表达水平分析是基因表达差异显著性分析的关键。一个基因表达水平的直接体现就是其转录本的丰度情况,转录本丰度越高,则基因表达水平越高。在 RNA - seq 分析中,可通过定位到基因组区域或基因外显子区的测序序列(reads)的计数,来估计基因的表达水平。Reads 计数除了与基因的真实表达水平成正比外,还与基因的长度和测序深度成正相关。为了使不同基因、不同试验间估计的基因表达水平具有可比性,FPKM 的概念被引入,FPKM(expected number of Fragments Per Kilobase of transcript sequence per Millions base pairs sequenced)是每百万片中来自某一基因每千碱基长度的 fragments 数目,其同时考虑了测序深度和基因长度对 fragments 计数的影响,是目前最常用的基因表达水平估算方法。一般情况下,FPKM 数值 0.1 或者 1,作为判断基因是否表达的阈值。通过所有基因的 FPKM 分布,以及对不同试验条件下的基因表达水平进行比较。对于同一试验条件下的重复样品,最终的 FPKM 为所有重复数据的平均值。

③差异基因的筛选：基因差异表达分析的数据，为基因表达水平分析中得到的 readcount 数据。分析主要分为三部分：首先，对 readcount 进行标准化；然后，根据模型进行假设检验概率（p-value）的计算；最后，进行多重假设检验校正，得到 FDR 值（错误发现率）。差异基因筛选标准为｜log2（FoldChange）｜＞1&q-value＜0.05。

④差异基因 GO 富集分析：Gene Ontology（简称 GO，http：//www.geneontology.org/）是基因功能国际标准分类体系。GO 作为基因本体联合会（Gene Onotology Consortium）所建立的数据库，旨在建立一个适用于各种物种，并能对基因和蛋白质功能进行限定和描述，且随着研究不断深入而更新的语言词汇标准。GO 包含三个主要分支，分子功能（molecular function）、生物过程（biological process）和细胞组成（cellular component）。基因或蛋白质可以通过 ID 对应或者序列注释的方法，找到与之对应的 GO 编号；而 GO 编号可用于对应到 Term，即功能类别或者细胞定位。根据试验目的筛选差异基因后，富集分析研究差异基因在 Gene Ontology 中的分布状况，以期阐明试验中样本差异在基因功能上的体现。普通 GO 富集分析的原理为超几何分布，根据挑选出的差异基因，计算这些差异基因同 GO 分类中某几个特定的分支的超几何分布关系。通过假设验证，得到一个特定 p-value，进而判断差异基因是否在该 GO 中出现了富集。

在分析中 GO 富集分析采用的软件方法为 GOseq，此方法基于 Wallenius 非中心超几何分布（Wallenius non-central hyper-geometric distribution）。相对于普通的超几何分布（hyper-geometric distribution），此分布的特点是从某个类别中抽取个体的概率，与从某个类别之外抽取一个个体的概率是不同的；而这种概率的不同，是通过对基因长度的偏好性进行估计得到的，从而能更为准确地计算出 GO term 被差异基因富集的概率。

⑤差异基因 KEGG 富集分析：KEGG（kyoto encyclopedia of genes and genomes，京都基因与基因组百科全书）是系统分析基因功能、基因组信息数据库，它有助于研究者把基因及表达信息作为一个整体网络进行研究。在生物体内，不同基因相互协调行使其生物学功能，通过 Pathway 显著性富集，能确定差异表达基因参与的最主要生化代谢途径和信号转导途径。作为 Pathway 相关的主要公共数据库，KEGG 提供的整合代谢途径（pathway）查询服务十分出色，包括碳水化合物、核苷、氨基酸等的代谢及有机物的生物降解，不仅提供了所有可能的代谢途径，而且对催化各步反应的酶进行了全面的注解，包含有氨基酸序列、PDB 库的链接等，是进行生物体内代谢分析、代谢网络研究的强有力工具。Pathway 显著性富集分析以 KEGG 数据库中 Pathway 为单位，应用超几何检验，找出与整个基因组背景相比，在差异表达基因中显著性富集的 Pathway。计算公式为：

$$P = 1 - \sum_{i=0}^{m-1} \frac{\binom{M}{i}\binom{N-M}{n-i}}{\binom{N}{n}}$$

式中：$N$——所有基因中具有 Pathway 注释的基因数目；

　　　$n$——$N$ 中差异表达基因的数目；

　　　$M$——所有基因中注释为某特定 Pathway 的基因数目；

　　　$m$——注释为某特定 Pathway 的差异表达基因数目。

$FDR \leqslant 0.05$ 时，表示差异基因在该 Pathway 中显著富集。试验使用 KOBAS（2.0）

进行 Pathway 的富集分析。

（4）qRT-PCR 验证

①总 RNA 提取与质量检测：用高纯总 RNA 快速抽提试剂盒（离心柱型，百泰克生物技术有限公司，北京，中国）提取总 RNA。具体步骤如下：

A. 匀浆处理：用匀浆器搅匀组织样品，每 50～100mg 组织向无酶无菌的离心管加入 1mL 的裂解液 RL 后匀浆。组织样品容积不能超过 RL 容积的 10%。

B. 将匀浆样品剧烈震荡混匀，在 15～30℃ 条件下孵育 5min，以使核蛋白体完全分解。

C. 4℃ 的条件下 12 000r/min 离心 10min，上清液转入新的无酶无菌的离心管中。

D. 每 mL 加 0.2mL 氯仿。盖紧样品管盖，剧烈震荡 15s，并将其在室温下孵育 3min。

E. 于 4℃ 12 000r/min 离心 10min，样品会分成三层：下层为有机相，中间层和上层为无色的水相，RNA 存在于水中。水相层的容量为所加 RL 体积的 55%～60%，把水相转移到新管中，进行下一步操作。

F. 加入 1 倍体积的 70% 乙醇，颠倒混匀，得到的溶液和沉淀一起转入吸附柱 RNA 中（吸附柱套在收集管内）。

G. 10 000r/min 离心 45s，弃掉废液，将吸附柱重新套回收集管。

H. 加 500μL 去蛋白液 RE，12 000r/min 离心 45s，弃掉废液。

I. 加入 700μL 漂洗液 RW，12 000r/min 离心 60s，弃掉废液。

J. 加入 500μL 漂洗液 RW，12 000r/min 离心 60s，弃掉废液。

K. 将吸附柱 RA 放回空收集管中，12 000r/min 离心 2min，尽量除去漂洗液，以免漂洗液中残留乙醇抑制下游反应。

L. 取出吸附柱 RA，放入一个无酶无菌离心管中，根据预期 RNA 产量，在吸附膜的中间部位加 50～80μL 无酶无菌水（事先在 65～70℃ 水浴中加热效果更好），室温放置 2min，12 000r/min 离心 1min。如果需要更多的 RNA，可将得到的溶液重新加入离心吸附柱中，离心 1min，或者另外再加 30μL 无酶无菌水离心 1min，合并 2 次洗脱液。

M. 分光光度计测定样品在 260nm 和 280nm 的 OD 吸收值，要求样品 $OD_{260}/OD_{280}$ 值在 1.8～2.0 方可使用，否则重新提取。

N. 1% 的琼脂糖凝胶电泳检测 RNA 的完整性后，-80℃ 保存。

②cDNA 第一链的合成：根据 HiScript™ 1ST strand cDNA synthesis kit（诺唯赞生物科技有限公司，南京，中国）的说明进行反转录，反应体系总共 10μL。在一个 RNase-free 离心管里，按如下体系加入反应液（10μL）：总 RNA（1pg-500ng）1μL、4×gDNA wiper Mix 2μL、RNasefree ddH2O 5μL，用移液器轻轻吹打混匀，瞬时离心，42℃ 反应 2min。在第一步的反应管中，直接加入 5×qRT super Mix II 2μL，用移液器轻轻吹打混匀，瞬时离心，按以下程序 25℃ 10min、42℃ 30min、85℃ 5min 进行逆转录反应。cDNA 产物可在 -20℃ 储存，或立即用于 qPCR 反应。

③qRT-PCR 分析：根据转录组测序得到的基因 mRNA CDs 序列片段，分别设计基因的 qRT-PCR 引物（表 5-1）。利用每个基因的特异性引物和 $\beta\text{-}actin$ 引物这 2 对引物进行 qRT-PCR，检测各基因 mRNA 在常温组和低温胁迫组暗纹东方鲀肝脏组织 mRNA

的表达情况。PCR 反应体系为 20μL，依次包括 10μL Faststart Universal SYBR Green Master（诺唯赞生物科技有限公司，南京，中国）、4μL 的 cDNA（500ng）、3μL 2mmol/L 的特异性上游和下游引物混合液或内参上游和下游引物。反应条件如下：95℃ 10min，1 个循环；95℃ 15s、55℃ 1min，40 个循环；4℃ 保存。3 次技术重复试验，以减少误差；以 $\beta$-actin 作为试验内参，使用 Rotor-Gene® Q series software 和 ABI 公司 stepOne-Plus qRT-PCR system 进行 qRT-PCR，目标基因和参照基因扩增效率都接近 100%，且相互间效率偏差在 5% 以内。

**表 5-1　qRT-PCR 验证相关基因的引物序列**

| 名称 | 引物序列（5′-3′） | 扩增 |
| --- | --- | --- |
| BSEP | F: ACGCCAAAGCCAAGATCTCA<br>R: GTGTGATCGCACATTACCGC | qRT-PCR |
| RBP | F: GAAAGCCCTCGACATCGACT<br>R: GCGTCATGACCTTTCGGTTG | qRT-PCR |
| GST | F: ACTACATGATGTGGCCGTGG<br>R: TACGAGGTAGCTTTGACCGC | qRT-PCR |
| UPase | F: CTTCCCCACCGTGATTGGAA<br>R: CACTCCAGCCTCGTATGCTT | qRT-PCR |
| slc2a1 | F: ACAGGTCTTCGGTCTGGAGT<br>R: TTTGAGCACGATCAGCAGGT | qRT-PCR |
| Ubapl | F: ATGGTGAGGAGCTTCAGTGC<br>R: TCGGACGTGTTTCCATCGTT | qRT-PCR |
| ACAD | F: GTCGACGGTGGAGGATGTTT<br>R: AGCAAACGGCACTCCATACA | qRT-PCR |
| ATP5J | F: GCTCGACCCTGTCCAGAAAT<br>R: ACTTGGTGAAGTCTCCCCCT | qRT-PCR |
| ACP | F: TGAAGTCAGTCTGGAGCGTG<br>R: CGGAGCCATTGTCGTTTGTG | qRT-PCR |
| G proteins | F: TATGCAATGCACTGGGGGAG<br>R: TAATTCCCAGAGGGGGCGTA | qRT-PCR |
| GlcNAc | F: AAGCTGGTTAACCCAGACGG<br>R: TAGGCCTCCATGGCTTTTCG | qRT-PCR |
| β-actin | F: AAGCGTGCGTGACATCAA<br>R: TGGGCTAACGGAACCTCT | qRT-PCR |

④数据处理和分析：相对基因表达量分析，采用操作简便的 $2^{-\triangle\triangle Ct}$ 法。其中，$\triangle\triangle Ct=$（Ct target，n—Ct actin，n）—（Ct target，c—Ct actin，c）；其中 Ct 为 stepOnePlus qRT-PCR system 输出的 Ct 值，target 代表目标基因，actin 代表 $\beta$-actin，n 代表试验组，

c代表对照组。

采用 SPSS 22.0 进行统计分析。所有数据用平均值±标准差（mean±SD）来表示。对 qRT-PCR 算得的数据，采用单因素方差分析进行方差检验，分析低温胁迫组和常温组 mRNA 表达模式的数据，采用双尾 t 检验来统计差异，当 $P < 0.05$ 时，认为差异显著（标为 *）。

**2. 结果**

（1）预试验结果 如表 5-2 所示，通过对活性氧（ROS）、超氧化物歧化酶（SOD）、谷胱甘肽过氧化物酶（GSH-PX）、谷胱甘肽（GSH）的测定，本研究发现，低温胁迫 24h 后，暗纹东方鲀的应激反应较为剧烈。因此，试验选取低温胁迫 24h 的暗纹东方鲀肝脏材料，作为后续组学研究工作的测序材料。

表 5-2 不同时间点暗纹东方鲀肝脏的 ROS、GSH 含量及 SOD、GSH-PX 活性

| 时间 | 活性氧（ROS） | 超氧化物歧化酶（SOD） | 谷胱甘肽过氧化物酶（GSH-PX） | 谷胱甘肽（GSH） |
|---|---|---|---|---|
| 0h | 1.74[b] | 1.56[b] | 1.41[b] | 1.81[b] |
| 6h | 1.78[b] | 0.74[d] | 1.07[d] | 2.04[a] |
| 24h | 2.01[a] | 1.73[a] | 1.63[a] | 2.31[a] |
| 7d | 1.52[c] | 1.49[c] | 1.61[c] | 1.43[c] |

注：不同小写字母表示同一指标在不同时间有显著性差异。

（2）转录组测序数据及预处理 为研究低温胁迫暗纹东方鲀肝脏 mRNA 表达变化，本研究运用 Illumina 平台，对常温组（G1、G2、G3）和低温组（Ga、Gb、Gc）进行转录组测序。各样品数据产出统计见表 5-3。经过滤低质量数据后，一共获得了 342 118 960 个 clean reads 数据。运用 Hisat 软件，将这些数据匹配到基因组上（表 5-4）。总匹配度在 89.42%～90.34%，说明转录组测序结果可信度较高。此外，总共注释到 20 991 个基因，其中，1 067 个为新基因。高通量的转录组测序数据已经上传到 NCBI 数据库（SRA，http://www.ncbi.nlm.nih.gov/Traces/sra），登录号：GSE 129226。

（3）差异基因筛选 火山图可反映差异表达基因在两组样品中整体分布情况及差异的统计学显著性。差异表达火山图（图 5-3）显示，总共有 5 166 个差异基因被鉴定到，包括 2 544 个上调基因和 2 622 个下调基因。

表 5-3 转录组测序数据产出质量

| 样品 | 原始数据 | 过滤数据 | 过滤数据大小 | 错误率（%） | Q20（%） | Q30（%） | GC含量（%） |
|---|---|---|---|---|---|---|---|
| G1 | 58 246 984 | 56 182 674 | 8.43G | 0.03 | 96.75 | 91.38 | 53.01 |
| G2 | 62 328 458 | 60 499 250 | 9.07G | 0.03 | 96.64 | 91.15 | 52.84 |
| G3 | 49 318 414 | 47 619 688 | 7.14G | 0.03 | 96.62 | 91.07 | 52.57 |
| Ga | 71 189 264 | 69 059 534 | 10.36G | 0.03 | 96.70 | 91.28 | 52.53 |
| Gb | 51 105 490 | 49 129 134 | 7.37G | 0.03 | 96.80 | 91.49 | 52.29 |
| Gc | 61 379 788 | 59 628 680 | 8.94G | 0.03 | 96.52 | 90.90 | 52.74 |

表 5-4　Reads 与参考基因组比对的统计

| 样品 | 样品1 | 样品2 | 样品3 | 样品a | 样品b | 样品c |
|---|---|---|---|---|---|---|
| Total reads | 56 182 674 | 60 499 250 | 47 619 688 | 69 059 534 | 49 129 134 | 59 628 680 |
| Total mapped | 50 533 315 (89.94%) | 54 170 642 (89.54%) | 42 580 547 (89.42%) | 62 174 990 (90.03%) | 44 382 400 (90.34%) | 53 609 538 (89.91%) |
| Multiple mapped | 4 337 100 (7.72%) | 4 558 766 (7.54%) | 2 954 971 (6.21%) | 4 975 118 (7.2%) | 2 948 674 (6%) | 4 397 190 (7.37%) |
| Uniquely mapped | 46 196 215 (82.23%) | 49 611 876 (82%) | 39 625 576 (83.21%) | 57 199 872 (82.83%) | 41 433 726 (84.34%) | 49 212 348 (82.53%) |
| Reads map to "＋" | 23 064 298 (41.05%) | 24 776 763 (40.95%) | 19 777 703 (41.53%) | 28 546 056 (41.34%) | 20 687 993 (42.11%) | 24 569 167 (41.2%) |
| Reads map to "－" | 23 131 917 (41.17%) | 24 835 113 (41.05%) | 19 847 873 (41.68%) | 28 653 816 (41.49%) | 20 745 733 (42.23%) | 24 643 181 (41.33%) |

　　注：Total reads：测序序列经过测序数据过滤后的数量统计（Clean data）；Total mapped：能定位到基因组上的测序序列的数量的统计；Multiple mapped：在参考序列上有多个比对位置的测序序列的数量统计，这部分数据的百分比一般会小于10%；Uniquely mapped：在参考序列上有唯一比对位置的测序序列的数量统计；Reads map to "＋"、Reads map to "－"：测序序列比对到基因组上正链和负链的统计。

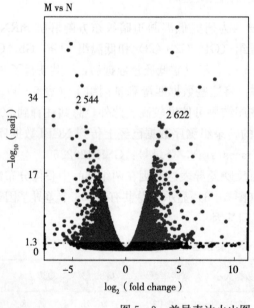

图 5-3　差异表达火山图

　　（4）差异基因 GO 分析　　低温胁迫下，暗纹东方鲀肝脏的转录差异基因显著聚集成273 个 GO 簇（$P<0.05$）。这些 GO 簇主要划分为 3 种类别，即生物学过程、细胞成分和分子功能。在分子功能类别中，"结合"和"离子结合"的表现尤为突出。"胞内"和"胞内部分"则是细胞成分类别的主要部分。"细胞响应 DNA 损伤的刺激"和"大分子分解代谢过程"则在生物学过程类别中显著聚集（图 5-4）。

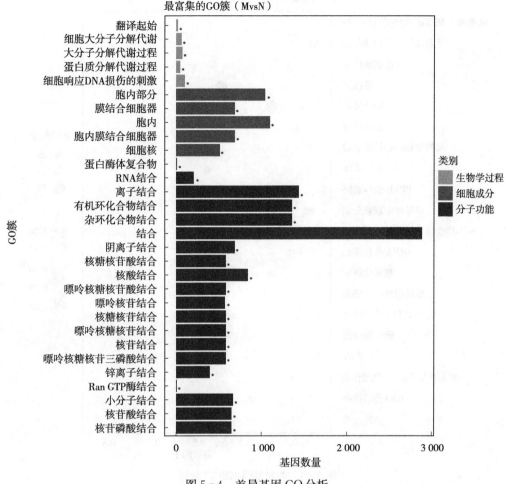

图 5-4 差异基因 GO 分析

（5）KEGG 分析差异基因 如图 5-5 所示，通过 KEGG 分析，有大量的通路被显著富集（$P<1$）。在这些通路中，较为突出的是真核生物的核糖体合成、二羧酸代谢、RNA 转运、PPAR 信号通路、脂肪酸合成。

（6）qRT-PCR 验证结果 qRT-PCR 验证能够有效地判断转录组差异数据的可靠性。如表 5-5 在选择的 11 个基因中，转录组和 qRT-PCR 分析所得到的数据都具有一致的趋势，这说明测序结果是具有可靠性和重复性的。

**3. 小结** 本章通过比较转录组学的分析，获得了总共 5 166 个低温和常温之间的差异基因。其中，包含 2 544 个上调基因和 2 622 个下调基因。对这些差异基因进行富集分析发现，暗纹东方鲀应对低温胁迫所调控的基因主要聚集在结合、离子结合、胞内、胞内部分、细胞响应 DNA 损伤的刺激、大分子分解代谢过程等生物学 GO 簇。此外，本章通过 KEGG 分析，可知暗纹东方鲀肝脏的一些重要通路参与了低温胁迫的调控（如真核生物的核糖体合成、乙醛酸和二羧酸代谢、DNA 转运、PPAR 信号通路、脂肪酸合成）。总的来说，虽然转录组学的研究结果提供了丰富的生物学信息，但许多方面仍需要结合其他方法进一步验证和筛选，比如参与调控暗纹东方鲀应对低温胁迫的主效基因和通路。

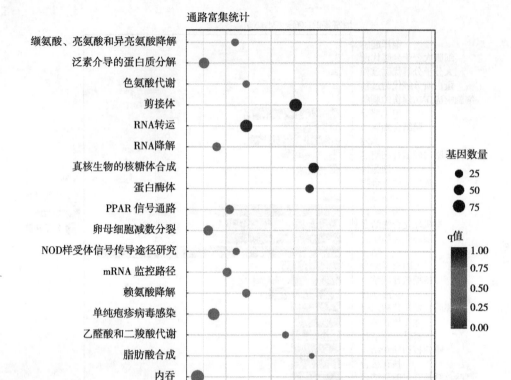

图 5-5 差异基因 KEGG 分析

**表 5-5 试验组（EG）与对照组（CG）部分基因在转录组和 qRT-PCR 的分析比较**

| 基因缩写 | 转录组差异倍数 | 调控趋势 | qRT-PCR 差异倍数 |
|---|---|---|---|
| *BESP* | 1.12 | 上调 | 1.21* |
| *RBP* | 1.75 | 上调 | 2.02* |
| *GST* | 1.30 | 上调 | 1.42* |
| *UPase* | 1.99 | 上调 | 2.07* |
| *slc2a1* | 1.82 | 上调 | 2.03* |
| *Ubapl* | 1.73 | 上调 | 1.84* |
| *ACAD* | 2.88 | 上调 | 2.61* |
| *ATP5J* | 1.97 | 上调 | 2.07* |
| *ACP* | -1.90 | 下调 | -1.76* |
| *G proteins* | -1.20 | 下调 | -1.27* |
| *GlcNAc* | -1.91 | 下调 | -1.97* |

注："＊"代表该基因具有显著性差异（$P<0.05$）。

### (二) 低温胁迫下暗纹东方鲀肝脏的蛋白质组学分析

蛋白质组相对于转录组或基因组，能够更直接地反映出参与机体调控最终蛋白。以前的鱼类低温蛋白质组研究中，主要是使用传统的双向差异凝胶电泳（2D-DIGE）方法，得到的数据信息非常有限，无法获得更全面的研究结果。高通量的蛋白质组研究方法，将提供更为丰富的信息。因此，本章运用同位素标记相对和绝对定量（isobaric tags for relative and absolute quantification，iTRAQ）比较蛋白质组学研究暗纹东方鲀应对低温胁迫下的蛋白质变化，以期为揭示暗纹东方鲀应对低温胁迫的调控机制提供蛋白质数据和基础资料。

**1. 材料与方法**

（1）试验材料和低温胁迫处理 同一样品池内，与转录组测序相同的平行材料被用于 iTRAQ 和平行反应监测（parallel reaction monitoring，PRM）验证。

（2）蛋白抽提、iTRAQ 组测序及分析

①蛋白质抽提、肽段酶解 iTRAQ 标记：样品采用 SDT（4% SDS，100mmol/L Tris/HCl pH7.6，0.1mol/L DTT）裂解法提取蛋白质，然后，采用 BCA 法进行蛋白质定量。每个样品取适量蛋白质采用 Filter aided proteome preparation（FASP）方法进行胰蛋白酶酶解，然后，采用 C18Cartridge 对酶解肽段进行脱盐，肽段冻干后加入 $40\mu L$ Dissolution buffer 复溶，肽段定量（$OD_{280}$）。各样品分别取 $100\mu g$ 肽段，按照 AB SCIEX 公司 iTRAQ 标记试剂盒说明书进行标记。

②SXC 色谱分级：将每组标记后的肽段混合，采用 AKTA Purifier 100 进行分级。缓冲液 A 液为 $10mmol/L KH_2PO_4$，25% CAN、pH 3.0；B 液为 $10mmol/L KH_2PO_4$，500mmol/L KCl，25%CAN，pH 3.0。色谱柱以 A 液平衡，样品由进样器上样到色谱柱进行分离，流速为 1mL/min。液相梯度如下：0% B 液 25min，B 液线性梯度 0～10%；25～32min，B 液线性梯度 10%～20%；32～42min，B 液线性梯度 20%～45%；42～47min，B 液线性梯度 45%～100%；52～60min，B 液线性梯度维持在 100%；60min 以后，B 液重置为 0。洗脱过程中，监测 214nm 的吸光度值，每隔 1min 收集洗脱组分，分别冻干后采用 C18Cartridge 脱盐。

③LC-MS/MS 数据采集：每份分级样品采用纳升流速的 HPLC 液相系统 Easy nLC 进行分离。缓冲液 A 液为 0.1%甲酸水溶液，B 液为 0.1%甲酸乙腈水溶液（乙腈为 84%）。色谱柱以 95%的 A 液平衡，样品由自动进样器上样到上样柱（Thermo Scientific Acclaim PepMap100，$100\mu m \times 2cm$，nanoViper C18），经过分析柱（Thermo Scientific EASY column，10cm，ID75$\mu m$，3$\mu m$，C18-A2）分离，流速为 300nL/min。样品经色谱分离后，用 Q-Exactive 质谱仪进行质谱分析。检测方式为正离子，母离子扫描范围。

④蛋白质鉴定和定量分析：质谱分析原始数据为 RAW 文件，用软件 Mascot2.2 和 Proteome Discoverer1.4 进行查库鉴定及定量分析（表 5-6）。

表 5-6 质谱数据分析的参数

| 项目 | 值 |
| --- | --- |
| Enzyme | Trypsin |
| Max Missed Cleavages（允许的最大漏切位点数目） | 2 |

（续）

| 项目 | 值 |
| --- | --- |
| Fixed modifications（固定修饰） | Carbamidomethyl（C），iTRAQ 8plex（N-term），iTRAQ 8plex（K） |
| Variable modifications（可变修饰） | Oxidation（M），iTRAQ 8plex（Y） |
| Peptide Mass Tolerance（一级离子质量容差） | ±20mg/L |
| Fragment Mass Tolerance（二级离子质量容差） | 0.1u |
| Database（查库所使用的数据库） | uniprot_Takifugu_49865_20171224.fasta |
| Database pattern（用于计算 FDR 的数据库模式） | Decoy |
| Peptide FDR（可信蛋白质的筛选标准） | ≤0.01 |
| Protein Quantification（蛋白质定量方法） | 根据唯一肽段定量值的中位数进行蛋白质定量 |
| Experimental Bias（试验数据矫正方法） | 根据蛋白质定量值的中位数进行数据矫正 |

⑤生物信息学分析：以倍数变化大于 1.2 倍（上调大于 1.2 倍或者下调小于 0.83）且 $P<0.05$ 的标准，筛选差异表达蛋白质。富集分析采用 Fisher 精确检验（Fisher's Exact Test），比较各个 GO 分类或 KEGG 通路在目标蛋白质集合和总体蛋白质集合中的分布情况，对目标蛋白质集合进行 GO 注释或 KEGG 通路注释的富集分析。蛋白质聚类分析：首先对目标蛋白质集合的定量信息进行归一化处理［归一化到（-1，1）区间］。然后，使用 Complexheatmap R 包（R Version 3.4）同时对样品和蛋白质的表达量两个维度进行分类（距离算法：欧几里得，连接方式：平均连接法），并生成层次聚类热图。

（3）PRM 平行反应监测验证

①试验方法：为进一步在蛋白水平上验证 iTRAQ 定量分析结果，试验选取了 5 种蛋白（3 个上调：CIRB、HSP90 and GST；2 个下调：FLNB and A2ML1）进行 PRM 验证。

将 PRM 分析的肽段信息，导入软件 Xcalibur 中进行 PRM 方法设置。每例样品各取约 2μg 肽段，掺入 20fmol 标肽进行检测，共计 6 例样品。采用纳升流速 HPLC 系统 EasynLC 进行色谱分离。缓冲液：A 液为 0.1% 甲酸水溶液，B 液为 0.1% 甲酸乙腈水溶液（乙腈为 84%）。色谱柱以 95% 的 A 液平衡。样品进样到 Trap Column 后，经过色谱分析柱 Thermo scientific EASY column 进行梯度分离，流速为 300nL/min。液相分离梯度如下：0～2min，B 液线性梯度从 5%～10%；2～45min，B 液线性梯度从 10%～30%；45～55min，B 液线性梯度从 30%～100%；55～60min，B 液线性梯度维持 100%。

纳升流高效液相色谱分离后的样品，用 Q-Exactive HF 质谱仪（Thermo Scientific）进行 PRM 质谱分析。分析时长：60min，检测模式：正离子。一级质谱扫描范围：300～1 800m/z，质谱分辨率：60 000（200m/z），AGC target：3e6，Maximum IT：200ms。每次一级 MS 扫描（full MS scan）后根据 Inclusion list 采集 20 个 PRM 扫描（MS2 scans），Isolation window：1.6Th，质谱分辨率：30 000（200m/z），AGC target：3e6，Maximum IT：120ms，MS2 Activation Type：HCD，Normalized collision energy：27。分别对 6 例样品进行 PRM 检测，最终采用软件 Skyline 3.5.0，对 PRM 原始文件进行数据分析。

②数据分析：采用 Skyline 软件，对 5 种目标蛋白的 12 条目标肽段进行分析。首先，对目标肽段的子离子峰面积进行整合，得到肽段在 6 例样品中的原始峰面积；然后，使用重同位素标记的内标肽段峰面积进行校正，得到每段肽在不同样品中的相对表达量信息；最后，计算每组样品中目标肽段的相对表达量平均值，并做统计学分析。

（4）qRT‐PCR 验证　验证的引物及基因见表 5‐7。基因的选择标准：①具备上调和下调的蛋白；②涵盖在不同类型，如信号转导、氧化应激、线粒体酶。共有 11 个基因（*HSP*90、*CIRB*、*GST*、*RAP*1A、*ERBB*2、*FLNB*、*RPS*6KA、*DAAO*、*COX*5A、*A2ML*1、*CAB*39）被挑选为差异蛋白在 mRNA 水平的验证目标。

**表 5‐7　qRT‐PCR 的引物序列**

| 名称 | 引物序列（5′‐3′） | 扩增 |
|---|---|---|
| *HSP*90 | F：CAAGTCTGGCACCAGCGAGTTC<br>R：ACGAGGAAGGCGGAGTAGAAGC | qRT‐PCR |
| *CIRB* | F：CCTTCGGCAAGTACGGAACCATC<br>R：TGCCAGCTTCATCCACACGAATC | qRT‐PCR |
| *GST* | F：ACTGAAGAGCTGCCTTGACAACAC<br>R：GCCTTGTGCGTGTCCAGACTG | qRT‐PCR |
| *A2ML*1 | F：GCAGTCTGGAAAACTCTTCAACAAC<br>R：AGGTTGTTGGTGGATTCTTTGAGGC | qRT‐PCR |
| *RAP*1A | F：GGCAGGCACAGAGCAGTTCAC<br>R：TGATGGAGTAGACCAGAGCGAAGC | qRT‐PCR |
| *DAAO* | F：ATGCGTGTGGCGGTCATTGG<br>R：CAGAAGCCAGCAGCTCCATCAC | qRT‐PCR |
| *COX*5A | F：GCCAGTGCCATCCGTATCCTTG<br>R：GCTTCAGCTCTTGGATCAGGTAGG | qRT‐PCR |
| *RPS*6KA | F：GCTGACGGACTTCGGCTTGTG<br>R：GCTCTGTTGTGTCCACTCCTCATC | qRT‐PCR |
| *FLNB* | F：GGTCTGGCTATTGCTGTGGAAGG<br>R：CTCGTAGTCTCCTGGCTCCTGAG | qRT‐PCR |
| *ERBB*2 | F：TTACCAACGACTGCTGCCACAAG<br>R：TTGAAGTGACGACAAGCCAGACAG | qRT‐PCR |
| *CAB*39 | F：ACAAGAGCCGCAACATCCAGTTC<br>R：TCGTCCTCTGTCCTGTCGTTCTG | qRT‐PCR |

## 2. 结果

（1）蛋白质鉴定　所有的 MS/MS 图谱都通过 ProteinPilot 软件处理。如图 5‐6 所示，质谱总共产生 186 182 个二级质谱谱图，鉴定的图谱数为 37 459 个，鉴定到的肽段总数为 20 086 个，最终有 3 741 个蛋白被鉴定。蛋白质组数据已经通过 ProteomeXchange 上传至公共数据库，识别号为：PXD 010955。

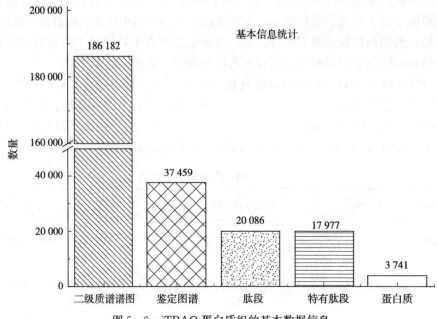

图 5-6　iTRAQ 蛋白质组的基本数据信息

（2）差异表达蛋白及其聚类分析　本试验总共获得 160 个差异蛋白，其中，有 53 个上调、107 个下调。

试验采用层次聚类算法对比较组的差异表达蛋白质分别进行聚类分析，并以热图（heatmap）形式进行数据展示。通过倍数变化大于 1.2 倍、且 $P<0.05$［student T 检验或者单因素方差分析（One-way ANOVA）］的标准，筛选得到的差异表达蛋白质可以有效地把比较组分开，从而说明差异表达蛋白质筛选的合理性。如图 5-7 所示，6 个样本根据常温组和低温组分为 2 个截然不同的处理组/组别。

（3）差异表达蛋白 GO 分析　通过 GO 富集分析（图 5-8），总共有 238 个 GO 簇被显著富集（$P<0.05$），在 Top20 GO 簇里，生化过程主要是关于生物合成（如脂肪酸合成过程和一元羧酸合成过程）、甾醇类代谢（如反向胆固醇运输、甾醇类运输、胆固醇运输）、脂类分解代谢的活化（如脂类代谢调控过程和细胞类脂类代谢过程）。分子功

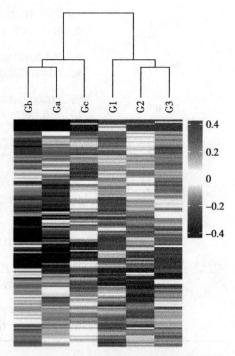

图 5-7　差异表达蛋白质聚类分析结果

能的差异蛋白主要是关于活化转录调控（如 rRNA 甲基转移酶活化和 RNA 甲基转移酶活化）、甾醇类代谢活化（如胆固醇运输载体活化和甾醇类运输载体活化）、跨膜运输（如膜受体蛋白激酶活化）。总共有 4 种脂蛋白在细胞组分中，这说明细胞脂蛋白在应对低温胁

迫过程中扮演着重要的角色。

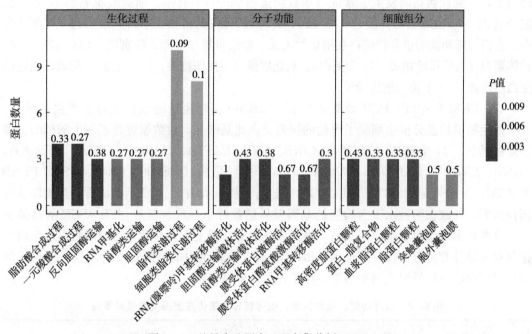

图 5 - 8　差异表达蛋白 GO 富集分析（Top20）

（4）差异表达蛋白 KEGG 分析　总共有 4 条 KEGG 通路（P<0.05）被富集（图 5 - 9），分别是丝裂原活化蛋白激酶通路（MAPK）、Wnt 信号通路、细胞间隙连接通路（gap junction）、精氨酸和鸟氨酸代谢。其中，MAPK 和 Wnt 都与信号转导相关。

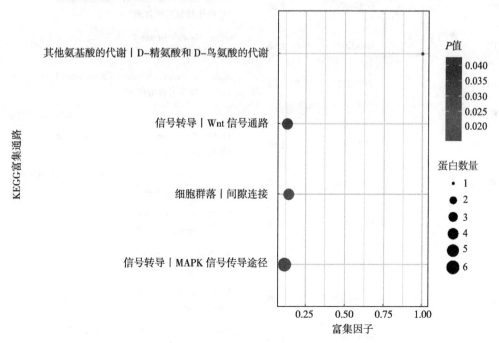

图 5 - 9　差异蛋白 KEGG 富集分析

（5）信号转导、氧化应激、线粒体酶的差异蛋白　见表 5 - 8，一些蛋白预示着低温胁迫下，肝的代谢功能发生了紊乱（如载脂蛋白 A - IV1 前体、脯氨酸脱氢酶 1、δ9 - 去饱和酶 2、α2 - 巨球蛋白样蛋白 1）。根据 GO 和 KEGG 的富集，本研究聚焦到一些差异蛋白。它们与肝功能的正常行使存在密切的关系。如信号转导（KEGG 富集，13 个蛋白）、线粒体蛋白（与膜运输相关，11 个蛋白）、氧化应激（与损伤相关，9 个蛋白）。随后，在这些蛋白中挑选了 11 个蛋白进行验证。

（6）PRM 和 qRT - PCR 的验证结果　iTRAQ 相对定量的数据经过了严格的统计，相关的生物学信息分析也剔除了可能的误差。在此基础上，对数据进行了一个随机的、多层面的验证。11 个基因（HSP90、CIRB、GST、RAP1A、DAAO、COX5A、RPS6KA、FLNB、ERBB2、CAB39 和 A2ML1）和 5 个差异蛋白（HSP90、CIRB、GST、FLNB 和 A2ML1）分别运用 qRT - PCR 和 PRM 进行分析。如表 5 - 9 所示，尽管复杂的转录后调控机制，导致在两种水平所检测的基因差异倍数并不一致。但是 qRT - PCR 的结果显示，这些基因与蛋白质组数据具有一样的表达趋势，即上下调一致。这说明蛋白质组的数据具有可靠性和可重复性，同样地，PRM 检测 5 种靶蛋白的结果也支持了这一结论，两种相对定量的蛋白质组检测平台都得出了相似的差异倍数。

表 5 - 8　与肝功能、线粒体酶、信号转导、氧化应激相关的差异蛋白

| 蛋白名称 | 基因名称 | 调控趋势 | 功能描述 |
|---|---|---|---|
| 肝功能 | | | |
| APOA4 | Q5KSU4 | 上调 | apolipoprotein A - IV1 precursor （载脂蛋白 A - IV1 前体） |
| PRODH | H2U4K4 | 上调 | proline dehydrogenase 1, mitochondrial （线粒体脯氨酸脱氢酶 1） |
| SCD2 | Q5XQ38 | 上调 | delta - 9 - desaturase 2 （δ9 - 去饱和酶 2） |
| A2ML1 | H2S317 | 下调 | alpha - 2 - macroglobulin - like protein 1 （α2 - 巨球蛋白样蛋白 1） |
| 线粒体酶 | | | |
| PRODH | H2U4K4 | 上调 | proline dehydrogenase 1, mitochondrial （线粒体脯氨酸脱氢酶 1） |
| TOMM20 | H2TUQ1 | 上调 | Translocase of outer mitochondrial membrane 20b （线粒体外膜转运酶 20b） |
| OAT | H2TK85 | 上调 | ornithine aminotransferase, mitochondrial （线粒体鸟氨酸氨基转移酶） |
| Ucp1 | H2U927 | 上调 | uncoupling protein 1 （解偶联蛋白 1） |
| C8G | H2SL73 | 上调 | Complement component 8 （补体成分 8） |
| COX5A | H2UST1 | 上调 | cytochrome c oxidase subunit 5A （细胞色素 c 氧化酶亚基 5A） |

（续）

| 蛋白名称 | 基因名称 | 调控趋势 | 功能描述 |
|---|---|---|---|
| ATP5J | H2TNP0 | 上调 | ATP synthase - coupling factor 6<br>（ATP 合成酶偶联因子 6） |
| GATA | H2SAT0 | 下调 | glutamyl - tRNA（Gln）amidotransferase subunit A<br>（谷氨酰- tRNA（Gln）氨基转移酶亚基 A） |
| MPC1 | H2RSX1 | 下调 | mitochondrial pyruvate carrier 1<br>（线粒体丙酮酸载体 1） |
| PNPT1 | H2SLB6 | 下调 | polyribonucleotide nucleotidyltransferase 1<br>（多核苷酸核苷酸转移酶 1） |
| THRS | H2UN29 | 下调 | Threonyl - tRNA synthetase 2<br>（苏氨酰- tRNA 合成酶 2） |
| 信号转导 | | | |
| RAP1A | H2SV97 | 上调 | Ras - related protein Rap - 1A<br>（Ras 相关蛋白 Rap - 1A） |
| ERBB2 | H2U2F3 | 下调 | Tyrosine - protein kinase receptor erbB - 2<br>（酪氨酸蛋白激酶受体 erbB - 2） |
| FLNB | H2SI56 | 下调 | Filamin B<br>（细丝蛋白 B） |
| RAC1 | H2V151 | 下调 | Ras - related C3 botulinum toxin substrate 1b<br>（Ras 相关 C3 肉毒素底物 1b） |
| RPS6KA | H2TQW6 | 下调 | Ribosomal protein S6 kinase $1\alpha$<br>（核糖体蛋白 S6 激酶 $1\alpha$） |
| CAB39 | H2SC76 | 下调 | Calcium binding protein 39<br>（钙结合蛋白 39） |
| CSNK1A | H2RKM0 | 下调 | casein kinase $1\alpha$<br>（酪蛋白激酶 $1\alpha$） |
| IMPA1 | H2SEC5 | 下调 | Inositol - 1 - monophosphatase<br>（肌醇- 1 -单磷酸酶） |
| MTM14 | H2V845 | 下调 | Myotubularin related protein 14<br>（肌球蛋白相关蛋白 14） |
| PIK3 | H2SB90 | 下调 | Phosphoinositide - 3 - kinase<br>（磷酸肌酸- 3 -激酶） |
| G protein | H2TNL3 | 下调 | guanine nucleotide - binding protein subunit beta - 4<br>（鸟嘌呤核苷酸结合蛋白亚基 $\beta$-4） |
| PLCB | H2T0J7 | 下调 | phosphatidylinositol phospholipase C，beta<br>（磷脂酰肌醇磷脂酶 C，$\beta$） |
| CACYBP | H2RY47 | 上调 | calcyclin binding protein<br>（钙环蛋白结合蛋白） |
| 氧化应激 | | | |
| HSP90 | G8XR40 | 上调 | heat shock protein HSP 90<br>（热休克蛋白 HSP90） |

（续）

| 蛋白名称 | 基因名称 | 调控趋势 | 功能描述 |
|---|---|---|---|
| CIRP | H2TLV4 | 上调 | cold - inducible RNA - binding protein（冷诱导 RNA 结合蛋白） |
| CSDE1 | H2T5G6 | 上调 | cold shock domain - containing protein E1（含冷休克结构域的蛋白 E1） |
| DAAO | H2UIQ9 | 上调 | D - amino - acid oxidase（D - 氨基酸氧化酶） |
| GST | C9V494 | 上调 | glutathione S - transferase omega - 1（谷胱甘肽 S 转移酶 Ω - 1） |
| ZIP7 | H2S5N4 | 上调 | zinc transporter SLC39A7（锌转运体 SLC39A7） |
| RDH12 | H2SFY2 | 上调 | retinol dehydrogenase 12（视黄醇脱氢酶 12） |
| TFRC1 | H2RX68 | 上调 | transferrin receptor protein 1（转铁蛋白受体蛋白 1） |
| QSOX1 | H2TK30 | 下调 | sulfhydryl oxidase 1（巯基氧化酶 1） |

表 5 - 9　蛋白质组、PRM、qRT - PCR 分析蛋白差异倍数的比较

| 基因缩写 | 蛋白组变化倍数 | 调控趋势 | qRT - PCR 变化倍数 | PRM 变化倍数 |
|---|---|---|---|---|
| HSP90 | 1.21 | 上调 | 2.61* | 1.22* |
| CIRB | 1.22 | 上调 | 3.32* | 1.23* |
| GST | 1.26 | 上调 | 3.49* | 1.21* |
| RAP1A | 1.30 | 上调 | 4.47* | |
| DAAO | 1.29 | 上调 | 3.53* | |
| COX5A | 1.30 | 上调 | 3.34* | |
| RPS6KA | 0.81 | 下调 | 0.41* | |
| FLNB | 0.51 | 下调 | 0.37* | 0.60* |
| ERBB2 | 0.78 | 下调 | 0.43* | |
| CAB39 | 0.67 | 下调 | 0.35* | |
| A2ML1 | 0.66 | 下调 | 0.36* | 0.61* |

注："*"代表该基因具有显著性差异（$P < 0.05$）。

### （三）低温胁迫下暗纹东方鲀肝脏的代谢组学分析

非靶向代谢组学能够对特定生理状态生物体系中的小分子代谢物进行定性和相对定量分析，最大程度反映总的代谢物信息。HILIC - ESI（±）- Q - TOF MS 能提供中心碳循环代谢的最大信息量，反映机体在遭受环境胁迫时经基因表达、转录、转录后调控、蛋白质的翻译和修饰等生物学过程响应后，所得到代谢终产物的变化情况。本章运用非靶向代谢组学研究暗纹东方鲀应对低温胁迫下的代谢变化，以期为揭示暗纹东方鲀应对低温胁迫的调控机制提供代谢物数据和基础资料。

**1. 材料与方法**　试验材料和低温胁迫处理：低温胁迫的步骤同第二章，但是样品的选取不同于转录组和蛋白质组。对照组 G1、G2、G3 分别随机取 3、3、4 尾鱼，试验组Ga、Gb、Gc 分别随机取 3、3、4 尾鱼的肝脏，作为非靶向代谢组分析的样品材料，即不混样。对照组和试验组各采用平行样品10 个。

**2. 非靶向代谢组学分析**

（1）试验流程　基于超高效液相色谱与四极杆-飞行时间质谱联用技术（HILIC UHPLC - Q - TOF MS）的非靶向代谢组学的分析流程，一般包括样品预处理、代谢物提取、LC - MS 全扫描检测、数据预处理、统计分析及差异物结构鉴定。本试验采用 HILIC UHPLC - Q - TOF MS 技术结合数据，依赖采集方式对样本进行全谱分析。同时，获得一级质谱和二级质谱数据，随后采用 XCMS 对数据进行峰提取和代谢物鉴定，最后进行聚类和相关通路的分析（图 5 - 10）。

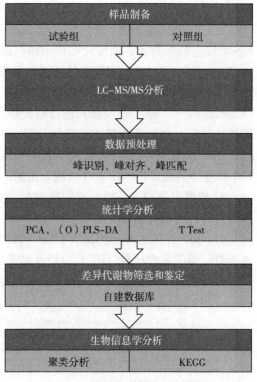

图 5 - 10　非靶向代谢组学分析流程

（2）样品制备　取每个组织样本，分别称取约 60mg，加 200μL 水后匀浆，加入 800μL 甲醇/乙腈（1∶1，V/V），涡旋 30s，低温下进行超声破碎 30min，2 次，-20℃ 孵育 1h 沉淀蛋白质，13 000r/min，4℃离心 15min。取上清液冻干，-80℃保存待用。

（3）色谱-质谱分析　样品采用 Agilent 1290 Infinity LC 超高效液相色谱系统（UHPLC）HILIC 色谱柱进行分离，柱温 25℃，流速 0.3mL/min，进样量 2μL。流动相组成A：水＋25mmol/L 乙酸铵＋25mmol/L 氨水，B：乙腈；梯度洗脱程序如下：0～1min，95% B；1～14min，B 从 95%线性变化至 65%；14～16min，B 从 65%线性变化至 40%；16～18min，B 维持在 40%；18～18.1min，B 从 40%线性变化至 95%；18.1～23min，B 维持在 95%。整个分析过程中，样品置于 4℃自动进样器中。为避免仪器检测信号波动而造成的影响，采用随机顺序进行样本的连续分析。样本队列中插入 QC 样品，用于监测系统的稳定性及评价试验数据的可靠性。

分别采用电喷雾电离（ESI）正离子和负离子模式进行检测。样品经 UHPLC 分离后，用 Triple TOF 5600 质谱仪（AB SCIEX）进行质谱分析。HILIC 色谱分离后的 ESI 源条件如下：Ion Source Gas1（Gas1）：60，Ion Source Gas2（Gas2）：60，Curtain gas（CUR）：30，source temperature：600℃，IonSapary Voltage Floating（ISVF）±5 500V（正负两种模式）；TOF MS scan m/z range：60～1 000u，product ion scan m/z range：25～1 000u，TOF MS scan accumulation time 0.20 s/spectra，product ion scan accumulation time 0.05 s/spectra；二级质谱采用 information dependent acquisition（IDA）获得，并且采用 high sensitivity 模式，Declustering potential（DP）：±60V（正负两种模式），Collision Energy：35±15eV，IDA 设

置如下：Exclude isotopes within 4Da，Candidate ions to monitor per cycle：6。

（4）试验数据分析　原始数据经 ProteoWizard 转换成 .mzXML 格式，然后采用 XC-MS 程序进行峰对齐、保留时间校正和提取峰面积。代谢物结构鉴定采用精确质量数匹配（<25mg/L）和二级谱图匹配的方式，检索（上海中科新生命公司）实验室自建数据库。对 XCMS 提取得到的数据删除组别总和＞2/3 的离子峰。应用软件 SIMCA－P 14.1（Umetrics，Umea，Sweden）进行模式识别，数据经 Pareto－scaling 预处理后，进行多维统计分析，包括无监督的主成分分析（PCA）、有监督的偏最小二乘法判别分析（PLS－DA）和正交偏最小二乘法判别分析（OPLS－DA）。单维统计分析，包括 Student's t－test 和变异倍数分析、R 软件绘制火山图。

**3. 结果**　采用 QC 样本谱图比对和主成分分析（PCA）两种方法，对本项目的系统稳定性进行分析评价。

（1）QC 样本总离子流图（TIC）的比较　将 QC 样本 UHPLC－Q－TOF MS 总离子流图进行谱图重叠比较（图 5－11）。结果表明，各色谱峰的响应强度和保留时间基本重叠，说明在整个试验过程中仪器误差引起的变异较小（图 5－12）。

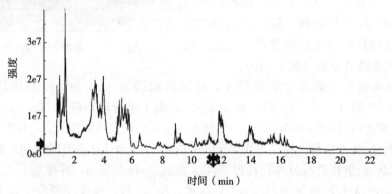

图 5－11　QC 样品正离子模式 TIC 重叠图谱

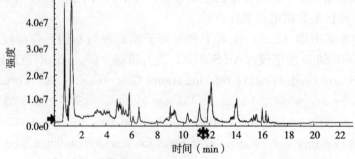

图 5－12　QC 样品负离子模式 TIC 重叠图谱

（2）总体样本主成分分析（PCA）　采用 XCMS 软件对代谢物离子峰进行提取，离子峰数目见表 5－10。将所有试验样本和 QC 样本提取得到的峰经 Pareto－scaling 后进行 PCA 分析，如图 5－13 所示，正、负离子模式下 QC 样本紧密聚集在一起，表明本项目试验的重复性好。经 7 次循环交互验证得到的 PCA 模型见图 5－13。

表 5－10　离子峰数目

| 样品分组 | 峰数目 |
| --- | --- |
| 正离子 | 4 805 |
| 负离子 | 5 379 |

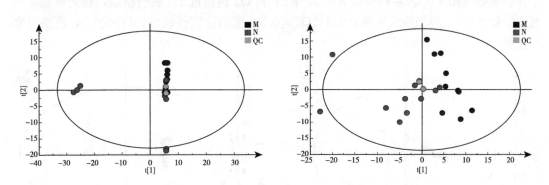

图 5－13　正、负离子模式下样本的 PCA 得分

（图中 t[1] 代表主成分 1，t[2] 代表主成分 2；M 代表试验组，N 代表对照组，下图同）

综上所述，本次试验的仪器分析系统稳定性较好，试验数据稳定可靠。在试验中获得的代谢谱差异能反映样本间自身的生物学差异。

（3）QC 质控　对 QC 样本进行 Pearson 相关性分析，横坐标和纵坐标分别标记强度值的对数值，一般相关系数大于 0.9，表明相关性较好（图 5－14）。

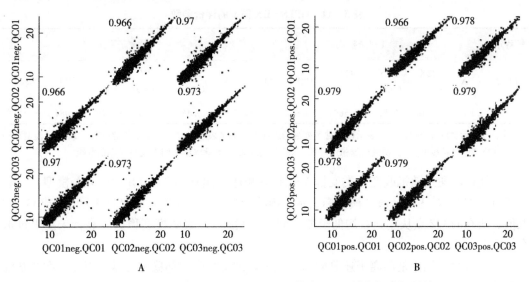

图 5－14　正离子（A）、负离子（B）模式下 QC 样本相关性图谱

（4）正交偏最小二乘法判别分析（OPLS-DA） 不同于主成分分析（PCA）法，正交偏最小二乘法判别分析（OPLS-DA）是一种有监督的判别分析统计方法。该方法运用偏最小二乘法回归建立代谢物表达量与样品类别之间的关系模型，来实现对样品类别的预测。该方法在偏最小二乘法判别分析（PLS-DA）的基础上进行修正，滤除与分类信息无关的噪声，提高了模型的解析能力和有效性。在OPLS-DA得分图上，有两种主成分，即预测主成分和正交主成分。预测主成分只有1个，即t[1]；正交主成分可以有多个。OPLS-DA将组间差异最大化的反映在t[1]上，所以从t[1]上能直接区分组间变异，而在正交主成分上则反映了组内的变异。

建立示例组的OPLS-DA模型，模型得分见图5-15。经7次循环交互验证得到的模型评价参数（R2Y、Q2）列于表5-11。R2Y和Q2越接近1，表明模型越稳定可靠。一般Q2大于0.5，模型稳定可靠；0.3<Q2≤0.5，模型稳定性较好；Q2<0.3，模型可靠性较低。

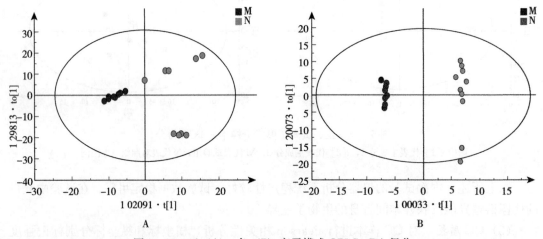

图5-15 正（A）、负（B）离子模式OPLS-DA得分

**表5-11 OPLS-DA模型的评价参数**

| 样品分组 | | 正离子模式 | | | | | 负离子模式 | | | | |
|---|---|---|---|---|---|---|---|---|---|---|---|
| M-N | A | R2X (cum) | R2Y (cum) | Q2 (cum) | R2I | Q2I | A | R2X (cum) | R2Y (cum) | Q2 (cum) | R2I | Q2I |
| | 1+1 | 0.546 | 0.82 | 0.566 | 0.697 | −0.292 | 1+3 | 0.46 | 0.997 | 0.812 | 0.984 | −0.292 |

注：A表示主成分分数；R2X表示模型对X变量的解释率；R2Y表示模型对Y变量的解释率；Q2表示模型预测能力；R2Y和Q2越接近1，说明模型越稳定可靠；R2I和Q2I表示R2和Q2回归直线与Y轴的截距。

置换检验通过随机改变分类变量Y的排列顺序，建立200次OPLS-DA模型，以获取随机模型的R2和Q2值。横坐标表示置换检验的置换保留度，纵坐标表示R2或Q2的取值。所有的Q2点从左到右均低于最右侧原始Q2点，表明模型稳健可靠，未发生过拟合（图5-16）。

综上所述，无论是阳离子还是阴离子模式，试验的模型都稳定可靠。因此，在此基础上所鉴定的代谢物是确信可靠的。

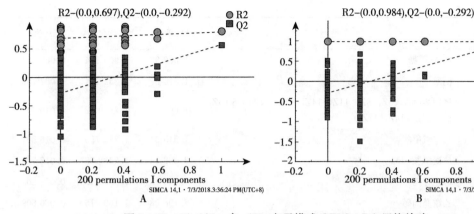

图 5-16　正（A）、负（B）离子模式 OPLS-DA 置换检验

（5）单变量统计分析　单变量分析方法是最简单常用的试验数据分析方法。在进行两组样本间的差异代谢物分析时，常用的单变量分析方法包括变异倍数分析（fold change analysis，FC Analysis）、T 检验，以及综合前两种分析方法的火山图。利用单变量分析可以直观地显示两样本间代谢物变化的显著性，从而筛选潜在的标志代谢物。本研究以正离子模式为参考进行后续的分析。

（6）显著性差异代谢物　根据 OPLS-DA 模型得到的变量权重值（variable importance for the projection，VIP）来衡量各代谢物的表达模式对各组样本分类判别的影响强度和解释能力，挖掘具有生物学意义的差异代谢物。本试验以 VIP>1 为筛选标准，初步筛选出各组间的差异物。进一步采用单变量统计分析验证差异代谢物是否具有显著性。选择同时具有多维统计分析 VIP>1 和单变量统计分析 $P<0.05$ 的代谢物，作为具有显著性差异的代谢物；而 VIP>1 且 $0.05<P<0.1$，则作为差异代谢物。示例组正离子模式鉴定出的差异代谢物见表 5-12。

表 5-12　正离子模式差异代谢物

| 名称 | 类型 | 权重值 | 变化倍数 | P 值 |
|---|---|---|---|---|
| M853T235_1 | 1,2-二油酰-Sn-甘油 3 磷脂酰胆碱 | 2.598 84 | 1.588 503 | 0.000 026 |
| M245T288 | 尿苷 | 1.405 99 | 0.632 063 | 0.000 071 |
| M136T282_2 | 腺嘌呤 | 9.630 34 | 1.831 853 | 0.001 092 |
| M383T74 | 25-羟基维生素 $D_3$ | 1.411 32 | 2.041 806 | 0.002 168 |
| M667T935 | 水苏糖 | 2.214 59 | 1.180 736 | 0.002 686 |
| M517T250 | 牛磺脱氧胆酸 | 1.133 17 | 2.087 169 | 0.002 864 |
| M258T734 | 甘油磷酸胆碱 | 2.705 21 | 0.663 651 | 0.003 081 |
| M336T97 | 异戊烯腺苷 | 1.335 53 | 1.409 782 | 0.004 483 |
| M801T242 | PC（16：0/16：0） | 1.397 95 | 1.387 887 | 0.004 601 |
| M498T345 | 牛胆酸盐 | 3.732 14 | 2.041 481 | 0.006 176 |
| M324T809 | 3′-O-甲基胞嘧啶 | 1.994 67 | 1.266 727 | 0.006 812 |
| M137T299_3 | 次黄嘌呤 | 8.840 71 | 1.155 196 | 0.006 871 |

（续）

| 名称 | 类型 | 权重值 | 变化倍数 | P 值 |
|------|------|--------|----------|------|
| M198T556 | D-甘露糖 | 1.006 98 | 1.906 164 | 0.007 194 |
| M220T487 | 泛酸 | 1.918 88 | 1.382 17 | 0.007 796 |
| M827T238 | PC［20∶5（5Z，8Z，11Z，14Z，17Z）/20∶5（5Z，8Z，11Z，14Z，17Z）］ | 1.664 36 | 1.261 062 | 0.015 11 |
| M102T610 | 甜菜碱甲醛 | 1.545 31 | 1.255 756 | 0.016 507 |
| M803T242 | 硫醚酰胺-PC | 2.032 14 | 1.243 288 | 0.018 703 |
| M325T763 | 异麦芽糖 | 2.070 78 | 1.698 419 | 0.019 203 |
| M204T554 | 乙酰基肉碱 | 8.196 03 | 1.160 316 | 0.020 809 |
| M152T473_2 | 2-羟基腺嘌呤 | 1.223 6 | 0.837 138 | 0.021 48 |
| M118T491_2 | 甜菜碱 | 2.235 83 | 0.742 234 | 0.021 849 |
| M311T59 | （4z，7z，10z，13z，16z，19z）-4，7、10，13，16，19-二十二碳六烯酸 | 1.453 73 | 1.429 623 | 0.022 959 |
| M284T473 | 鸟苷 | 1.607 75 | 0.846 529 | 0.028 553 |
| M162T653_2 | 左旋肉碱 | 8.281 78 | 1.129 482 | 0.035 901 |
| M348T755 | 腺苷-3′-单磷酸 | 2.575 73 | 1.149 58 | 0.036 439 |
| M496T315 | 1-十六酰-sn-丙三醇-磷酸胆碱 | 1.918 84 | 0.758 64 | 0.037 082 |
| M130T990 | D-哌啶二酸 | 1.051 15 | 1.161 867 | 0.043 145 |
| M268T305 | 腺苷 | 1.951 44 | 1.189 739 | 0.043 667 |
| M360T721 | 纤维二糖 | 12.656 2 | 1.459 678 | 0.049 378 |
| M147T990 | L-亮氨酸 | 1.205 87 | 1.139 057 | 0.059 546 |
| M325T843 | D-麦芽糖 | 3.202 98 | 1.232 419 | 0.070 64 |
| M132T470 | L-亮氨酸 | 1.035 66 | 1.158 161 | 0.071 885 |
| M613T924 | 硫化谷胱甘肽 | 3.111 01 | 1.156 391 | 0.083 255 |
| M327T79 | 花生四烯酸（不含过氧化物） | 2.443 96 | 0.711 068 | 0.083 971 |
| M522T865 | 麦芽三糖 | 3.080 89 | 1.200 343 | 0.087 121 |
| M298T165 | S-甲基5′-硫代腺苷 | 2.673 71 | 0.708 227 | 0.087 539 |
| M829T961 | 麦芽糖 | 1.717 97 | 1.154 751 | 0.090 842 |
| M123T100 | 烟酰胺 | 13.220 1 | 1.283 029 | 0.093 743 |
| M293T783 | 乙二胺四乙酸（EDTA） | 1.822 58 | 0.451 273 | 0.095 864 |
| M277T845 | γ-L谷氨酰-L谷氨酸 | 1.543 25 | 1.202 509 | 0.098 591 |

（7）差异代谢物聚类分析　为了评价候选代谢物的合理性，同时更全面直观地显示样本之间的关系，以及代谢物在不同样本中的表达模式差异，本章利用定性的显著性差异代谢物的表达量，对各组样本进行层次聚类，从而准确地筛选标志代谢物，并对相关代谢过程的改变进行研究。

一般来说，当筛选的候选代谢物合理且准确时，同组样本能够通过聚类出现在同一簇（cluster）中。同时，聚在同一簇内的代谢物具有相似的表达模式，可能在代谢过程中处于较为接近的反应步骤中。图 5-17 显示了正离子模式示例组显著性差异代谢物层次聚类结果。结果表明，20 个样品中的差异代谢物大致上分为 2 个组，即试验组（M）和对照组（N）。

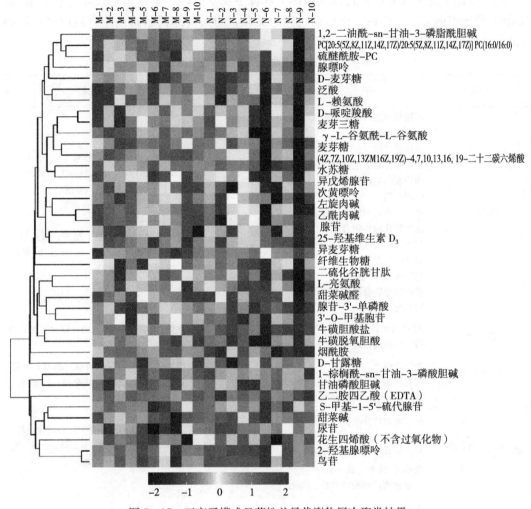

图 5-17　正离子模式显著性差异代谢物层次聚类结果

（8）差异代谢物的 KEGG 通路分析　如表 5-13 所示，将差异代谢物所参与的调控通路整合分析，主要被分为 16 类。其中，脂类代谢类别的通路及涉及的差异代谢物最多。这说明，低温胁迫下脂代谢过程是重要的应对机制。此外，差异代谢物参与了多种通路和类别，这说明代谢过程是受到多方面影响和调控的，这也从侧面反映了差异基因和蛋白所影响的代谢途径是多元化的。

### （四）低温胁迫下暗纹东方鲀肝脏的多组学联合分析

基因的表达调控是一个非常复杂的过程。mRNA 代表基因表达的中间状态，它只代表潜在的蛋白表达和相关的功能。而蛋白质是功能的真实体现，在研究不同水平的生物功能时，蛋白质是通过相关代谢途径影响生物体代谢的关键结合点。代谢组学是反馈有机体在特定条件下代谢变化的生物学方法，它属于基因和蛋白质参与调控后的结果，无论是转录组还是蛋白质组所富集到的通路，并不能明确何种代谢物受到了影响。因此，只有通过系统生物学整体分析，联合多组学数据对生物样本进行系统研究，才能真正观察到 mRNA - 蛋白质与代谢变化的关联性，进而从整体上解释生物学问题。本章节通过联合转录组-蛋白质组-代谢组的方法，探讨 3 个层面之间的关联，为系统地揭示暗纹东方鲀应对低温胁迫的分子机制提供基础资料。

表 5 - 13  差异代谢物所参与的调控通路

| 类别 | 通路 | 涉及的代谢物 |
| --- | --- | --- |
| 脂质代谢 | 不饱和脂肪酸的生物合成<br>甘油磷脂代谢<br>亚油酸代谢<br>初级胆汁酸的生物合成<br>脂肪酸的生物合成<br>醚脂代谢<br>角质、亚蜡和蜡质的合成<br>次生胆汁酸生物合成<br>花生四烯酸代谢<br>亚麻酸代谢<br>脂肪酸延伸<br>类固醇生物合成<br>脂肪酸降解 | 花生四烯酸（不含过氧化物）；<br>（4z，7z，10z，13z，16z，19z）4，7、10、13、16、19 二十二碳六烯酸；<br>芥酸；二十碳五烯酸；α-亚麻酸；PC（16：0 / 16：0）；磷酸胆碱；<br>亚油酸；牛磺酸；棕榈酸；油酸；顺式-9-棕榈油酸；甘油磷酸胆碱 sn-甘油 3-磷乙醇胺；25-羟基维生素 D₃ |
| 膜运输 | ABC 转运体<br>磷酸转移酶系统（PTS） | 麦芽三糖；赖氨酸；亮氨酸；D 甘露糖；D 麦芽糖；甜菜碱；牛磺酸 |
| 核苷酸代谢 | 嘌呤代谢<br>嘧啶代谢 | 次黄嘌呤；鸟苷；3'-单磷酸；腺苷；腺嘌呤；黄嘌呤；脱氧肌苷；尿嘧啶；尿嘧啶； |
| 碳水化合物代谢 | 半乳糖代谢<br>氨基酸和核苷酸糖代谢<br>淀粉和蔗糖代谢<br>果糖和甘露糖代谢<br>糖酵解/糖原生成<br>戊糖和葡萄糖醛酸的相互转化 | 水苏糖；D-甘露糖；α-D-1-磷酸半乳糖；UDP-D-半乳糖；α-D-葡萄糖；α-D-葡萄糖；异麦芽糖；D-麦芽糖 |
| 消化系统 | 胆汁分泌<br>碳水化合物的消化和吸收<br>蛋白质的消化和吸收<br>维生素的消化和吸收<br>矿物质吸收 | 牛磺胆酸盐；左旋肉碱；L-亮氨酸；牛磺鹅去氧胆酸钠；麦芽三糖；D-麦芽糖；L-赖氨酸；泛酸；烟酰胺 |
| 癌症：概述 | 癌症中的胆碱代谢<br>癌症中的中枢碳代谢 | PC（16：0 / 16：0）；磷酸胆碱；甘油磷酸胆碱；L-亮氨酸 |
| 内分泌系统 | 脂肪细胞的脂肪分解调节<br>甲状腺激素合成<br>胰高血糖素信号通路<br>肾素分泌<br>GnRH 信号途径<br>醛固酮的合成和分泌<br>卵巢类固醇生成<br>催产素信号途径 | 花生四烯酸（不含过氧化物）；腺苷；二硫化谷胱甘肽；α-D-葡萄糖；1-磷酸；腺苷 |

（续）

| 类别 | 通路 | 涉及的代谢物 |
|---|---|---|
| 免疫系统 | 血小板活化<br>Fc epsilon RI 信号通路<br>Fcγ R 介导的吞噬作用 | 花生四烯酸（不含过氧化物） |
| 信号转导 | 鞘脂信号通路<br>cAMP 信号途径<br>mTOR 信号通路<br>cGMP-PKG 信号通路 | 腺苷<br>L-亮氨酸 |
| 神经系统 | 逆行内源性大麻素信号转导<br>血清激活的突出<br>长期抑郁 | PC（16∶0/16∶0）<br>花生四烯酸（不含过氧化物） |
| 氨基酸代谢 | 甘氨酸、丝氨酸和苏氨酸代谢<br>赖氨酸的生物合成<br>赖氨酸降解<br>缬氨酸、亮氨酸和异亮氨酸的生物合成<br>半胱氨酸和蛋氨酸代谢<br>缬氨酸、亮氨酸和异亮氨酸降解 | 甜菜碱醛；甜菜碱；L-赖氨酸；<br>L-亮氨酸；S-甲基-5′-硫代腺苷 |
| 辅助因子和<br>维生素的代谢 | 泛酸和辅酶 A 的生物合成<br>烟酸和烟酰胺代谢<br>生物素代谢 | 泛酸；尿嘧啶；烟酰胺；L-赖氨酸 |
| 其他氨基酸的代谢 | 牛磺酸和亚牛磺酸代谢<br>β-丙氨酸代谢<br>谷胱甘肽代谢 | 牛磺胆酸盐；牛磺酸；<br>泛酸；尿嘧啶；<br>谷胱甘肽；二硫化物； |
| 其他次生代谢物 | 硫代葡萄糖苷生物合成<br>阿卡波糖和有效霉素的生物合成<br>咖啡因代谢<br>链霉素的生物合成<br>托丙烷、哌啶和吡啶生物碱的生物合成 | L-亮氨酸<br>黄嘌呤<br>α-D-葡萄糖 1-磷酸<br>L-赖氨酸 |
| 感觉系统 | 炎症介质对 TRP 通道的调控<br>光传导<br>味觉传导 | 花生四烯酸（不含过氧化物）<br>D-麦芽糖 |
| 人类疾病 | 传染病：寄生虫病<br>物质依赖<br>慢性吗啡中毒<br>帕金森<br>肺结核病<br>胰岛素耐受 | 花生四烯酸（不含过氧化物）<br>腺苷<br>25-羟基维生素 $D_3$<br>乙酰肉碱 |

**1. 多组学联合分析流程及关键基因 SNPs 的预测**

（1）多组学联合分析 联合分析的流程见图 5-18，基于组学的研究结果将转录组和蛋白质组进行联合分析，获得 5 种类型的基因集合：差异趋势一致的 mRNA-蛋白（DEPs_DEGs_SameTrend）；差异趋势相反的 mRNA-蛋白（DEPs_DEGs_Opposite）；

mRNA 差异而蛋白未差异（NDEPs_DEGs）；蛋白差异而 mRNA 未差异（DEPs_NDEGs）；mRNA 和蛋白都无差异（NDEPs_NDEGs）。随后，分析一致趋势的 mRNA-蛋白（Co-expression DEGs-DEPs），将其向 KEGG 通路投射，获得其潜在参与的调控网络。另外，将差异蛋白和代谢组学的差异代谢物联合分析，同时向 KEGG 通路投射，全面地对通路数据进行整合。最终将 mRNA-蛋白与蛋白-代谢两个组合所关联的代谢通路进行匹配，获得它们之间的共性，明确一个差异 mRNA-差异蛋白-差异代谢物之间的潜在关系，最终锁定暗纹东方鲀应对低温胁迫的关键基因集和潜在的代谢通路。

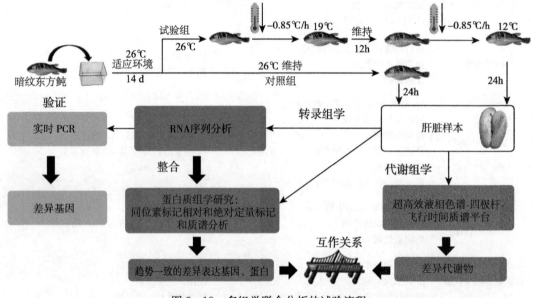

图 5-18　多组学联合分析的试验流程

（2）相关性网络构建　相关性网络分析是指利用相关性系数建立网络互作关系，为研究显著性差异共表达的 DEGs-DEPs 与显著差异代谢物之间提供一个新的视角。相关性元素之间需要存在一定的联系或概率，才可以进行相关性分析。基于相关系数，可以度量样本中蛋白质与代谢物之间的关联程度。为了更为直观地观察处于网络中关键节点位置的显著性差异的代谢物和显著性差异蛋白，试验运用 Cytoscape 软件，对相关系数值 $|r| \geq 0.5$ 且 $P < 0.05$ 的显著性差异蛋白和代谢物进行 pearson 相关性网络分析，呈现不同水平的差异物之间的相关性。

（3）SNPs 的预测　SNP（single nucleotide polymorphisms）是指在基因组上由单个核苷酸变异形成的遗传标记，其数量很多，多态性丰富。一般而言，SNP 是指变异频率大于 1% 的单核苷酸变异。通过多组学分析，结果获得了具有一致趋势且能够影响下游代谢的差异表达基因。因此，可认为这些基因是暗纹东方鲀应对低温胁迫的关键基因，位于这些基因上的 SNP 最有可能发展成为辅助育种的分子标记。

基于转录组测序的结果，试验使用 SAMtools 软件分析潜在的 SNP 位点。SAMtools 提供了各种用于处理 SAM 格式的实用程序，包括以 preposition 格式的排序、合并、索引、生成对齐。首先，使用 SAMtools mpileup 实用程序调取 SNP；然后，将 BCF 输出文件传送到 SAMtools bcftools，后者将 BCF 文件转换为 VCF 文件；最后，使用 varFilterd100 选项将 VCF 文件传输到 vcfutils. pl，该选项保留了读取深度高于 100 的 SNP。

**2. 结果**

（1）多组学联合鉴定关键基因和代谢物　试验对低温胁迫条件下的暗纹东方鲀肝脏转录组和蛋白质组进行了联合分析，见图 5-19（A），在 mRNA 和蛋白质水平都显著差异的基因有 55 个（表 5-14）；有 78 个显著差异蛋白在 mRNA 水平无差异；有 5 111 个显著差异基因在蛋白水平无差异；有 1 961 个基因在两种水平都无显著差异。进一步分析，发现 55 个差异基因中包含 36 个基因具有一致的趋势，其中，18 个上调和 18 下调（表 5-14）。此外，55 个共表达的基因（DEGs-DEPs）参与了 81 条代谢途径（图 5-19B）。将差异蛋白和差异代谢物（DEPs-DEMs）同时投射到 KEGG 通路上，总共有 41 个通路被关联（图 5-19B）。随后，整合 DEGs-DEPs 和 DEPs-DEMs 所关联的通路，如表 5-15 所示，它们之间共有 20 条一致的通路（图 5-19B）。这些通路包含的代谢过程有嘧啶代谢，不饱和脂肪酸的合成，氨基糖和核苷酸糖代谢，缬氨酸（valine）、亮氨酸和异亮氨酸降解，谷胱甘肽代谢（glutathione metabolism），溶酶体降解；有机体系统的胆汁分泌（bile secretion）、维生素消化与吸收、逆行内源性大麻素信号转导、血清激活的突触、脂肪组织的脂类分解调控、醛固酮合成和分泌、长寿调控途径；人类疾病（恶性肿瘤的碳中枢代谢）、慢性吗啡中毒、醇中毒、帕金森、胰岛素耐受，以及膜运输（ABC 转运体）、信号转导（cAMP 信号途径）。联合分析后的 20 条通路中（表 5-14），共有 17 个差异代谢物参与，其中，包含 14 个上调和 3 个下调的差异代谢物。有 14 个 DEGs-DEPs 参与，其中，8 个上调，3 个下调，以及 3 个相反趋势的基因（表 5-15）。

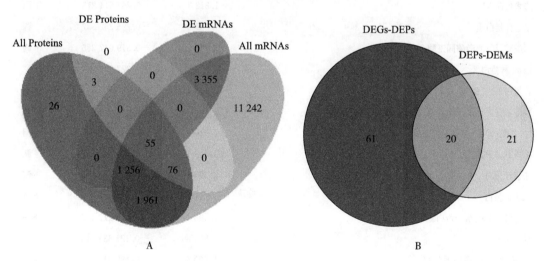

图 5-19　多组学联合分析的韦恩图
A. 转录组和蛋白质组联合分析　B. 与 DEPs-DEMs 和 DEPs-DEGs 相关的通路及其共性的数量

**表 5-14　共同差异表达的基因和蛋白**

| 基因/蛋白 | 基因差异倍数 | 蛋白差异倍数 | 趋势 |
| --- | --- | --- | --- |
| 含冷休克结构域的蛋白质 | 1.746 88 | 0.537 287 12 | 上调 |
| 转铁蛋白受体蛋白 1 | 1.332 7 | 0.448 289 922 | 上调 |

（续）

| 基因/蛋白 | 基因差异倍数 | 蛋白差异倍数 | 趋势 |
|---|---|---|---|
| 溶质载体家族2，促进葡萄糖转运体成员1 | 1.820 34 | 0.428 576 582 | 上调 |
| 线粒体输入受体亚基 TOM20 | 1.329 6 | 0.418 420 977 | 上调 |
| 尿氨酸磷酸酶2 | 1.991 07 | 0.416 181 463 | 上调 |
| 脯氨酸脱氢酶1 | 2.227 1 | 0.369 448 616 | 上调 |
| 跨膜9超家族成员3 | 1.727 32 | 0.337 415 388 | 上调 |
| DNC1 defective in cullin neddylation 1 | 2.012 7 | 0.336 308 528 | 上调 |
| 谷胱甘肽S转移酶Ω1 | 1.297 7 | 0.330 471 205 | 上调 |
| 含核糖体IL1结构域的蛋白质1 | 2.100 1 | 0.324 868 195 | 上调 |
| 视黄醇结合蛋白2 | 1.748 71 | 0.320 627 93 | 上调 |
| 钙环蛋白结合蛋白 | 1.701 17 | 0.297 905 103 | 上调 |
| 冷诱导RNA结合蛋白 | 2.209 3 | 0.294 726 016 | 上调 |
| 红宝石眼2样蛋白 | 1.852 35 | 0.292 687 529 | 上调 |
| 泛素相关蛋白1 | 1.728 98 | 0.277 464 688 | 上调 |
| ATP合酶偶联因子6 | 1.967 22 | 0.274 939 084 | 上调 |
| 酰基-CoA去饱和酶 | 2.877 6 | 0.269 116 952 | 上调 |
| 胆盐输出泵 | 1.121 7 | 0.263 102 932 | 上调 |
| 跨膜蛋白53 | −1.318 7 | −0.264 514 215 | 下调 |
| 未定性蛋白质 | −1.589 5 | −0.296 252 537 | 下调 |
| 丙酮酸脱氢酶激酶同工酶2 | −1.761 7 | −0.319 047 386 | 下调 |
| LanC样蛋白2 | −1.503 1 | −0.322 534 154 | 下调 |
| 管蛋白β-6链 | −2.002 2 | −0.336 567 933 | 下调 |
| 胰岛素样生长因子结合蛋白复合物酸性易变亚单位 | −1.327 3 | −0.343 670 218 | 下调 |
| N-乙酰-D-氨基葡萄糖激酶 | −1.910 86 | −0.348 109 292 | 下调 |
| 溶质载体家族12成员9 | −1.443 1 | −0.360 017 738 | 下调 |
| 未表征蛋白 | −2.329 1 | −0.376 472 085 | 下调 |
| 未表征蛋白 | −1.151 1 | −0.381 201 293 | 下调 |
| 鸟嘌呤核苷酸结合蛋白亚单位β-4 | −1.198 4 | −0.395 177 152 | 下调 |
| 酸性磷酸酶 | −1.899 59 | −0.421 938 519 | 下调 |
| 肿瘤蛋白p53诱导蛋白11 | −1.520 4 | −0.489 317 535 | 下调 |
| 未表征蛋白 | −1.949 97 | −0.491 040 006 | 下调 |
| 未表征蛋白 | −1.661 2 | −0.578 085 719 | 下调 |
| 巯基氧化酶1 | −2.369 5 | −0.616 138 143 | 下调 |
| 谷氨酰胺酰肽环转酶 | −2.596 8 | −0.641 729 782 | 下调 |
| 胰岛素样生长因子结合蛋白2 | −1.613 6 | −1.537 319 421 | 下调 |
| Rho GTP酶激活蛋白1 | −1.901 19 | 0.702 472 264 | 相反 |
| 乙酰乙酰-CoA合成酶 | −1.374 8 | 0.484 958 906 | 相反 |

（续）

| 基因/蛋白 | 基因差异倍数 | 蛋白差异倍数 | 趋势 |
|---|---|---|---|
| 蛋白 O-葡萄糖基转移酶 1 | −1.536 2 | 0.353 357 17 | 相反 |
| 含跨膜 emp24 结构域的蛋白 1 | −1.960 13 | 0.274 664 814 | 相反 |
| 肌球蛋白相关蛋白 14 | 1.869 61 | −0.284 294 609 | 相反 |
| 微管多特异性有机阴离子转运体 1 | 1.949 9 | −0.284 870 999 | 相反 |
| 未表征蛋白 | 1.957 92 | −0.305 873 993 | 相反 |
| 未表征蛋白 | 1.760 64 | −0.313 484 234 | 相反 |
| 未表征蛋白 | 1.240 5 | −0.343 373 667 | 相反 |
| Ras 相关蛋白 Rab-11A | 1.737 81 | −0.357 871 462 | 相反 |
| 发动蛋白-1 样蛋白 | 1.411 6 | −0.379 359 167 | 相反 |
| 硫酸根阴离子转运体 1 | 1.790 9 | −0.410 572 063 | 相反 |
| 蛋白 argonaute-3（AGO3） | 1.493 8 | −0.415 227 948 | 相反 |
| 基质细胞衍生因子 2 | 1.469 | −0.420 242 503 | 相反 |
| 空泡蛋白分选相关蛋白 33A | 1.866 14 | −0.461 404 229 | 相反 |
| 激素敏感脂肪酶 | 1.808 56 | −0.596 721 369 | 相反 |
| rRNA 腺嘌呤-N（6）-甲基转移酶 | 1.075 | −0.621 943 452 332 55 | 相反 |
| 酪蛋白激酶 1α1 | 1.188 8 | −0.662 012 667 495 151 | 相反 |
| 未表征蛋白 | 1.022 3 | −1.640 182 000 023 97 | 相反 |

表 5-15　共表达差异基因和差异代谢物关联的通路

| 通路 | 基因/蛋白 | 代谢物 |
|---|---|---|
| 嘧啶代谢 | 尿苷磷酸化酶 2↑ | 尿苷↓ |
| 不饱和脂肪酸的合成 | 酰基辅酶 A 去饱和酶↑ | 花生四烯酸（不含过氧化物）↓；（4Z，7Z，10Z，13Z，16Z，19Z）4，7，10，13，16，19 二十二碳六烯酸↑ |
| 氨基糖和核苷酸糖代谢 | N-乙酰-D-氨基葡萄糖激酶↓ | D-甘露糖↑ |
| 缬氨酸、亮氨酸和异亮氨酸降解 | 乙酰乙酰辅酶 A 合成酶♯ | L-亮氨酸↑ |
| 谷胱甘肽代谢 | 谷胱甘肽 S-转移酶 ω-1↑ | 二硫化谷胱甘肽↑ |
| 溶酶体降解 | 酸性磷酸酶↓ | D-甘露糖↑ |
| ABC 转运体 | 胆盐输出泵↑；微管多特异性有机阴离子转运体 1+ | 麦芽三糖↑；L-赖氨酸↑；L-亮氨酸↑；D-甘露糖↑；D-麦芽糖↑；甜菜碱↓ |
| cAMP 信号途径 | 激素敏感脂肪酶+ | 腺苷↑ |
| 维生素消化与吸收 | 视黄醇结合蛋白 2↑ | 泛酸↑；烟酰胺↑ |
| 胆汁分泌 | 溶质载体家族 2，促进葡萄糖转运体成员 1↑；类泛素相关蛋白 1↑；胆盐输出泵↑；微管多特异性有机阴离子转运体 1+ | 牛磺胆酸盐↑；左旋肉碱↑ |

（续）

| 通路 | 基因/蛋白 | 代谢物 |
|---|---|---|
| 逆行内源性大麻素信号转导 | 鸟嘌呤核苷酸结合蛋白亚单位 β4↓ | 花生四烯酸（不含过氧化物）↓ pc（16：0／16：0）↑ |
| 血清激活的突触 | 鸟嘌呤核苷酸结合蛋白亚单位 β4↓ | 花生四烯酸（不含过氧化物）↓ |
| 脂肪组织的脂类分解调控 | 激素敏感脂肪酶＋ | 花生四烯酸（不含过氧化物）↓；腺苷↑ |
| 醛固酮合成和分泌 | 激素敏感脂肪酶＋ | 花生四烯酸（不含过氧化物）↓ |
| 长寿调节途径 | 酰基辅酶 A 去饱和酶↑ | 烟酰胺↑ |
| 恶性肿瘤的碳中枢代谢 | 溶质载体家族 2，促进葡萄糖转运体成员 1↑ | L-亮氨酸↑ |
| 慢性吗啡中毒 | 鸟嘌呤核苷酸结合蛋白亚单位 β4↓ | 腺苷↑ |
| 醇中毒 | 鸟嘌呤核苷酸结合蛋白亚单位 β4↓ | 腺苷↑ |
| 帕金森 | ATP 合酶偶联因子 6↑ | 腺苷↑ |
| 胰岛素耐受 | 溶质载体家族 2，促进葡萄糖转运体成员 1↑ | 乙酰基肉碱↑ |

注："↑"表示显著上调；"↓"代表显著下调；"＋"代表在转录水平显著上调但在蛋白水平显著下调；"♯"代表转录水平显著下调但蛋白水平显著上调。

（2）相关性网络的构建 将上述 20 条通路中的差异代谢物和差异共表达基因进行相关性整合，如图 5-20 所示，互作图分为了两支，一支（A）主要以胆汁盐的跨膜运输为主，而另一支（B）主要以不饱和脂肪酸、维生素、腺苷为主。这些结果为研究暗纹东方鲀应对低温胁迫的调控机制提供了关键和更深层的信息。

（3）SNP 预测结果 试验对多组学联合分析得到具有一致趋势的 11 个差异基因进行 SNP 预测，总共有 23 个潜在的 SNPs 位点被检测到（表 5-16）。随后，通过对 50 尾暗纹东方鲀个体的 DNA 进行 SNP 位点验证，总共有 13 个 SNP 位点呈阳性。这些位点将在耐寒极端群体中进一步确认，以确定其是否可以作为区分耐寒暗纹东方鲀的分子标记。

**3. 总结** 解决暗纹东方鲀越冬死亡率高的问题，最好的方法是通过耐寒育种改良其遗传结构。然而，想要寻找适用于育种的分子标记，就需要全面了解暗纹东方鲀在低温胁迫下的分子机制，因此，本试验运用多组学联合的分析方法，在转录、蛋白、代谢的 3 种层面进行深入挖掘。肝脏在碳水化合物、蛋白质和脂质的合成、代谢、储存和再分配中起着至关重要的作用。本研究中的 iTRAQ 方法被应用于研究暗纹东方鲀肝脏应对低温胁迫的调控机制，总共鉴定了 3 741 个蛋白，这相对于传统的 2D-DIGE 方法显现了较大的优势。该方法先前应用于暗纹东方鲀应对低温胁迫的研究，仅仅揭示了不超过 746 个蛋白或蛋白印点。在验证方面，以往的方法如 Western blot 和 ELISA 的蛋白相对定量方法，都需要消耗大量的时间，以及依赖抗体的特异性，而本研究采用了 PRM 方法。该方法展现了对目标蛋白强大的敏感性和可选择性，非常有利于支持 iTRAQ 的研究结果。

通过分析发现，许多差异蛋白直接或间接与暗纹东方鲀的氧化应激、信号转导和线粒体蛋白相关。随后，多组学联合分析不但挖掘许多重要的基因和潜在的 SNP 位点，还揭示了许多共同表达的差异基因（Co‑DEG）和差异代谢物（DEM）与低温应激相关。这些 Co‑DEG 和 DEM，主要涉及暗纹东方鲀的脂肪酸代谢、氧化应激、免疫系统、膜转运和信号转导。这些变化是暗纹东方鲀响应低温胁迫的主要调控路径，对它们的进一步探索能够加深对鱼类适应冷胁迫分子机制的理解。因此，综合现有的研究可为进一步深入研究暗纹东方鲀响应低温胁迫的调控机制提供思路。

（1）不饱和脂肪酸代谢 磷脂膜的物理性质在很大程度上取决于其组成脂肪酸的饱和度，因此，在饱和脂肪酸和不饱和脂肪酸之间保持适当的平衡，是所有生物的基本组成要求。花生四烯酸（ARA）和（4Z，7Z，10Z，13Z，16Z，19Z）‑4，7，10，13，16，19‑二十二碳六烯酸（DHA），都是膜磷脂的重要成分。ARA 和 DHA 的富集主要与酰基辅酶 A 脱氢酶（ACAD）有关，ACAD 是维持脂肪酸饱和度和不饱和度之间平衡的酶。冷胁迫下，ACAD 在暗纹东方鲀肝脏上调，表明不饱和脂肪酸的产生增多，这与鲤响应低温胁迫的研究结果是一致的。在本试验代谢组学研究中，两种不饱和脂肪酸（ARA‑down、

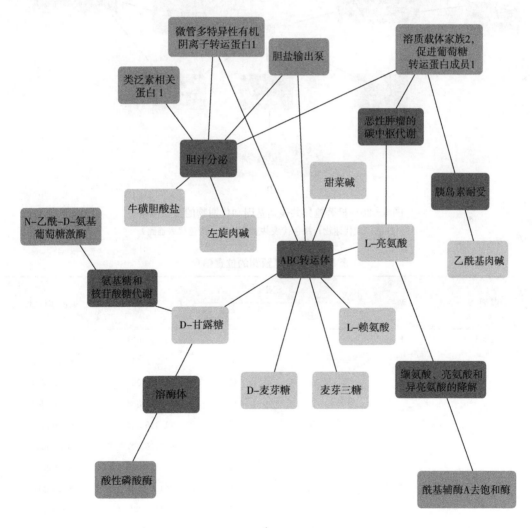

A

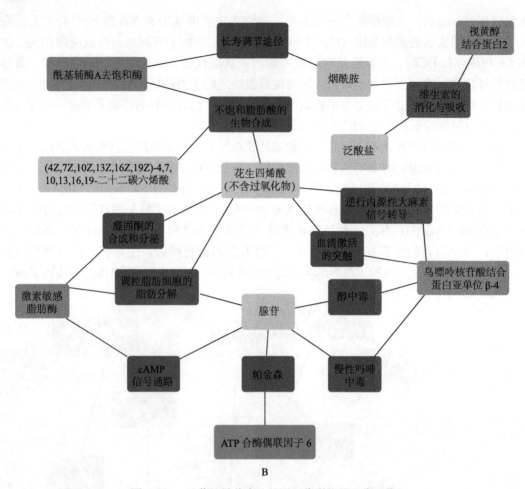

图 5-20 显著差异共表达基因和代谢物的互作网络

（红色代表代谢物；绿色代表共表达基因；蓝色代表通路）

表 5-16 SNP 预测的位置信息

| 基因 | 调控 | SNP | | 位置 | 染色体位置 |
| --- | --- | --- | --- | --- | --- |
| | | REF | ALT | | |
| Slc2a1 | 上调 | C | T | 1 314 601 | Scaffold64 |
| | | A | T | 1 315 433 | Scaffold64 |
| | | T | C | 1 316 005 | Scaffold64 |
| | | T | C | 1 316 524 | Scaffold64 |
| | | T | C | 1 316 527 | Scaffold64 |
| | | G | A | 1 316 807 | Scaffold64 |
| | | C | A | 1 316 913 | Scaffold64 |
| GST | 上调 | G | A | 401 415 | Scaffold6 |
| | | A | G | 401 487 | Scaffold6 |
| | | C | G | 401 502 | Scaffold6 |

（续）

| 基因 | 调控 | SNP | | 位置 | 染色体位置 |
| --- | --- | --- | --- | --- | --- |
| | | REF | ALT | | |
| | | T | C | 402 432 | Scaffold6 |
| BSEP | 上调 | T | C | 4 150 355 | Scaffold30 |
| | | T | C | 4 150 487 | Scaffold30 |
| | | C | G | 4 150 520 | Scaffold30 |
| GlcNAc | 下调 | G | C | 1 108 787 | Scaffold49 |
| | | A | C | 1 108 971 | Scaffold49 |
| | | C | T | 1 109 151 | Scaffold49 |
| | | A | G | 1 109 366 | Scaffold49 |
| | | A | T | 1 109 390 | Scaffold49 |
| | | T | C | 1 109 550 | Scaffold49 |
| | | C | T | 1 109 721 | Scaffold49 |
| | | A | G | 1 110 069 | Scaffold49 |
| G proteins | 下调 | G | A | 273 770 | Scaffold29 |
| UPase | 上调 | 无 | | — | — |
| RBP | 上调 | 无 | | — | — |
| Ubap1 | 上调 | 无 | | — | — |
| ATP5J | 上调 | 无 | | — | — |
| ACAD | 上调 | 无 | | — | — |
| ACP | 下调 | 无 | | — | — |

DHA-up）显示出相反的趋势，可能是因为 ARA 和 DHA 之间存在相互抑制的关系。在鲕（Seriola quinqueradiata）肝脏中也出现了类似的现象，ARA 比 DHA 更有效地参与磷脂酰肌醇的组成；DHA 能够抑制 ARA 掺入磷脂酰胆碱，而不抑制 ARA 用于磷脂酰肌醇。当然，在联合多组学分析的结果显示，造成这一结果更可靠的原因，可能是 ARA 的代谢仍然受到其他蛋白质和途径的影响。与 ARA 的不确定性相比，DHA 的上调，无疑是鱼类增强对低温环境胁迫耐受性的反应。在内分泌系统中，ARA 由激素敏感脂肪酶（HSL）通过两条途径调节，HSL 是动员细胞内脂肪酸的关键酶。研究结果与草鱼和乌颊鱼的发现基本一致，食用 ARA 能显著刺激 HSL 的表达。而在神经系统中，大量证据都表明，鸟嘌呤核苷酸结合蛋白亚单位 β-4（G 蛋白）对 ARA 的代谢有积极影响。因此，G 蛋白的下调，无疑影响了 ARA 的代谢。这些结果说明，在低温胁迫下 ARA 的代谢受多种途径和蛋白质的调节。

在脂肪酸合成方面，乙酰辅酶 A 合成酶（AACS）是一种酮体专用酶，它负责从脂肪生成组织（如肝脏和脂肪细胞）中的酮体，来合成胆固醇和脂肪酸。本研究发现，AACS 的表达在 mRNA 水平下调，但在蛋白质水平上调。复杂的转录后调控机制，可能是导致 mRNA 和蛋白表达不一致的原因。先前的研究发现，补充亮氨酸，对提高脂联素水平和降低总胆固醇浓度是有效的。因此，可能与大鼠一样，暗纹东方鲀肝脏中 AACS 和 L-亮氨酸的上调目的，在于调节胆固醇和脂肪酸的合成，以应对低温胁迫。

（2）跨膜运输和信号转导　许多研究证明，ABC 转运体在鱼类解毒机制中具有重要作用。胆盐输出泵（BSEP）是 ABC 转运体通路的重要成员，它是位于肝细胞膜上的膜糖蛋白，介导 ATP 依赖性胆盐从细胞向毛细胆管的转运。BSEP 的上调，可促进胆盐的转运，防止氧自由基的产生，增加脂质过氧化物和防止线粒体呼吸链紊乱，从而保护生物膜的功能，增强机体的免疫力。胆道阻塞，将会使胆汁盐的转运受阻进而诱发人类或大鼠的一系列肝脏疾病。因此，BSEP 在鱼类的抗氧化机制，可能类似于人和大鼠。在 ABC 转运体通路，若干有机阴离子通过微管多特异性的有机阴离子转运酶（cMOAT）排泄到胆汁中。cMOAT 表达的调控，与生物体的肝功能有密切的关系。低温胁迫下，cMOAT 在妊娠小鼠的表达与本研究的结果相似，即都下调。进一步分析发现，低温胁迫引起的代谢差异与 cMOAT 和 BSEP 的表达直接相关。结果表明，BSEP 的上调，参与低聚糖（D-麦芽糖和麦芽三糖）、氨基酸（L-赖氨酸和 L-亮氨酸）和单糖（D-甘露糖）的转运；而 cMOAT 的上调，则参与矿物质和有机离子（甜菜）的转运。在这些上调的代谢物中，D-甘露糖可增强机体的免疫力；D-麦芽糖和麦芽糖可增强能量代谢；L-亮氨酸主要参与胆固醇和脂肪酸的合成。而甜菜碱的下调，则对鱼类生长、抗氧化防御和脂肪酸合成有负面影响。这些差异的代谢产物反映了暗纹东方鲀在低温胁迫下具有复杂的转运补偿机制。不仅如此，cMOAT 和 BSEP 还与胆汁分泌途径中牛磺胆酸盐的代谢有关。牛磺胆酸盐对大菱鲆的生长有增强作用，但对虹鳟却有负面影响。因此，在低温胁迫下，它的上调对暗纹东方鲀的生长性能是否有影响尚不清楚。此外，作为冷水性鱼类的虹鳟，在热应激下增强了牛磺胆酸盐的代谢；而作为暖水性鱼类的暗纹东方鲀，在冷应激下也增强了牛磺胆酸盐的代谢。这说明，牛磺胆酸盐在硬骨鱼类对环境温度变化的响应中，可能发挥重要的作用。这些结果，反映了暗纹东方鲀应对低温胁迫的跨膜运输机制。

13 个差异蛋白都与信号转导相关，其中绝大部分呈都下调的趋势，除了 RAP1A 和 CACYBP 外。这表明信号的传递出现了障碍，导致功能紊乱。在下调的蛋白中，ERBB2、G protein、CSNK1A、PIK3 在细胞增殖中起着重要的作用；CAB39 通过激活 ERK 信号通路促进肝细胞生长和转移；FLNB 可调节软骨细胞分化；RPS6KA 通过 mTOR 信号网络，在细胞生长和增殖中起关键作用。而在上调的蛋白中，本研究观察到与抑制细胞增殖有关的 CACYBP。因此，本研究的结果表明，当信号转导受损时，肝细胞的生长、增殖和分化受到阻碍。由环境变化引起的代谢紊乱是多方面的，ROS 的产生和消除是其重要表现。许多研究表明，ROS 能够影响信号转导，如对 MAPK 和 Wnt 的作用。160 种差异表达蛋白在 KEGG 通路分析中，MAPK（包括 RAP1A、ERBB2、FNAB、RAC1 和 RPS6KA）和 Wnt（包括 CACYBP、PLCB、RAC1 和 CSNK1A）信号转导通路被富集。同样地，在莫氏犬牙南极鱼和暖水性硬骨鱼类之间的转录组比较发现，MAPK 途径参与了低温胁迫的调控机制。随后，对南极鲷科鱼类基因组的进一步研究显示，在适应性进化过程中，MAPK 途径的 9 个基因存在显著的拷贝扩增，以支持南极水域对极端低温的适应。此外，在斑马鱼、马尼拉文蛤（*Ruditapes philippinarum*）、牙鲆低温胁迫的转录组研究都显著富集了 MAPK 通路。这些结果说明，MAPK 通路可能对硬骨鱼类应对环境温度变化带来的应激反应有相当大的影响。而本研究结果在蛋白质水平上提供了新的强有力的证据，为硬骨鱼类低温耐受的基因组和转录组研究提供了更多的线索。鱼类 Wnt 途径，主要参与鱼类附属物的再生、性别决定和胚胎发育；哺乳动物 Wnt 途径主要参与肌肉、肝脏和骨骼再生过程的细胞增殖。然而，关于 Wnt 途径在鱼类对环境胁迫反应中的作用还缺乏研究。也许这些关于 Wnt 的研究都集中在大众所知的功能上，导致其许多潜在的功能被忽略。

（3）免疫和氧化应激　摄取维生素是硬骨鱼类免疫的重要组成部分。视黄醇结合蛋白（RBP）是维生素 A（视黄醇）的载体蛋白，主要由肝脏合成和释放，它能结合视黄醇和视黄醛。因此，RBP 被认为在维生素 A 摄取、运输和代谢中起重要作用。上调 RBP，可促进维生素 A 摄取，以增强鱼类免疫和生长。相似的，高温胁迫下纹鳢（*Channa striatus*）RBP 的表达也上调，表明 RBP 对硬骨鱼类面对环境温度变化有积极作用。在维生素消化吸收通路中，泛酸（维生素 $B_5$）和烟酰胺（维生素 $B_3$）上调，表明它们可能与维生素 C 一样，都能增强暗纹东方鲀的低温耐受性。当然，维生素的用量和作用机制尚需进一步研究。此外，碳水化合物代谢也是有机体免疫的组成部分。在哺乳动物中，甘露糖对重症急性胰腺炎大鼠肠黏膜免疫屏障有保护作用。D-甘露糖是一种己糖，它通过刺激肝脏分泌甘露糖结合凝集素（MBL）增强免疫系统。在其他方面，酸性磷酸酶在溶酶体酶中是独特的，因为它具有高甘露糖和复合型糖链；而基质中，溶酶体酶的寡糖链是高甘露糖型的。因此，ACP 的下调会降低甘露糖的去磷酸化。相似地，金头鲷在低温胁迫下，其血液中 ACP 的含量也下降。有趣的是，都下调的 ACP 和 GlcNAc 具有相反的功能，也就是去磷酸化和磷酸化，它们对应的靶代谢底物都是上调的 D-甘露糖。然而，目前没有证据支持 ACP 和 GlcNAc 激酶之间存在竞争关系。显然，D-甘露糖的代谢机制在低温胁迫下仍不清楚，需要更进一步的研究。肝脏在葡萄糖稳态中起重要作用，并且肝脏胰岛素耐受性是葡萄糖耐受不良的一个反映。先前的研究揭示了冷应激能够加强老鼠的胰岛素耐受性。溶质载体家族 2、促进葡萄糖转运蛋白成员 1（slc2a1）是胰岛素抵抗通路的一部分。研究发现，slc2a1 的缺乏会引起斑马鱼的一系列神经缺陷疾病。本研究中，Slc2a1 的上调，可能是暗纹东方鲀在抵抗低温时所面临疾病威胁的本能反应。Slc2a1 通过恶性肿瘤通路中的碳代谢，来增加 L-亮氨酸的代谢；而 L-亮氨酸可以增加生长性能，提高代谢能力，然后增强罗非鱼和青鱼幼鱼的非特异性免疫力。在另一方面，Slc2a1 也通过胰岛素抵抗通路起作用，以增强乙酰肉碱的代谢。一些研究已经表明，乙酰肉碱在硬骨鱼类和大鼠都具有抗氧化作用。乙酰肉碱是 L 型肉毒碱的乙酰化形式，同样地，本研究也发现 L 型肉毒碱的代谢在增强；而 L 型肉毒碱，可增强尼罗罗非鱼和鲤的耐寒性。

生物体的损伤和防御水平，是机体应对应激耐受能力的直观表现。尿苷磷酸化酶 2（UPase2）在嘧啶代谢中起关键作用，其通过催化尿苷向尿嘧啶的异化和磷酸化，来调节血浆和组织中尿苷浓度以保持自我平衡，从而实现核酸的回收和再利用。当 UPase2 蛋白上调时，表明尿苷催化反应增强，会导致尿苷减少。因此，在 Cheng 等的研究中，发现低温应激可导致暗纹东方鲀 DNA 损伤，原因之一可能是尿苷代谢的失衡。环境胁迫会干扰细胞内氧化还原的平衡、诱导胞内大分子化合物的氧化修饰、加速细胞凋亡、抑制蛋白产生。为维持这一生理条件，硬骨鱼类逐步形成一个复杂的抗氧化调控机制，如通过活性氧（ROS）的产生去保护细胞免受伤害。本试验 DAAO 蛋白的上调，预示着 ROS 的产生正在增强。相应地，抗氧化的酶也在积累，它们的活性也显著提高。如具有解毒作用的谷胱甘肽转移酶（GST），并且这个结果与代谢组所揭示的谷胱甘肽二硫化物代谢显著增强相呼应。不仅如此，GST 还可通过促进三肽 GSH 与许多潜在有害亲电基质的附着，来防止细胞膜和其他大分子的损伤。相反地，保护细胞抵抗氧化应激压力的 QSOX1 发生了下调，这可能是各种解毒蛋白之间存在某种程度的协调配合。研究表明，RDH12 和 TFRC1也参与了抗氧化过程，然而，它们在鱼类抗氧化方面的研究是非常有限的。也许，它们参与抗氧化反应是通过其他途径间接的介导。HSP90 的表达显著上调，这意味着当细胞受到如低温、高温、辐射炎症、毒素、缺氧胁迫时，HSP90 都是响应压力的关键组成部分。相似地，Cheng 等也证实了 HSP90 在低温胁迫下会上调其转录水平。而高温同样能诱导暗纹东方鲀 HSP90 的转录上调，这再次说明，HSP90 在应对环境温度变化时具有多重的调控功能。HSP90 在转录和蛋白水平都能够显著上调，表明其具有保护暗纹东方鲀体内细胞免受温度胁迫负面影响的生理作用。因此，HSP90 可以作为温度对暗纹东方鲀影响水平的一个检测指标。此外，许多关于鱼类对低温胁迫的研究，都报道了 CSDE1 和CIRP 的抗氧化特性，这与本研究的结果是一致的。总而言之，这些结果反映了 ROS 形成与生物系统解毒功能之间存在失衡的现象，从而造成氧化损伤。

（4）线粒体蛋白　线粒体是有氧代谢的主要场所，外部环境的变化会导致线粒体改变其功能。蛋白质组学分析显示，11 个 DEP 与线粒体功能相关。上调的蛋白质（如PRODH、TOMM20、OAT 和 ATP5J）主要参与能量代谢，这些蛋白表明在低温条件下，能量代谢的进程已经被重塑，以支持增强的代谢速率。线粒体细胞色素 C 氧化酶具有调节细胞能量代谢和凋亡的双重功能，细胞色素 C 氧化酶的上调表明，低温胁迫激活了线粒体凋亡途径，这与 Cheng 等的研究结果是一致的。褐色和米色脂肪组织可以通过热原性呼吸，将化学能作为热量散发，但这个过程需要解偶联蛋白 1（UCP1）的活化。体内试验表明，低温暴露可以增加小鼠棕色脂肪细胞的数量，而源自线粒体的 ROS 可以逆转这一过程。因此，暗纹东方鲀上调 UCP1 以应对低温胁迫，可能是为了增加棕色脂肪细胞的数量并增强能量代谢，但也诱导 ROS 的产生以平衡该过程。可见，有机体的ROS 产生和消除是一个综合的生物过程。与本研究的结果相似，冷胁迫斑马鱼时，4 种UCPs 的 mRNA 水平显著增加。这表明，当面对长时间的低温胁迫时，脂肪产生的能量对于硬骨鱼类是必不可少的。当然，这其中的关联仍需要进一步的探讨。

在下调的蛋白里，GATA 能够减少谷氨酰胺（Gln）的转移，以保护肝脏。MPC1 蛋白主要通过调节丙酮酸，来影响糖酵解过程。因此，其下调对糖酵解有影响。而 PNPT1已被证实，当它下调时就会减少线粒体中的 RNA，并导致呼吸链的缺陷。MPC1 的下调，很可能表明在低温下暗纹东方鲀的能量供应主要来源于其自身脂肪（UCP1）的分解。总的来说，这些上调或下调的蛋白，预示了暗纹东方鲀肝脏的线粒体功能已经发生显著的变化。

综上所述，多组学联合分析整体揭示了暗纹东方鲀响应低温胁迫，在转录、翻译和代谢水平的变化（图 5-21）。通过整合分析，初步认为暗纹东方鲀应对低温胁迫的调控机制，主要是通过增强不饱和脂肪酸的代谢、胆汁盐的运输、维生素摄取和抗氧化能力来实现。这些差异物，主要影响暗纹东方鲀的生长、免疫、抗氧化。此外，在这生理生化过程中共表达的 DEGs-DEP，可以作为研究暗纹东方鲀耐寒性状的潜在目标；而差异代谢物可以用作饲料添加剂，来研究它们是否可以增强暗纹东方鲀的耐寒性。这些研究结果为研究鱼类的冷应激反应提供了新的见解，同时可促进暗纹东方鲀分子育种的研究。

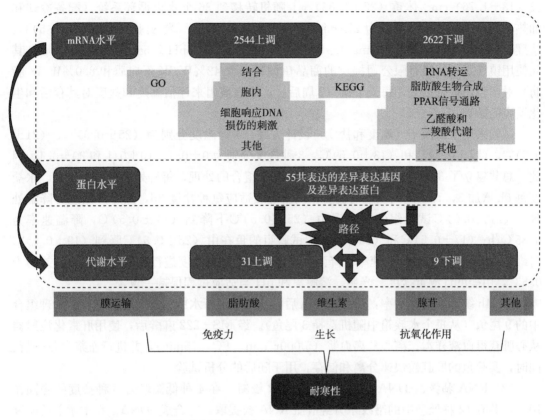

图5-21 暗纹东方鲀在不同水平下应对低温胁迫潜在的分子机制

### （五）低温下盐度对暗纹东方鲀生理生化的影响

适宜的盐度能够提高暗纹东方鲀的生长速度和存活能力。暗纹东方鲀在长途越冬迁徙的过程中，需要对环境中水温和盐度的变化适应。这些适应过程包括调节肝功能、血液生理、氧化应激、免疫系统、激活凋亡途径和改变不饱和脂肪酸的水平。通过多组学联合分析（转录-蛋白-代谢）研究获得了一些可作为这些适应过程的标记基因，如 *slc2a*1、*BSEP*、*G protein*、*HSL*、*ACAD*、*HSP*90。此外，转录组和蛋白质组都富集到丝裂原活化蛋白激酶（mitogen-activated protein kinases，MAPK）信号通路。p38MAPK属于"应激诱导"的 MAPK，它通过改变自身的磷酸化水平去激活其下游如 *p*53、*Elk*-1、*MEF*2 和 *ATF*2（map04010，https://www.genome.jp/kegg/pathway.html）等转录因子，进而参与细胞凋亡的调控。因此，暗纹东方鲀肝脏是否通过 p38MAPK 通路的调控来激活凋亡，以响应低温胁迫；低温条件下，盐是否通过激活 p38MAPK 来实现对暗纹东方鲀低温耐受的调控，对此我们都不清楚。本章探讨低温下盐度对暗纹东方鲀生理生化的影响，旨在揭示盐度和温度之间对于暗纹东方鲀生理调控可能存在的协同机制，为进一步研究暗纹东方鲀安全越冬提供相关的理论基础。

**1. 材料和方法**

（1）试验设计　将江苏中洋集团股份有限公司海安基地提供的 720 尾暗纹东方鲀［体长（13±1.76）cm、体重（22±2.85）g］随机转移到 36 个水再循环系统（配备冷却和加热功能，体积 80L，流量为 2L/min），每个水族箱 20 尾。将实验鱼在（25±0.5）℃、盐度 0±0.1、溶解氧浓度＞7mg/L、L/D 光周期 12h/12h、pH 7.5±0.5 下适应 2 周。其间使用镇江嘉吉饲料有限公司提供的商品鱼饲料（含 42%$W/W$ 蛋白质和 8.0%$W/W$ 脂肪）对实验鱼进行投喂，每天 2 次。2 周后，这些鱼被用来评估温度和盐度对其存活和生化反应的影响。

试验采用了双因子（温度和盐度）设计方案。4 种温度分别为（25±0.5）℃、（21±0.5）℃、（17±0.5）℃和（13±0.5）℃，3 种盐度分别为 0±0.1、10±0.1 和 20±0.1。因此，总共建立了 36 个独立的试验，包括 4×3 个组合的处理，每种处理设 3 个重复。水盐度每 6h 增加 3，直至达到预定的盐度；幼鱼继续适应每种盐度 3d，然后开始进行降温处理。（21±0.5）℃试验组的鱼水温由（25±0.5）℃下降到（21±0.5）℃，降温速率为 0.85℃/h；（17±0.5）℃和（13±0.5）℃试验组的鱼在由（25±0.5）℃降到（19±0.5）℃时维持 12h，然后以相同的速率下降到预设温度。系统对温度进行控制和监测，误差为±0.5℃，用盐度计测量盐度。光照、溶解氧和 pH 与适应过程保持一致。

每 24h 统计 1 次存活率，待处理 96h 后，从 3 个平行水族箱中随机选择每种处理组合中的 9 尾鱼（从每个水族箱中随机选择 3 尾鱼）。经 MS-222 麻醉后，使用肝素化注射器从心脏获得血液样本。离心分离血浆（5 000r/min，4℃，15min），并进行血浆参数分析。同时，实验鱼的肝脏被快速分离和储存，用于随后的分析试验。

（2）RNA 抽提、cDNA 合成、RT-qPCR 检测　在 4 种低温联合 3 种盐度的协同作用下，共有 12 种处理中的暗纹东方鲀肝脏 RNA 被提取，并合成 cDNA。在本章节的研究中，先天性免疫、氧化应激、脂肪酸代谢、凋亡、p38MAPK 下游转录因子、胆汁酸盐分泌的相关基因，被作为检测其功能水平的标志物。具体基因分类和引物见表 5-17。

表 5-17　基因及其引物

| 功能 | 基因名称 | 引物（5'-3'） |
| --- | --- | --- |
| 先天性免疫 | *Interleukin-4*（IL-4） | F: GCAGCTCCGGTCAATCCATA<br>R: GCTGTTCATGTTCAGGTGGC |
| | *Interleukin-4 receptor alpha*（IL-4Rα） | F: ATCAGGCTCAAACAGCCCTC<br>R: CAGGAAACCACCGTATGGCT |
| | *INFγ* | F: AAAGCTCCCAGTGTGACCAG<br>R: AGGTTGTGCGAGTCGTTTCT |
| | *INFγ receptor*（INFγR） | F: TCCTGCAATGGAGCTACGAC<br>R: TGCCATCACACTCAGCATGT |
| 氧化应激 | HSP90 | F: CAAGTCTGGCACCAGCGAGTTC<br>R: ACGAGGAAGGCGGAGTAGAAGC |
| 脂肪酸代谢 | *G protein* | F: TATGCAATGCACTGGGGGAG；<br>R: TAATTCCCAGAGGGGGCGTA |

（续）

| 功能 | 基因名称 | 引物（5′-3′） |
| --- | --- | --- |
| 脂肪酸代谢 | *Hormone - sensitive lipase*（HSL） | F：TGACGTCCACCCACGTTAAG<br>R：TCCTGTCCTTCACGCAAGTC |
| | *Acyl - CoA desaturase*（ACAD） | F：GTCGACGGTGGAGGATGTTT<br>R：AGCAAACGGCACTCCATACA |
| 凋亡 | BCL - 2（抑制凋亡） | F：CATCACTCCTGACACGGCTT<br>R：CAAACCAGTTGGCTCGCATC |
| | *Caspase* 9（凋亡起始） | F：CACCTGTCATCCCAGTTCCC<br>R：TACGATCGTTCAGCTCGCTC |
| | *Caspase* 7（凋亡执行） | F：GCGCCCGTACATTAGGGTTA<br>R：GGCAGATTTCAGCAGGGAGT |
| | *Caspase* 3（凋亡执行） | F：GACAACAGTCGGGTTCGTCT<br>R：CCGAGGCTCGAGAACACTTT |
| p38MAPK<br>下游转录因子 | *Myocyte enhancer factor* 2（MEF2） | F：GGAGTGAGGACATAAGAGGC<br>R：TTTTGGCAAACTAAACGAAG |
| | P53 | F：CCTGGGTAATCGGTGGTAA<br>R：ATCTGTGGGAGAATGTGGC |
| | *Activating transcription factor* 2（ATF2） | F：AGTCCAACCTCCTCACAAT<br>R：CGTCCATAAGCACAAGCA |
| | *ETS domain - containing protein Elk - 1* | F：CCGCGTTCACCTTATCCA<br>R：AACCAGACCCGCCACTTA |
| 胆汁酸盐分泌 | *Solute carrier family* 2, *facilitated glucose transporter member* 1（Slc2a1） | F：ACAGGTCTTCGGTCTGGAGT<br>R：TTTGAGCACGATCAGCAGGT |
| | *Bile salt export pump*（BSEP） | F：ACGCCAAAGCCAAGATCTCA<br>R：GTGTGATCGCACATTACCGC |
| | *Canalicular multispecific organic anion transporter*（cMOAT） | F：TGTCTCTGTTCACGAGGTGC<br>R：AACACGGTGGGGTTCTTTGT |
| 内参 | *β - actin* | F：AAGCGTGCGTGACATCAA<br>R：TGGGCTAACGGAACCTCT |

（3）酶活性检测

①样品制备：快速称取100～250mg 肝脏组织，0.85％生理盐水（预冷）漂洗2～3次，除去组织中残留的血液，滤纸吸干组织表面水滴，称重，记录后置于离心管中。按1g∶9mL 吸取相应体积的生理盐水，冰水浴条件下迅速剪碎组织，并用匀浆机研磨、备用。将组织匀浆（10％）离心（12 000r/min，10min，4℃），取上清液按1∶9加入0.85％的生理盐水，配置为1％的匀浆样品，用于后续各种指标的检测。

②蛋白浓度测定：用考马斯亮蓝法测定蛋白浓度，分别取0.05mL 的双蒸水（空白）、0.563g/L 蛋白标准品（标准）和待测样品，加入3mL 考马斯亮蓝显色液，混匀，静置

10min，595nm 波长处测定，记录。按以下公式测定：

$$待测样本蛋白浓度（g/L）=\frac{（测定\ OD\ 值-空白\ OD\ 值）}{（标准\ OD\ 值-空白\ OD\ 值）}\times 标准品浓度（0.563g/L）$$

③酶活性测定方法：以下检测指标的试剂盒均采购自南京建成生物公司，检测对象为肝脏组织，详细的试验步骤参照试剂盒说明书。所有的结果均通过全自动生化分析仪测定特定波长下的吸光度后，再运用说明书上的公式或标准品曲线，计算出相应的浓度。

肝功能部分：总胆汁酸（TBA，E003-1），碱性磷酸酶（ALP，A059-2）。

氧化应激部分：超氧化物歧化酶（T-SOD，A001-1），谷胱甘肽过氧化物酶（GSH-PX，A005），丙二醛（MDA，A003-1）。

免疫部分：鱼组织溶菌酶（LZM，A050）酶联免疫检测试剂盒，鱼组织免疫球蛋白（IgM，H109）酶联免疫检测试剂盒。

（4）血液参数检测　使用自动血液分析仪（PE-6100，普康）评估血液中的淋巴细胞、嗜中性粒细胞（南京赛维尔生物公司，南京，中国）。全自动生化分析仪 Beckman DxH800（Beckman Coulter，USA）用于测定血浆中谷丙转氨酶（ALT，C009-2）、谷草转氨酶（AST，C010-2）、葡萄糖（GLU，F006）、甘油三酯（TG，F001）、皮质醇（Cortisol 酶联免疫检测试剂盒，H094）、总胆固醇（T-CHO，A111-1）的含量，相关试剂盒购于南京建成生物公司（南京建成生物工程研究所，南京，中国）。

（5）Western bolt 检测相关蛋白　抗体信息：热休克 90 蛋白（HSP90，D 220009，上海生工）；p38MAPK（Cell Signaling Technology，# 8690）；Phospho-p38（p-p38，Santa Cruz Biotechnology，sc-166182）。

①总蛋白质提取：取 100～250mg 组织样品，加入预冷的 Lysis Buffer（1mL），置于冰上匀浆制造组织磨碎，离心，取上清液，测定上清液中蛋白含量。蛋白样品与 5×SDS 上样缓冲液按 4:1 加入管中，煮沸，备用。

②SDS-PAGE 电泳：配制 SDS-PAGE 分离胶（12%）、分离胶（5%），按每孔 4μL 蛋白上样，电压 80V，浓缩 15min，120V 分离 1h。

③转膜：剪取大小适当的 PVDF 膜，放入甲醇中 15s 激活，将滤纸用转膜缓冲液浸湿，小心取下分离胶，按目的条带所在位置进行裁剪，按照滤纸-滤纸-分离胶-PVDF 膜-滤纸-滤纸的顺序叠放，小心赶出气泡，压实。冰水条件下，300mA，电泳 100min。

④免疫反应：将转有蛋白的 PVDF 膜置于小牛血清封闭液（5%）中，低转速条件下，封闭 1h。将封闭液倒出，用 TBST 溶液进行清洗，每次 10min，清洗 3 次。将清洗后的 PVDF 膜取出，小心剪下含有目的蛋白的条带，分别加入含有目的基因抗 HIF-1α 兔多克隆抗体（稀释 1:1 000；博士德生物技术，武汉，中国）和抗 β-actin 鼠多克隆抗体（1:2 700；Sigma，StLouis，MO，USA），4℃孵育 12h。取出目的条带，用 TBST 溶液进行清洗，每次 10min，清洗 3 次。加入二抗（山羊抗鼠，稀释 1:3 600；山羊抗兔，稀释 1:3 200），室温条件下孵育 3h。终止反应，将膜取出，避光条件下，置于显色液中 3min，取出进行拍照。

⑤灰度值检测：使用 ImageJ 对采用 Western blot 法得到的目的条带进行灰度值分析。每个条带取 3 次灰度值进行平行，与内参条带灰度对比以除去蛋白上样误差，从而获得蛋白条带灰度的相对值。

（6）Tunel 法检测细胞凋亡　将肝脏组织置于 10% 的生理盐水中，随后取出，经石蜡包埋后进行切片（厚度 $6 \sim 7\mu m$）。根据试剂盒（南京建成生物工程研究所，南京，中国）说明书，使用脱氧核糖核苷酸末端转移酶介导的 dUPT 缺口末端标记（Tunel）进一步检测切片。首先，将切片脱蜡及水合，与新制备的 3% 过氧化氢（$H_2O_2$）在 PBS 中孵育 10min，以阻断内源性过氧化物酶活性。每个载玻片用 $10\mu g/mL$ 的蛋白酶 K 溶液，在 37℃反应 10min。将样品浸入 $50\mu L$ 末端脱氧核苷酸转移酶（TdT）中，并在 37℃下孵育 2h。随后，用辣根过氧化物酶标记的链霉抗生物素蛋白（HRP－链霉抗生物素蛋白）加盖玻片，在 37℃湿润避光反应 30min，然后用 $3,3'$－二氨基苯甲酸（DAB）染色 15min。最后，将细胞核用苏木精复染 30s。在阳性细胞的细胞核中会出现棕黄色颗粒。细胞凋亡指数（AI）是在 20×物镜下，随机选择的 5 个非重叠视野中每个细胞总数计数的阳性细胞的百分比。

**2. 结果**

（1）存活率 试验开始 24h 后，12 种处理组均未出现死亡（表 5-18）。当处理 48h 后，013（0，13℃）和 2013（20，13℃）均出现少量死亡。2025（20，25℃）、017（0，17℃）、2017（20，17℃）、1013（10，13℃）则在 72h 处理后出现死亡；而在 96h 后，首次出现死亡的处理组是 1017（10，17℃）。只有 21℃时，各种盐度的处理均未出现死亡现象。从趋势上看，出现死亡的处理组都随着时间的推移而加剧。当盐度为 10 时，13℃和 17℃处理组出现死亡的时间均比盐度为 0 和 20 延迟。值得关注的是，在 13℃下，盐度 10 相对于盐度 0 处理能够明显减少死亡率，且随着处理时间的增加更为显著。

表 5-18 低温下盐度对幼鱼存活率的影响

| 温度（℃） | 盐度 | 24h 存活率（%） | 48h 存活率（%） | 72h 存活率（%） | 96h 存活率（%） |
| --- | --- | --- | --- | --- | --- |
| | 0 | 100±0 | 100±0 | 100±0 | 100±0 |
| 25 | 10 | 100±0 | 100±0 | 100±0 | 100±0 |
| | 20 | 100±0 | 100±0 | 95.0±4.1 | 90±4.1 |
| | 0 | 100±0 | 100±0 | 100±0 | 100±0 |
| 21 | 10 | 100±0 | 100±0 | 100±0 | 100±0 |
| | 20 | 100±0 | 100±0 | 100±0 | 100±0 |
| | 0 | 100±0 | 100±0 | 93.3±2.4 | 81.7±2.4 |
| 17 | 10 | 100±0 | 100±0 | 100±0 | 95.0±0 |
| | 20 | 100±0 | 100±0 | 88.3±4.7 | 85.0±4.1 |
| | 0 | 100±0 | 93.3±6.2 | 75.0±7.1 | 55.0±4.1 |
| 13 | 10 | 100±0 | 100±0 | 91.7±2.4 | 86.7±2.4 |
| | 20 | 100±0 | 96.6±2.4 | 91.7±2.4 | 81.7±6.2 |

（2）肝功能 多组学联合分析的结果显示，与胆汁酸盐分泌相关的肝功能基因发生变化。因此，本章将这些基因的表达和相应的酶，作为指示肝功能应对不同环境变化的检测指标。如图 5-22（A）所示，盐度 0 时，*BSEP* 基因在低温下的表达均大于常温组；而盐度 10 时表现出了相反的趋势，而且盐度 10 能够诱导该基因大量表达。盐度 20 时，各种温度处理对其表达的影响变化不大。说明低温能够诱导肝脏胆酸盐的分泌，并且在适宜的盐度下能够提高这一水平。在葡萄糖转运方面，促葡萄糖转运蛋白 *slc2a*1 见图 5-22（B），

随着温度的降低而升高；同样地，盐度10也能促进其表达。

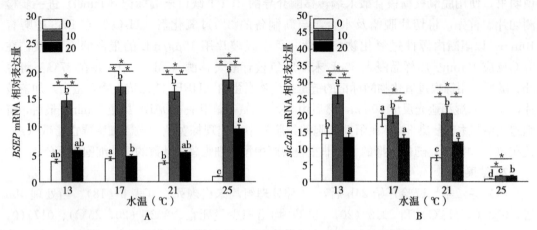

图 5-22　低温下盐度对肝功能相关基因的表达影响

注：*BSEP*（A）和 *slc2a1*（B）基因的表达；不同小写字母代表同盐度下不同温度的处理组之间具有显著性差异（$P < 0.05$）；黑线上方的星号表示同温度下不同盐度的处理组之间具有显著性差异（$P < 0.05$）。

在肝功能相关检测中，如图 5-23（A），ALP 在不同温度下并未出现显著差异；仅于 25℃时在不同盐度出现差异，说明温度对其影响并不大。肝脏总胆汁酸 TBA 如图 5-23（B），分泌则在盐度 0 时，低温组都高于常温组（25℃），而加盐后都能促进其分泌。

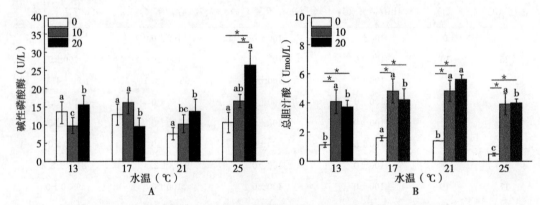

图 5-23　低温下盐度对碱性磷酸酶活性和总胆汁酸含量的影响

注：碱性磷酸酶（A）和总胆汁酸（B）的含量的活性；不同小写字母代表同盐度下不同温度的处理组之间具有显著性差异（$P < 0.05$）；黑线上方的星号表示同温度下不同盐度的处理组之间具有显著性差异（$P < 0.05$）。

（3）脂类代谢　在基因表达方面，*ACAD*（图 5-24A）和 *HSL*（图 5-24C）在盐度 0 和 10 时，都呈现随温度下降而上调的趋势；而在 2025（盐度 20，25℃）环境下，有较高的表达。G 蛋白的表达（图 5-24B）随温度的下降，在盐度 0 和 10 呈现出先上升后下降的趋势；盐度 20 则体现出低温的表达低于常温。

在血脂中，总胆固醇（T-CHO，图 5-25A）在盐度 0 和 10 都呈现下调的趋势；而相对于盐度 0、10 的刺激，能使 T-CHO 在 13℃和 17℃都显著上调。相反地，葡萄糖

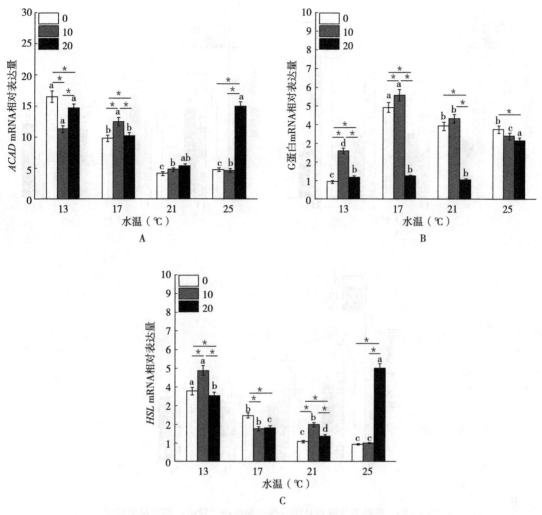

图 5-24 低温下盐度对脂代谢相关基因的表达影响

注：酰基辅酶 A 脱氢酶（A）、G 蛋白（B）、激素敏感脂肪酶（C）基因在肝脏中的表达；不同小写字
母代表同盐度下不同温度的处理组之间具有显著性差异（$P<0.05$）；黑线上方的星号表示同温度下不同盐
度的处理组之间具有显著性差异（$P<0.05$）。

（GLU，图 5-25B）和甘油三酯（TG，图 5-25C）则呈现上调的趋势；并且在 13℃ 或
17℃ 时，添加盐度 10 后，都使得它们含量下调。

（4）氧化应激 在血液中，皮质醇（图 5-26D）随着温度的降低而升高。在 13℃ 和
17℃ 时，添加盐度 10 后均能够降低其含量。在肝脏的氧化应激酶活中，GSH-PX
（图 5-26B）在 13℃ 和 17℃ 下，加盐能够显著降低其含量；而在 21℃ 或 25℃ 下，盐度 10
则能够提升其浓度。如图 5-26C，添加 10 的盐度后，在各个温度都能够降低 MDA 浓
度。除了盐度 20 外，盐度 0 和盐度 10 的 MDA 浓度随温度的降低，均呈现先增后降的趋
势，且在 17℃ 时最高；而盐度在 20 以下，25℃ 呈现了较高的含量。同样地，T-SOD
（图 5-26A）也在 2025（盐度 20，25℃）显示较高的浓度；盐度 0 和盐度 10 的 T-SOD
浓度随温度的降低，均呈现先增后降的趋势。

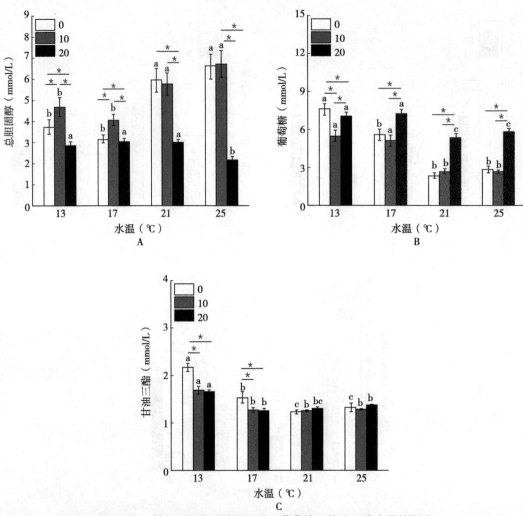

图 5-25  低温下盐度对总胆固醇、葡萄糖、甘油三酯含量的影响

注：总胆固醇（A）、葡萄糖（B）、甘油三酯（C）在血液中的含量；不同小写字母代表同盐度下不同温度的处理组之间具有显著性差异（$P<0.05$）；黑线上方的星号表示同温度下不同盐度的处理组之间具有显著性差异（$P<0.05$）。

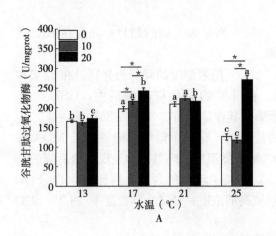

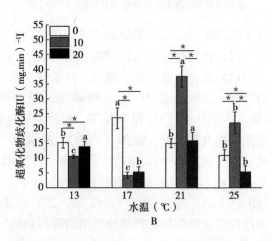

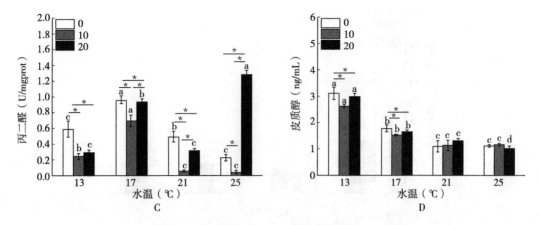

图 5-26 低温下盐度对氧化应激相关酶、丙二醛、皮质醇的影响

注：谷胱甘肽过氧化物酶（A）、超氧化物歧化酶（B）在肝脏中的活性，丙二醛（C）在肝脏中的含量，皮质醇（D）在血液中的含量；不同小写字母代表同盐度下不同温度的处理组之间具有显著性差异（$P<0.05$）；黑线上方的星号表示同温度下不同盐度的处理组之间具有显著性差异（$P<0.05$）。

（5）HSP90　如图 5-27（A）所示，HSP90 在 013 试验组中表达量最高，其次是 1013，接着 2013。最低的是 021、1021、1017。HSP90 在 mRNA 水平的表达与蛋白水平近乎是一致的。如图 5-27（B），随温度的下降，HSP90 的表达总体都呈现上升的趋势。同种盐度下，13℃的 HSP90 表达量都是最高的，并且在 13℃的环境中，随着盐度提高，HSP90 基因的表达则下降。

（6）先天性免疫

A. 血液免疫参数的变化：谷丙转氨酶（ALT）和谷草转氨酶（AST）在 3 种盐度的水环境中，都随着温度的降低而升高。相对于 013 组、1013 组的 ALT 和 AST 含量显著降低（图 5-28A、B）。

25℃的嗜中性粒细胞数（Gran）都高于其他温度组；而且在 13℃时，添加盐度 10 能够使其含量显著高于盐度 0 和盐度 20（图 5-29A），淋巴细胞（LYMPH）的这种现象表

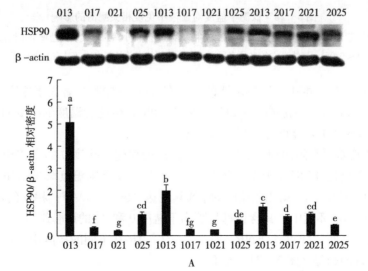

A

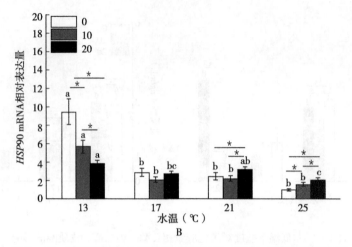

图 5-27　低温下盐度对 HSP90 在蛋白和 mRNA 水平的表达影响

注：A 代表 HSP90 在蛋白水平的表达，B 代表 *HSP90* 在 mRNA 水平的表达；灰度分析采用 ImageJ 软件，试验重复 3 次；不同小写字母代表处理组之间具有显著性差异（$P<0.05$）；黑线上方的星号表示同温度下不同盐度的处理组之间具有显著性差异（$P<0.05$）。

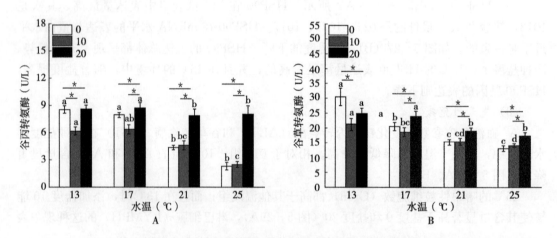

图 5-28　低温下盐度对血液中免疫相关酶活的影响

注：谷丙转氨酶（A）和谷草转氨酶（B）在血液中的含量；不同小写字母代表同盐度下不同温度的处理组之间具有显著性差异（$P<0.05$）；黑线上方的星号表示同温度下不同盐度的处理组之间具有显著性差异（$P<0.05$）。

现更为明显。在 4 种温度中，LYMPH 的含量在盐度 10 中都显著高于盐度 0 和盐度 20 的水环境（图 5-29B）。红细胞数（RBC）（图 5-29C）会随着温度的降低而减少，添加盐度 10 在 13℃水环境下，能够显著提高其含量。

B. 肝脏免疫基因和溶菌酶、免疫球蛋白酶活的变化：盐度 0 的水体中，IgM 的含量随温度下调呈现出先升后降的趋势；添加盐度 10 后，呈现随温度降低而下调的趋势。在 13℃和 17℃的水环境下，添加盐则能够降低其表达（图 5-30A）；相反的，LZM 在盐度 10 的 13℃和 17℃水环境中，其含量都显著高于盐度 0 和 20 的试验组（图 5-30B）。

在基因表达方面，*IFN*、*IFNR*、*IL-4*、*IL-4R* 在不同的盐度中，都呈现出随温度降低而表达下调的趋势（图 5-31A 至 D）。

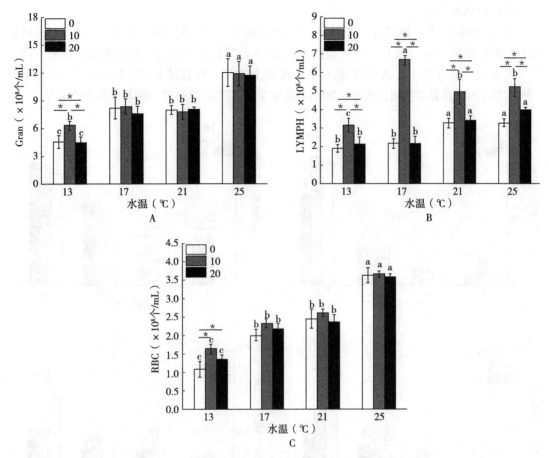

图 5-29 低温下盐度对血液中免疫相关细胞数量的影响

注：中性粒细胞（A）、淋巴细胞（B）、红细胞（C）在血液中的含量；不同小写字母代表同盐度下不同温度的处理组之间具有显著性差异（$P<0.05$）；黑线上方的星号表示同温度下不同盐度的处理组之间具有显著性差异（$P<0.05$）。

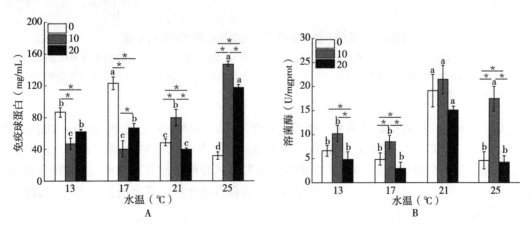

图 5-30 低温下盐度对肝脏中免疫球蛋白和溶菌酶的影响

注：免疫球蛋白（A）在肝脏中的含量和溶菌酶（B）在肝脏中的活性；不同小写字母代表同盐度下不同温度的处理组之间具有显著性差异（$P<0.05$）；黑线上方的星号表示同温度下不同盐度的处理组之间具有显著性差异（$P<0.05$）。

**（7）细胞凋亡**

Tunel 检测结果：如图 5-32 所示，12 种处理下，暗纹东方鲀肝脏发生了不同程度的凋亡。凋亡指数显示（图 5-33），盐度 0 和 10 下，凋亡水平都会随着温度的下降而升高。在 13℃ 和 17℃ 的条件下，盐度 10 相对于 0 和 20 的盐度，能够显著降低凋亡水平。21℃ 时，3 种盐度都无法显著改变凋亡水平。2025（盐度 20，25℃）的处理，则呈现高凋亡水平。

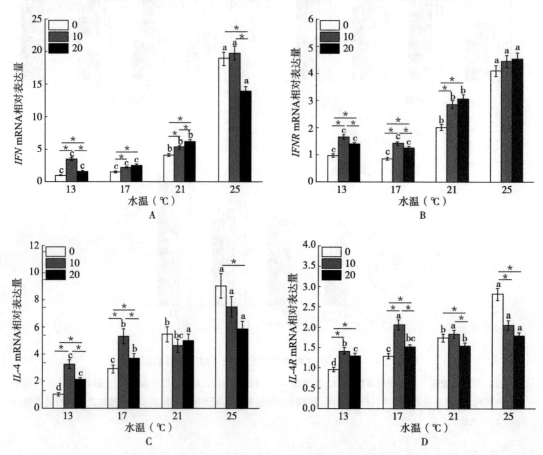

图 5-31 低温下盐度对肝脏中免疫相关基因的表达影响

注：*IFN*（A）、*IFNR*（B）、*IL-4*（C）和 *IL-4R*（D）基因在肝脏中的表达；不同小写字母代表同盐度下不同温度的处理组之间具有显著性差异（$P < 0.05$）；黑线上方的星号表示同温度下不同盐度的处理组之间具有显著性差异（$P < 0.05$）。

**（8）p38MAPK 的磷酸化水平** 磷酸化 p38（图 5-34A，p-p38/β-actin）的表达量显示，2017（盐度 20，17℃）组最高；其次是 013（盐度 0，13℃）和 2013（盐度 20，13℃）组；最低的表达量是 2025（盐度 20，25℃）试验组。而从其磷酸化比例的观察发现（图 5-34B，p-p38/p38），013 组有着最高的磷酸化比例；其次是 2017 组；最低的仍是 2025 试验组。

**（9）*p38MAPK* 下游转录因子** *ATF2*（图 5-35A）和 *ElK-1*（图 5-35B）在 1021、1017、1013 组的表达，都显著高于 021、017、013 组。在不同盐度的作用下，*ATF2* 的表达在低温下都高于或等于常温组（25℃）。*MEF2* 和 *p53* 在 1013 和 2013 组，相对于 013 组的

表达都显著下调；并且它们在 2025 环境下的表达，均大于 025 和 1025 试验组。

（10）凋亡相关基因的表达  $BCL$-2 的表达在盐度 0 和 10 环境下，会随温度降低而下调；而盐度 20 下，只有 17℃的水温会抑制 $BCL$-2 的表达。$Caspase$3 在 0 时，其表达会随温度的下降而升高；盐度 10，则呈现先下降后升高的趋势。$Caspase$7 和 $Caspase$9 则表现出大致相同的趋势，即盐度 0 和 10 条件下，它们的表达随温度下降而升高；而在盐度 20 时，$Caspase$7 和 $Caspase$9 在 25℃的处理下高表达（图 5-32）。

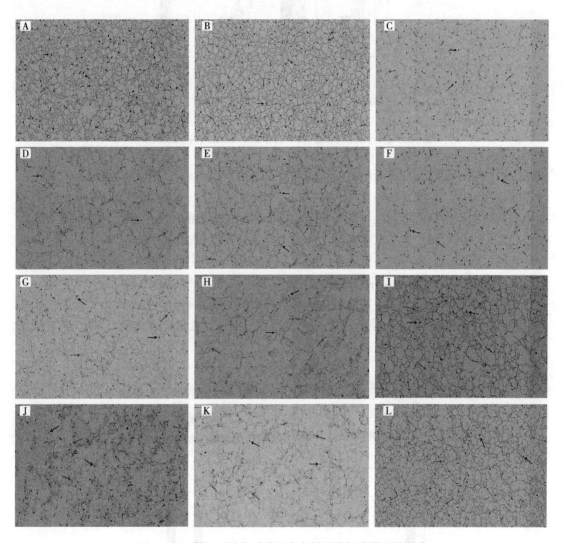

图 5-32  低温下盐度对暗纹东方鲀肝脏细胞凋亡的影响

注：(A) 013、(B) 017、(C) 021、(D) 025、(E) 1013、(F) 1017、(G) 1021、(H) 1025、(I) 2013、(J) 2017、(K) 2021、(L) 2025；棕黄色的点代表阳性的凋亡细胞（黑色箭头）；浅蓝色点或深蓝色点代表阴性正常细胞（红色箭头）。

**3. 小结**  当低温压力超过硬骨鱼类耐受范围后，其往往会主动向有利环境迁移。如暗纹东方鲀的越冬洄游，而在这一过程中，最大的环境变化因子为盐度。有趣的是，同属的红鳍东方鲀，其最适生长温度下限为 15℃，并且只做短程的河口洄游，它并不会同暗

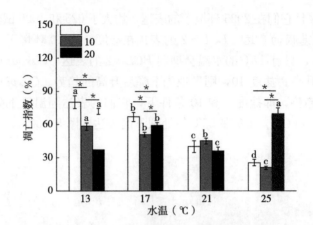

图 5-33　暗纹东方鲀肝脏凋亡指数

注：数据为平均值±标准差（$n=3$）；不同小写字母代表同盐度下不同温度的处理组之间具有显著性差异（$P<0.05$）；黑线上方的星号表示同温度下不同盐度的处理组之间具有显著性差异（$P<0.05$）。

纹东方鲀一样，能够长距离洄游到河流的中游进行繁殖或在越冬时会返回大海。说明栖息环境的盐度差异，可能是它们对低温耐受能力不同的原因之一。存活率统计表明，13℃水温中添加盐度 10 或者 20 的盐，都能够有效降低暗纹东方鲀的死亡数量；且随着时间的增长，暗纹东方鲀的死亡速率也在降低。这说明，适宜的盐能够缓解低温（13℃）对暗纹东方鲀的死亡威胁。然而，这一情况在 17℃水温胁迫时并不明显，在 21℃水温下也无差异；而 2025（盐度 20，25℃）组则出现死亡。说明暗纹东方鲀能够通过自我调节应对低温胁迫，当温度低于某种程度后，盐才会介入暗纹东方鲀的低温耐受；另外，25℃下添加盐度 20 或许对于暗纹东方鲀是一种胁迫，并造成死亡。因此，盐度与低温对于暗纹东方鲀生理和生化的影响，具有非常复杂的协同关系。

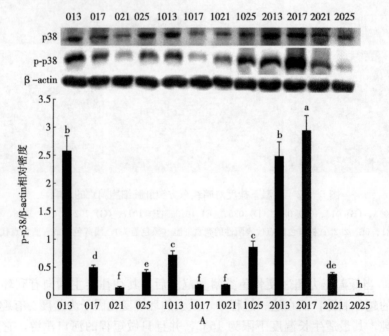

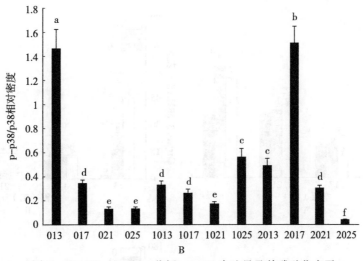

图 5-34 Western blot 分析 p-p38 表达量及其磷酸化水平

注：A 代表 p-p38 蛋白的表达，B 代表 p38 的磷酸化水平；灰度分析采用 ImageJ 软件，所有的试验
重复 3 次；不同小写字母代表处理组之间具有显著性差异（$P<0.05$）。

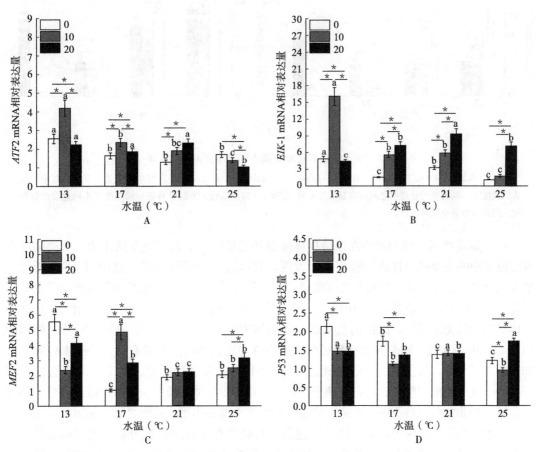

图 5-35 *p*38MAPK 下游转录因子的表达

注：*ATF*2（A）、*Elk*-1（B）、*MEF*2（C）、*p*53（D）基因在肝脏中的表达；不同小写字母代表同盐度下不同温度的处
理组之间具有显著性差异（$P<0.05$）；黑线上方的星号表示同温度下不同盐度的处理组之间具有显著性差异（$P<0.05$）。

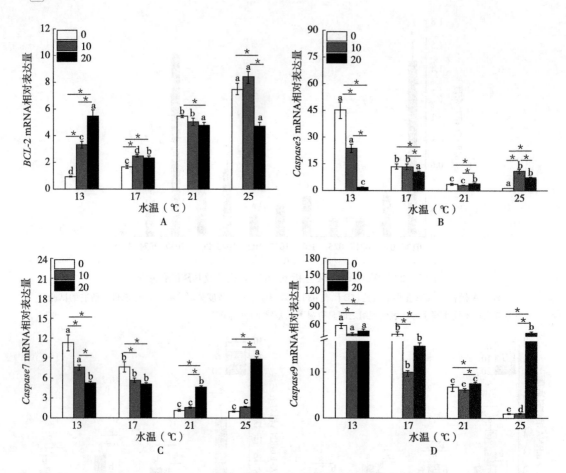

**图 5 - 36　低温下盐度对凋亡相关基因的表达影响**

注：BCL - 2（A）、Caspase3（B）、Caspase7（C）、Caspase9（D）基因在肝脏中的表达；不同小写字母代表同盐度下不同温度的处理组之间具有显著性差异（$P < 0.05$）；黑线上方的星号表示同温度下不同盐度的处理组之间具有显著性差异（$P < 0.05$）。

（1）脂类代谢　动物脂肪在维持机体体温和能量供应上具有重要的作用。检测暗纹东方鲀血脂中的主要成分甘油三酯（TG）发现，TG 随温度下降而上升。这说明 TG 在低温下被大量合成，其主要功能是参与机体能量代谢。相应的，作为直接能源的葡萄糖（GLU）也展现了与 TG 一致的趋势，TG 中的丙三醇可被转化为葡萄糖。GLU 和 TG 的增加，反映了机体对能量的需求增加，以抵消鱼类面对低温压力的影响。而血脂中的另一指标总胆固醇（T - CHO）的表现，则与甘油三酯相反。这或许与它们的功能差异有关，T - CHO 并非是能量的主要来源，其主要用于合成细胞浆膜、类固醇激素和胆汁酸。当 T - CHO 分泌受到了抑制，就会造成细胞膜的稳态受到干扰，进一步造成机体内稳态失衡。相似地，低温胁迫也能够对罗非鱼和斜带石斑鱼血清中的总胆固醇产生抑制作用。除此之外，细胞膜的稳态还受到不饱和脂肪酸含量的影响。维持不饱和脂肪酸平衡的 ACAD 在肝脏中的基因表达，都随着温度的降低而呈现上调的趋势，表明不饱和脂肪酸的产生增多，这与鲤响应低温胁迫的研究结果是一致的。动员细胞内脂肪酸的关键酶（激素敏感脂肪酶，HSL）也呈现相同的趋势；而 G 蛋白的表达则随温度下降，呈现先升后降的趋势。这些结果表明，在冷胁迫作用下机体合成更多的不饱和脂肪酸，以保持细胞膜的流动性。相似的结果也出现在斜带石斑鱼和大黄鱼的研究中，这或许是硬骨鱼类响应低温胁迫的分子机制。此外，在13℃或17℃下，暗纹东方鲀在盐度10水体中的T-CHO显著高于盐度0组；而GLU和TG则相反，这说明10的盐度能够缓解低温对胆固醇的抑制作用，从而降低机体压力并缓解对GLU和TG的需求。此外，在25℃的水温条件下，添加至盐度20的盐可能会对机体造成额外的压力，这种结果体现在，ACAD、HSL、G蛋白的表达在2025组显著高于2021、2017和2013组。这些结果说明，盐能影响暗纹东方鲀响应低温胁迫的脂代谢过程，并且适宜的盐度对脂代谢平衡具有积极的作用；而盐度20与25℃的组合，可能会对暗纹东方鲀的脂代谢造成负面影响。

(2) 氧化应激　随着温度的下降，红细胞数也在减少。南极鱼亚目冰鱼科（Channichthyidae）的16个物种，它们血液中的红细胞含量很低，使得这些鱼运载氧气的能力降低到正常鱼的10%~20%。然而，冰鱼进化出了相应的补偿机制，以适应极地环境；而暖水性的暗纹东方鲀，则遭受到了低温导致机体供养不足的损害。有趣的是，当水温为13℃时，无论是添加盐度10或者是20，都能够显著提高红细胞数。这说明添加适宜浓度的盐，能够缓解暗纹东方鲀在13℃的缺氧状态。相应地，代表压力状态的皮质醇，随着温度的降低而升高，这与大多数暖水性鱼类是相似的，如鲤和罗非鱼。另一方面，相较于无盐环境下，在13℃或者17℃添加盐度后，皮质醇的含量都显著下降。这再次说明温度下降得越多，暗纹东方鲀的应激水平会越高；而增加盐度，能够缓解其低温下的应激水平。另一应激指标甘油三酯则呈现与皮质醇近乎一致的趋势，表明该结果具有较高的可信度。这些生理上的变化，往往都伴随着抗氧化系统的调控作用。抗氧化防御系统是硬骨鱼类面对环境压力的重要调节机制。在过量的ROS影响下，抗氧化防御系统会启动脂质过氧化反应，MDA则是该反应的产物之一，它是细胞损伤的一种基本化合物，因此，MDA通常被作为氧化应激的生物标志物。相应地，机体内广泛存在的一种重要的过氧化物分解酶，谷胱甘肽过氧化物酶（glutathione peroxidase，GSH-Px），能够将有毒的过氧化物还原成无毒的羟基化合物，进而保护细胞不受过氧化物的损害。同样地，SOD也是一种保护机体的抗氧化酶，它被认为是抗氧化毒性的首要防线。本研究发现，除了25℃的其他3种温度条件下，盐度0的MDA含量均大于添加盐度后的含量；2025组则显著高于同盐度或者同温度的组别。此外，添加盐度10后，4种温度条件下的MDA浓度都显著下降。这说明，添加盐度10能够有效降低脂质过氧化反应的水平；而25℃下添加盐度20，则能够加剧这一反应。显然，2025组的处理不仅能够对暗纹东方鲀脂代谢造成负面影响，而且也会增加过氧化物损害细胞的可能。相似地，在重牙鲷（*Diplodus sargus*）、淡水鲇（*Heteropneustes fossils*）的研究中，都发现温度或盐度的胁迫造成MDA的积累；而暗纹东方鲀仔鱼在盐度添加后，常温下会缺乏足够的能量来适应渗透压的变化。这说明，盐和温度之间可能存在一种调控机体生理平衡的机制，就像添加适当的盐度能够缓解暗纹东方鲀面临重金属镉所造成的损害，起到一个保护的作用。在解毒的酶活方面，在13℃和17℃下加盐，能够显著降低GSH-Px的含量；而在21℃或25℃下，盐度10则能够提升其浓度，这与添加盐度后MDA含量降低的表现相反。这说明，GSH-Px与MDA并非是线性关系。在2025组，GSH-Px的含量并不高；与之相反的是，T-SOD则显示了较高的浓度，并且0和10盐度T-SOD含量，随温度的降低均呈现先增后降的趋势。这说明，不同的抗氧化酶在不同的环境或者是在不同的阶段，所发挥的功能具有一定的互补作用。作为应激反应蛋白，HSP90 在预防蛋白质变性方面起着关键作用。在先前的研究中，低温被证明能够诱导 *HSP90* 转录表达的上调。这与本研究的结果一致，再次说明 HSP90 在机体应对低温环境压力的过程起着重要作用。HSP90 在转录和蛋白水平都显著上调，说明它最初的生理功能是保护暗纹东方鲀细胞抵御温度变化所带来的消极影响。在 13℃ 的水温下，添加盐度后都能够显著降低 *HSP90* mRNA 和蛋白的表达；而在其他温度下，蛋白水平和转录水平之间的表达并未完全一致。这是因为复杂的转录后调控机制，影响了转录和蛋白之间的线性关系；而 13℃ 的低温下，或许是因为其应激的程度远超越了转录后的调控程度。由此可见，HSP90 的表达说明添加适宜的盐能够缓解暗纹东方鲀 13℃ 的应激反应。这与 RBCs、Cortisol、TG、GSH-Px、MDA 的含量变化所得到的结论是一致的，并且结合死亡率的趋势也再次验证 13℃ 的低温下添加适宜的盐度能够有效缓解暗纹东方鲀的低温压力。

（3）先天性免疫　温度能够影响水生动物的免疫系统。如 12℃ 下饲养的红鲑（*Oncorhynchus nerka*），其免疫功能主要依赖于其特异性免疫系统。当温度下降到 8℃ 后，其非特异性免疫系统则发挥主要的免疫防御功能；暗纹东方鲀血液的 ALT 和 AST 随着温度的下降而降低，说明温度下降得越多，其承受的生理压力越强，这与先前的研究结果是一致的。盐度 10 与 0 的水环境相比，ALT 和 AST 在 21℃ 和 25℃ 下并无含量差异；而盐度 20 的试验组，则显著高于 10 或 0 的试验组。这与 MDA 和 T-SOD 的表现是一样的，结合死亡率的现象说明，暗纹东方鲀在 25℃ 条件下并不适合添加盐度 20 进行饲养。在 17℃ 或 13℃ 下，添加盐度 10，则能够显著降低 ALT 和 AST 的含量。相似地，温度的下降使得 Gran、LYMPH、RBC 等与免疫相关的细胞含量呈现显著的下降趋势，说明低温能够显著抑制暗纹东方鲀免疫系统，这与大多数硬骨鱼类的研究是一致的。此外，13℃ 时添加盐度 10 后，能够显著提高暗纹东方鲀血液 Gran、LYMPH、RBC 的数量，表明盐度 10 能够加强 13℃ 下暗纹东方鲀的免疫能力。然而，IgM 的表达趋势并不支持这一结论，因为其在低温的含量均显著高于常温（25℃）；而 13℃ 或 17℃ 下添加盐度后，其含量都低于无盐的试验组。Pettersen 等报道，同为溯河洄游的大西洋鲑在迁移出海水的时候，皮质醇能够诱导其 IGF1 的表达；而 IGF1 被 Yada 证实其能够刺激 IgM 的产生。暗纹东方鲀在低温下皮质醇高表达，而加盐后其含量降低或许是影响 IgM 含量的主要原因。有趣的是，本研究发现 LZM 的含量在 17℃ 或 13℃ 时的趋势与 IgM 相反，盐度 10 处理能够有效提升其含量。这说明 LZM 和 IgM 之间存在密切的联系，以保持机体的免疫水平。4 个免疫基因（*IFN、IFNR、IL-4* 和 *IL-4R*）都呈现出随温度降低而表达下调的趋势；相似地，温度的升高能够刺激虹鳟白介素和干扰素的含量上调。此外，*IFN、IFNR、IL-4、IL-4R* 基因的表达有 1 个共同的特点，那就是温度越低，其表达越低；而在 17℃ 或 13℃ 时，添加盐度 10 能够显著提高它们的表达。因此，上述所有结果表明，13℃ 的水环境中添加盐度 10 能够显著提高暗纹东方鲀的免疫能力，或许这是其冬季洄游入海的原因之一。

（4）凋亡和 p38MAPK　氧化应激的调控失去平衡后，就会诱导细胞凋亡。温度越低，暗纹东方鲀肝细胞的凋亡程度越严重，这验证了以前的研究。与此同时，存活率的下降趋势也与凋亡趋势一致，说明肝细胞凋亡的程度与有机体在低温环境下的存活有直接的关系。值得注意的是，当添加盐后，在 13℃ 和 17℃ 的低温时凋亡水平和死亡速率有所缓解，尤其是盐度 10 更为明显。这说明，适当的盐度不仅能够缓解暗纹东方鲀镉胁迫造成的损伤，也能缓解其应对低温胁迫的压力。然而，25℃ 时添加盐度 20 则会加剧凋亡程度，这与同种处理下的 MDA 和 GSH‑Px 所反馈的氧化应激水平是相互验证的。这说明，25℃下添加盐度 20，会威胁暗纹东方鲀的健康甚至存活。相似地，先前的研究报道暗纹东方鲀的特定生长速率（specific growth rate，SGR）在盐度 25 的水体中显著低于低盐度水体，同时，盐度 20 的 SGR 也显著低于盐度 5 的 SGR。该研究还发现，暗纹东方鲀幼鱼（孵化后 3～19d）可以在盐度 0～20、22～24℃的水体中进行培育。本研究发现，在 21℃时，3 种盐度的处理并未造成暗纹东方鲀死亡。这至少说明，盐度 20 的水环境下，水温达到 25℃已经超出了暗纹东方鲀幼鱼的耐受范围。结合暗纹东方鲀的洄游习性，一方面说明暗纹东方鲀在个体发育的不同阶段，对生长温度和盐度之间具有不同的选择；而另一方面，也再次说明盐和温度之间可能存在一种调控暗纹东方鲀生理平衡的机制。相似的，Dennis 等报道，海鳟（*Salmo trutta*）之所以选择再洄游到淡水中越冬，是因为其渗透调节出现了障碍，需要通过改变盐度环境以调节生理平衡。作为凋亡的指示基因，*caspase* 家族的基因表达，与凋亡检测的结果是相互呼应的。首先，作为凋亡的"起始者"，*caspase* 9 的表达会随着温度的下降而增加，这与先前的研究是一致的，但却与斜带石斑鱼的研究相反。而当胁迫进行到 48h 后，斜带石斑鱼肝脏的 *caspase* 9 基因大量表达，这或许是因为物种之间具有不同的低温耐受力。本研究发现，当提高水体盐度后，无论是盐度 10 还是 20 都能够降低 *caspase* 9 在 13℃或 17℃的表达。值得注意的是在 25℃时，20 的盐度加剧了 *caspase* 9 的表达。其次，作为凋亡的"执行者"，*caspase* 7 的表达趋势与 *caspase* 9 几乎是一致的，*caspase* 7 同样在 2025 组的水环境下有较高的表达，这也再次验证了 2025 组的凋亡水平。有趣的是，同为"执行者"的 *caspase* 3 在 2025 组的处理下，其表达并不明显。造成这方面的原因，可能是因为 *caspase* 7 和 *caspase* 3 之间具有不同的分工。如 Brentnall M 等发现，通过激活 *caspase* 9、*caspase* 3 来抑制 ROS 的产生，是有效执行凋亡所必需的；而 *caspase* 7 则扮演分离凋亡细胞的角色。在另一方面，具有抑制凋亡作用的 *BCL‑2* 基因，其可通过增加细胞总抗氧化能力来预防氧化应激。本研究发现，*BCL‑2* 表达会随温度降低而下调，而增加水体盐度后，在 13℃或 17℃时其表达能够显著提高。这意味着低温能够抑制暗纹东方鲀肝脏 *BCL‑2* 的表达，进而提高凋亡速率，而适宜的盐度能够缓解这一现象。

目前，真核生物细胞凋亡发生研究较多的主要是两条途径。第一条是线粒体途径（又称为内源性途径），第二条是经由死亡受体激活的死亡受体途径（也称为外源性途径），它们都与 MAPK 通路存在一定的联系。本研究发现，p‑p38 在 13℃时有较高的含量，并且磷酸化的比例最高；而添加 10 的盐度后，能够有效降低其含量，这或许是盐度 10 为什么能够缓解 13℃下暗纹东方鲀肝脏凋亡的潜在原因。相似地，p38 MAPK 抑制剂，可以降低斑马鱼缺氧后脑细胞凋亡以及凋亡诱导蛋白的表达。然而，氧化应激和凋亡水平都较高的 2025 组，其 p‑p38 的含量并不高，不仅如此，其 p38 磷酸化的比例也是最低的。此外，在大鼠（*Rattus norvegicus*）的研究中，添加盐后能够显著加强 p‑p38MAPK 的表达。显然，这样的结果与暗纹东方鲀是相反的，其原因或许是因为暗纹东方鲀和大鼠对于盐的生理需求是完全不同的。但这些结果至少说明，盐能够影响暗纹东方鲀和大鼠的 p‑p38MAPK 表达。尽管 2025 处理组的 p‑p38MAPK 的表达并不高，但在下游的转录因子中发现，*ElK‑1*、*MEF2* 和 *p*53 在 2025 组的表达均大于 025 和 1025 试验组，这些基因的功能与凋亡是息息相关的。这或许能解释为何 p‑p38MAPK 在 2025 组的表达这么低，而 2025 组却展现了一个高的凋亡指数。当然，这一切都是基于人类和哺乳动物的研究结果去进行分析和讨论，对于低温-盐- p38MAPK -凋亡的关系，在硬骨鱼类的研究仍需要深入探讨。

可见，低温可加剧机体的氧化应激水平，对脂质代谢和免疫系统产生负面影响、加剧凋亡、阻碍肝脏的正常代谢，进而威胁着暗纹东方鲀的生存。在水体中添加适宜的盐度后，能够有效缓解低温带来的压力。具体表现在：降低氧化应激水平、缓解脂质代谢程度、改变免疫系统、改变 p38MAPK 及其磷酸化蛋白的表达，以及 p38MAPK 下游转录因子相关基因的表达。这些基因和蛋白的变化，相应地改变了不同处理下的暗纹东方鲀存活率以及肝的凋亡指数。这些结果表明，盐与低温之间存在调节暗纹东方鲀生理平衡的机制。研究结果不仅为暗纹东方鲀越冬养殖提供理论依据，也为研究低温-盐- p38MAPK -凋亡在硬骨鱼类的关系提供了线索。

### （六）暗纹东方鲀"中洋1号"肌肉应对低温胁迫的响应机制

鱼类的肌肉从组成上来说，可以分为快肌（白肌）和慢肌（红肌）。分布于躯干身部的白色肌纤维称为白肌，侧线部位的红色肌纤维称为红肌。红肌由于富含肌红蛋白因而呈现红色，其能量代谢方式主要为有氧呼吸，爆发力比较弱，但持久性强，专门供作低强度有氧运动的消耗；而白肌属于快速运动单位，是基础代谢率的主体，爆发力强，专门用作高强度的无氧运动的消耗。在形态结构方面，低温会改变肌肉的组织形态，在四指马鲅（*Eleutheronema tetradactylum*）中，肌纤维间隙增大，部分断裂直至肌纤维之间与内部均严重开裂，部分肌纤维溶解并暴露出细胞核。并且低温会影响肌纤维的组成，在22℃、26℃和31℃下孵化斑马鱼卵，孵化后的斑马鱼快肌纤维显著减少。在肌肉组成成分方面，低温胁迫下，奥尼罗非鱼肌肉组织水分显著上调，作为能源物质的粗蛋白和粗脂肪显著下调。虹鳟肌肉中 MUFA 和 PUFA 生物合成量增加。在热应激蛋白方向，黄姑鱼（*Nibea albiflora*）Hsp70 在低温胁迫下也显著上调。综上所述，低温胁迫会影响鱼类肌肉组织的各个方面，并且肌肉作为鱼机体占比最大的组织，在能量供给方面扮演了重要的角色。

**1. 低温胁迫对暗纹东方鲀肌肉组织显微结构和氧化应激的影响**

（1）试验材料、仪器及试剂　健康的暗纹东方鲀由江苏中洋集团股份有限公司提供。在正式试验开始前，鱼被暂养在实验室中 14d，每天投喂 2 次商业饲料（含 42%W/W 蛋白质和 8.0%W/W 脂肪），直到试验开始前的 24h。实验鱼体长（13.0±1.55）cm，体重（25.0±1.85）g。总共 270 尾暗纹东方鲀被随机分布在 9 个具有循环过滤系统和具有冷却和加热功能、容积 80L、流速 2L/min 的水箱中。每个水箱的水温为（25±0.5）℃，盐度为 0.2±0.1，溶解氧浓度＞7.0mg/L，光/暗周期为 12h/12h，pH 为 7.0±0.5。使用 AZ 8372 盐度计（台湾 AZ 仪器公司）测量盐度，使用 8631 AZ IP67 复合水表（台湾 AZ 仪器公司）测量温度、溶解氧和氢离子浓度（表 5 - 19）。

表 5 - 19　主要仪器设备

| 仪器名称 | 型号与产地 |
| --- | --- |
| 多功能酶标仪 | Bio - Rad，美国 |
| 冷冻超速离心机 | Centrifuge 5810R，Eppendorf，德国 |
| 匀浆机 | T - 10 - B - S25，德国 IKA |

（续）

| 仪器名称 | 型号与产地 |
|---|---|
| 脱水机 | JJ-12J，武汉俊杰电子有限公司 |
| 包埋机 | JB-P5，武汉俊杰电子有限公司 |
| 病理切片机 | RM2016，上海徕卡仪器有限公司 |
| 正置光学显微镜 | Nikon Eclipse E100，日本尼康 |

主要试剂：苏木精-伊红（HE）染色试剂盒、SOD测定试剂盒（建成生物，南京）、CAT测定试剂盒（建成生物，南京）、GSH-Px测定试剂盒（建成生物，南京）和MDA测定试剂盒（建成生物，南京）。

（2）试验方法

①低温胁迫及样本收集：暗纹东方鲀的最适温度范围为23～32℃，摄食率在19℃下降，13℃开始冻伤，因此，我们设计了一个温度和时间的双因子试验，其中，13℃和19℃作为设定温度。每次处理重复3次。参考我们先前的研究结果，水温从25℃（对照组）降至19℃和13℃，速率为0.85℃/h，以防止由于快速降温造成的应激。在0、6、24和96h采集样本。从3个平行水箱（每个水箱中3尾鱼）中随机选择每个处理组的9尾鱼，并用MS-222（10mg/L）麻醉。立即收集白肌，然后再用0.86％生理盐水（预冷）冲洗2次以去除血液，然后在−80℃下保存。肌肉用4％多聚甲醛保存，镜下观察。

②酶活性检测：准确称取肌肉100mg，将肌肉在冷生理盐水（0.86％）中以1：9（$W/V$）均质化，在4℃和1 000r/min下离心5min，收集上清液。根据制造商说明书（南京建城生物工程研究所），使用商业试剂盒测量SOD、CAT和GSH-Px活性及MDA浓度。使用Bradford方法测定匀浆的蛋白质浓度。

③苏木精-伊红（HE）染色：A. 石蜡切片脱蜡至水：依次将切片放入二甲苯Ⅰ20min-二甲苯Ⅱ20min-无水乙醇Ⅰ5min-无水乙醇Ⅱ5min-75％酒精5min，自来水洗；B. 苏木素染色：切片入苏木素染液染3～5min，自来水洗，分化液分化，自来水洗，返蓝液返蓝，流水冲洗；C. 伊红染色：切片依次放入85％和95％的梯度酒精脱水各5min，放入伊红染液中染色5min；D. 脱水封片：切片依次放入无水乙醇Ⅰ5min-无水乙醇Ⅱ5min-无水乙醇Ⅲ5min-二甲Ⅰ5min-二甲苯Ⅱ5min透明，中性树胶封片；E. 显微镜镜检：图像采集分析。

④数据处理与分析：采用$2^{-\triangle\triangle Ct}$分析法计算基因的相对表达量，其中，暗纹东方鲀$\beta$-actin为内参基因，利用统计学软件SPSS（18.0；SPSS Inc.，Chicago，IL，USA）对计算得到的数据进行单因子方差分析（One-way ANOVA）。若$P<0.05$，则显著差异。所有数据采用均值±标准差（Means±SD）表示。

（3）结果与分析

①暗纹东方鲀肌肉组织切片观察：如图5-37所示，在试验96h后，对照组样品（25℃）的肌肉没有发生显著的形态学变化。随着时间的推移，在13℃或19℃时，肌肉损伤变得越来越严重，13℃下肌肉的损伤比19℃下更严重。这些疾病包括肌纤维延伸（图5-37B）、肌纤维断裂（图5-37G）和溶解（图5-37H）。

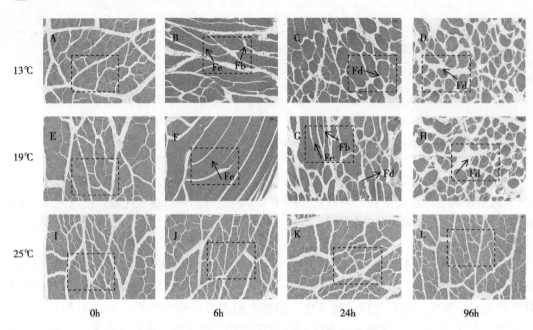

图 5-37　低温胁迫下暗纹东方鲀的肌肉组织形态

注：(A) 0h 13℃、(B) 6h 13℃、(C) 24h 13℃、(D) 96h 13℃、(E) 0h 19℃、(F) 6h 19℃、(G) 24h 19℃、(H) 96h 19℃、(I) 0h 25℃、(J) 6h 25℃、(K) 24h 25℃和 (L) 96h 25℃。比例尺为 100μm。纤维延伸 (Fe)、纤维断裂 (Fb) 和纤维溶解 (Fd)。

②暗纹东方鲀肌肉组织 SOD、CAT、GSH-Px 活性与 MDA 含量变化规律：随着温度的降低，CAT（图 5-38）、GSH-Px（图 5-39）、SOD 的活性（图 5-40）和 MDA（图 5-41）的含量增加。随着处理时间的推移，CAT 活性在 96h 达到顶峰；而 GSH-Px、SOD 酶活性和 MDA 含量 13℃和 19℃组均在 6h 达到高峰。

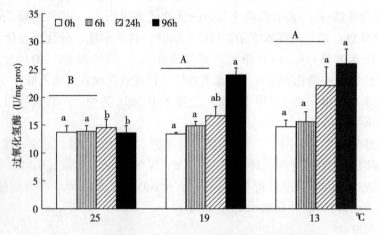

图 5-38　低温胁迫对暗纹东方鲀肌肉 CAT 活性的影响

注：不同的小写字母，表示同一时间段内不同温度的影响存在显著差异（$P<0.05$）；不同的大写字母，表示整个处理组的效果有显著差异（$P<0.05$）。

（4）讨论　肌肉损伤会削弱移动能力，直接影响迁移和捕捉诱饵的能力，最终可能导

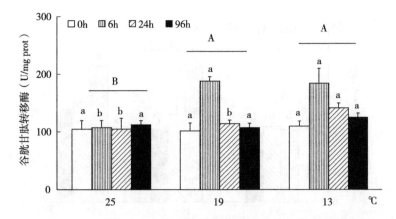

图 5-39　低温胁迫对暗纹东方鲀肌肉 GSH-Px 活性的影响

注：不同的小写字母，表示同一时间段内不同温度的影响存在显著差异（$P<0.05$）；不同的大写字母，表示整个处理组的效果有显著差异（$P<0.05$）。

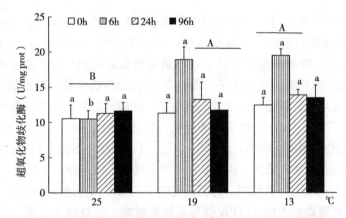

图 5-40　低温胁迫对暗纹东方鲀肌肉 SOD 活性的影响

注：不同的小写字母，表示同一时间段内不同温度的影响存在显著差异（$P<0.05$）；不同的大写字母，表示整个处理组的效果有显著差异（$P<0.05$）。

致死亡。在本研究中，13℃和19℃处理组的暗纹东方鲀肌肉组织均出现了损伤，包括肌纤维延伸、肌纤维断裂和肌纤维溶解。在低温胁迫下细胞失水，致使肌纤维原始结构发生改变，随着时间的延长，失水程度加深，使细胞结构不能保持完整的形态结构，最终导致肌纤维断裂。且低温胁迫后 6h 就可观察到肌纤维结构的改变，在 6h 时，相比于 19℃，13℃出现了更严重的纤维断裂损伤，24h 肌纤维大量溶解，而失去原有形态。并且温度越低，肌肉损伤程度越严重。低温胁迫 96h 后，13℃和19℃处理组肌纤维状态基本一致，肌纤维完全失去原有结构，肌纤维溶解呈现不规则椭圆状。分析原因主要是，低温导致细胞骨架中肌动蛋白丝和微管解聚，从而导致组织结构的变化。低温会对肌肉产生负面的影响，这些变化可能是鱼类在低温胁迫下行为迟缓的原因之一。当动物对压力做出反应时，它们会产生活性氧（ROS），活性氧随时间增加。ROS 的过度积累可导致脂质过氧化（LPO）和 MDA 增多，MDA 通常被用于评估脂质过氧化和细胞膜损伤的程度。在本研究中，与25℃处理组相比，19℃和13℃处理组的肌肉 MDA 含量显著升高。这说明，低温能诱

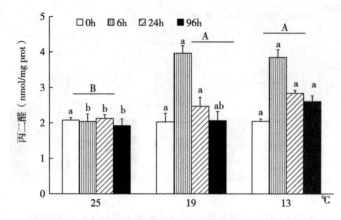

图 5-41　低温胁迫对暗纹东方鲀肌肉 MDA 含量的影响

注：不同的小写字母，表示同一时间段内不同温度的影响存在显著差异（$P <$ 0.05）；不同的大写字母，表示整个处理组的效果有显著差异（$P < 0.05$）。

导暗纹东方鲀肌肉产生脂质过氧化，引起组织损伤。对黑鲷（*Acanthopagrus schlegelii*）的研究也表明，低温能损伤细胞膜，膜脂状态由流体状态变为晶体状态。6h 后丙二醛含量（MDA）的下降表明，鱼类对损伤形成了一种适应性修复机制，并存在一系列的抗氧化机制，来维持机体的正常功能。超氧离子可通过 SOD 转化为毒性较小的过氧化氢和水，随后被 CAT 代谢，从而可以维持适当浓度的超氧离子，SOD-CAT 系统被认为是抵御 ROS 的第一道防线。此外，GSH-Px 可以将有毒的过氧化物还原为无毒的羟基化合物，从而保护细胞免受过氧化物损伤。本研究表明，SOD 和 GSH-Px 活性在肌肉中的表达模式与 MDA 相同，在 6h 时表达均达到最高水平。说明鱼类对低温胁迫反应迅速，抗氧化防御系统被激活。而 CAT 活性表现出持续上升的状态，这可能是由于 CAT 对低温的响应存在一定滞后性。

**2. 低温胁迫对暗纹东方鲀 MAPK 信号通路的影响**　丝裂原活化蛋白激酶（mitogen-activated protein kinase，MAPK），是一类在真核生物中十分保守的苏氨酸-丝氨酸激酶，其可介导生长、免疫和凋亡等多个方面的生物学反应。但近年来有报道称，其在脂肪代谢进程中也扮演了一个重要的角色。它可以调节机体中重要的脂肪合成分解转运等基因，从而改变动物体的机能。

本章采用 qRT-PCR 和 Western-blot 技术，检测低温胁迫下 MAPK 家族的表达谱。并利用 qRT-PCR 技术，检测低温胁迫下暗纹东方鲀脂肪合成、分解和转运等关键基因的表达谱，探究其之间存在的潜在联系，为进一步研究鱼类应对低温下 MAPK 信号通路和脂代谢之间的关系提供参考资料。

（1）试验材料与低温处理　健康的暗纹东方鲀由江苏中洋集团股份有限公司提供。在正式试验开始前，鱼被暂养在实验室中 14d，每天投喂 2 次商业饲料（含 42% W/W 蛋白质和 8.0% W/W 脂肪），直到试验开始前的 24h。实验鱼体长（13.0±1.55）cm，体重（25.0±1.85）g。总共 270 尾暗纹东方鲀被随机分布在 9 个具有循环过滤系统和具有冷却和加热功能、容积 80L、流速 2L/min 的水箱中。每个水箱的水温为（25±0.5）℃，盐度为 0.2±0.1，溶解氧浓度＞7.0mg/L，光/暗周期为 12h/12h，pH 为 7.0±0.5。使用 AZ8372 盐度计（台湾 AZ 仪器公司）测量盐度，使用 8631AZIP67 复合水表（台湾 AZ 仪器公司）测量温度、溶解氧和氢离子浓度。

低温胁迫时，水温从 25℃（对照组）降至 19℃和 13℃，速率为 0.85℃/h，以防止由于快速降温造成的应激。在 0、6、24 和 96h 采集样本。每次处理重复三次。

（2）试验试剂　高纯总 RNA 快速抽提试剂盒（Bioteke，中国）、cDNA 第一链反转录试剂盒（Vazyme，中国）、FastStart Universal SYBR Green Master（Roche，瑞士）、甘油三酯试剂盒（南京建成试剂盒，南京）。

（3）试验方法

①低温胁迫后暗纹东方鲀肌肉组织 RNA 提取及 cDNA 合成：根据高纯总 RNA 快速抽提试剂盒操作说明，提取暗纹东方鲀肌肉组织的总 RNA。提取完成后，使用 Nano-Drop 紫外分光光度计测定样品的 $OD_{260}/OD_{280}$ 比值，并使用琼脂糖电泳检测 RNA 条带完整性。最后，将质检合格的 RNA 样品冻存于 -80℃，用于后续试验。根据 HiScript™ 1ST strand cDNA Synthesis kit 的说明进行第一链 cDNA 反转录（表 5 - 20）。

**表 5 - 20　cDNA 反转录体系**

| 反应组分及程序 | 体积（μL） |
| --- | --- |
| 总 RNA | 1 |
| 4×g DNA wiper Mix | 2 |
| RNase - free water | 5 |
| 用移液器轻轻吹打混匀，瞬时离心，42℃反应 2min | |
| 5×qRT SuperMixⅡ | 2 |
| 用移液器轻轻吹打混匀，瞬时离心 | |
| 逆转录反应：（标准程序） | 50℃，15min<br>85℃，2min |
| cDNA 产物可在 -20℃储存或立即用于后续 qRT - PCR 反应 | |

②荧光定量 PCR 检测 MAPK 家族信号通路基因 mRNA 表达量：

A. 引物设计（表 5 - 21）：根据基因组测序获得的暗纹东方鲀 *ERK*、*JNK* 和 *p38MAPK* 基因序列，用 Premier 5.0 软件设计基因特异性上下游引物。其中，*β-actin* 为内参基因。

**表 5 - 21　qRT - PCR 的引物序列**

| 引物名称 | 引物序列（5′-3′） |
| --- | --- |
| *ERK - F* | AAAGCCCTGGATCTGTTGGACAAG |
| *ERK - R* | GTAGGGATGTGCCAAAGCCTCTTC |
| *JNK - F* | CACCACCTGCCATCACAGACAAG |
| *JNK - R* | CGTCCTTTCTTCCCAGTCCAACAC |
| *p38MAPK - F* | GCACGGCACACAGATGATGAAATG |
| *p38MAPK - R* | GTGATCCGCTTGTCAGTGTCCAG |
| *β - actin - F* | AAGCGTGCGTGACATCAA |
| *β - actin - R* | TGGGCTAACGGAACCTCT |

B. qRT－PCR 扩增体系（表 5－22）：以总 RNA 反转录得到的 cDNA 为模板，按照荧光定量扩增体系加入相应组分，并进行 3 次生物学重复。其中，cDNA 模板浓度为 5ng/μL，引物浓度为 2μmol/μL。

**表 5－22　qRT－PCR 扩增体系**

| 组分 | 体积（μL） |
| --- | --- |
| ChamQTM SYBR qPCR Master Mix | 10 |
| cDNA 模板 | 4 |
| 正向引物 | 3 |
| 反向引物 | 3 |
| 总体积 | 20 |

C. 反应程序设置（表 5－23）：根据操作说明设置相应反应条件，分析熔解曲线以确保特异性扩增。

**表 5－23　反应程序设置**

| 程序 | 温度（℃） | 时间（s） |
| --- | --- | --- |
| 预变性 | 95 | 60 |
| 循环反应（40 个循环） | 95 | 10 |
| | 60 | 30 |
| | 95 | 15 |
| 熔解曲线 | 60 | 60 |
| | 95 | 15 |

③蛋白质免疫印迹检测 MAPK 家族基因蛋白表达量：

A. 总蛋白提取：各取 100mg 肌肉组织，根据全蛋白提取试剂盒（凯基生物，南京）操作进行匀浆，12 000r/min 离心后取上清液，得到暗纹东方鲀肌肉组织的总蛋白，并用蛋白定量测定试剂盒测定蛋白含量。随后，在蛋白样品中加入 4 倍体积的 5×SDS 上样缓冲液，95℃金属浴加热煮沸，使蛋白变性。

B. SDS－PAGE 电泳：配制 SDS－PAGE 分离胶和浓缩胶，浓度分别为 12% 和 5%，蛋白上样量为 30μg，分别以 80V 和 120V 电压跑 15min 浓缩胶和 60min 分离胶。

C. 转膜：裁取 PVDF 膜及滤纸，将 PVDF 膜置于甲醇 10s 激活，滤纸提前浸泡于转膜缓冲液随后，按照 2 张滤纸、分离胶、PVDF 膜、2 张滤纸的顺序小心叠放，赶出过程中产生的气泡。将叠放层压实后，冰上 300mA 条件转膜电泳 100min。

D. 免疫反应：将 PVDF 膜放入 5% 的脱脂奶粉封闭液中室温封闭 120min，置于摇床孵育。封闭结束后，用 TBST 清洗 PVDF 膜 3 次，每次 10min。洗膜完成后，沿目的蛋白大小剪下条带。随后，分别孵育鼠单克隆 ERK 抗体（稀释 1∶1 500，YM3677，Immunoway，USA）、兔多克隆 P－ERK 抗体（1∶1 500，YP1197，Immunoway，USA）、兔多克隆 JNK 抗体（稀释 1∶1 500，YT2439，Immunoway，USA）、兔多克隆 P－JNK 抗体（1∶1 500，YP0157，Immunoway，USA）、兔多克隆 p38 抗体（1∶1 500，YT3513，Immunoway，USA）、兔多克隆 p－p38 抗体（1∶1 500，YP0338，Immunoway，USA）、

鼠单克隆β-actin抗体（1:2500，A5441，Sigma，St. Louis，MO，USA），于4℃孵育过夜。终止反应，TBST清洗3次，每次10min。加入羊抗兔IgG二抗或羊抗鼠IgG二抗（稀释1:2500），室温孵育2h。终止反应，用TBST清洗3次，每次10min，利用ECL Hyperfilm荧光检测试剂检测蛋白，用具有化学发光成分的试剂显示免疫反应带。使用Image J对Western Blot条带进行灰度值分析。

④甘油三酯含量的测定：准确称取100mg肌肉组织，按生理盐水（0.86%）1:9匀浆稀释，按照甘油三酯试剂盒说明书操作（南京建成生物工程研究所，南京）。

⑤数据处理与分析：为检测暗纹东方鲀肌肉组织MAPK信号通路和脂肪代谢的相关基因在应对低温胁迫条件下mRNA和蛋白表达水平的变化，qRT-PCR数据分析采用$2^{-\Delta\Delta Ct}$法。利用统计学软件SPSS（18.0；SPSS Inc.，Chicago，IL，USA）对计算得到的数据进行单因子方差分析（One-way ANOVA）。若$P<0.05$，则显著差异。所有数据采用均值±标准差（Means±SD）表示。

（4）结果与分析

①低温胁迫下暗纹东方鲀MAPK家族mRNA时序表达分析：ERK（图5-42）、JNK（图5-43）和p38MAPK（图5-44）的mRNA表达在19℃时，随着时间的延长而增加。ERK、JNK和p38MAPK的mRNA表达在6h时先达到峰值，然后在13℃时逐渐下降到正常水平。与25℃对照组相比，ERK、JNK和p38MAPK mRNA表达水平在19℃和13℃下，在6h显著上调（$P<0.05$）。

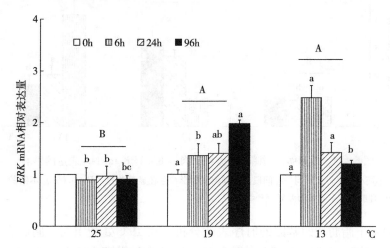

图5-42 低温胁迫对暗纹东方鲀肌肉ERK mRNA表达的影响

注：不同的小写字母表示同一时间段内不同温度的影响存在显著差异（$P<0.05$）；不同的大写字母表示整个处理组的效果有显著差异（$P<0.05$）。

②低温胁迫下暗纹东方鲀MAPK家族蛋白表达分析：如图5-45所示，低温诱导ERK、JNK和p38MAPK发生不同程度的磷酸化。在13℃处理组，ERK、JNK和p38MAPK的磷酸化水平先升高（24h达到峰值），然后逐渐降低。ERK、JNK和p38MAPK的磷酸化水平在13℃下24h分别比对照组（25℃和24h）增加3.5、2.1和3.8倍。在19℃处理组，p38MAPK（图5-46）的磷酸化水平随着时间的增加而增加；ERK（图5-47）和JNK（图5-48）的磷酸化水平先升高后逐渐降低至正常水平。

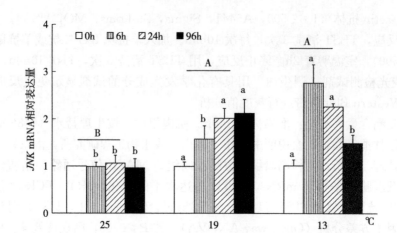

图 5-43　低温胁迫对暗纹东方鲀肌肉 *JNK* mRNA 表达的影响

　　注：不同的小写字母表示同一时间段内不同温度的影响存在显著差异（$P<0.05$）；不同的大写字母表示整个处理组的效果有显著差异（$P<0.05$）。

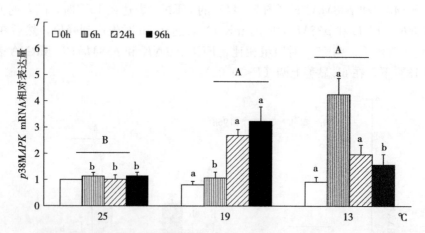

图 5-44　低温胁迫对暗纹东方鲀肌肉 *p38MAPK* mRNA 表达的影响

　　注：不同小写字母表示同一时间段内不同温度的影响存在显著差异（$P<0.05$）；不同的大写字母表示整个处理组的效果有显著差异（$P<0.05$）。

　　③低温胁迫下脂肪代谢基因的时序表达分析：在 19℃ 处理组时，脂肪合成相关基因表达［6PGD（图 5-49A）、G6PD（图 5-49B）、FAS（图 5-49C）、ACC（图 5-49D）、SREBP1（图 5-49E）和 LPL（图 5-49F）］随时间增加而增加；6 个基因在 13℃ 下暴露于 6h 时首先达到峰值，然后逐渐降低。脂肪分解相关基因（CPT1）和（HSL）的表达谱，与脂肪合成相关基因的表达谱相同（图 5-50）。转录因子 PPARα 在 19℃ 和 13℃ 的表达量，分别在 24h 和 6h 达到最大值，然后逐渐降低（图 5-51）。PPARγ 的表达量在 19℃ 随着时间的延长而增加，在 13℃ 在 6h 达到最大值，然后逐渐降低。

　　④甘油三酯含量的测定：相对于空白处理组，13℃ 处理组和 19℃ 处理组下，肌肉组织中甘油三酯含量显著上调（$P<0.05$），甘油三酯含量随着胁迫时间的增加而增加，在 96h 达到最大值（表 5-24）。

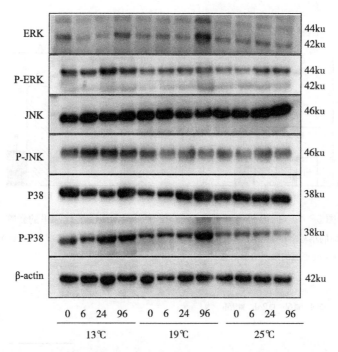

图 5-45 低温胁迫对暗纹东方鲀肌肉 MAPK 蛋白表达的影响

注：时间和温度组合的含义如图 5-45 所示：0h 13℃（013）、6h 13℃（613）、24h 13℃（2413）、96h 13℃（9613）、0h 19℃（019）、6h 19℃（619）、24h 19℃（2419）、96h 19℃（9619）、0h 25℃（025）、6h 25℃（625）、24h 25℃（2425）、96h 25℃（9625）。

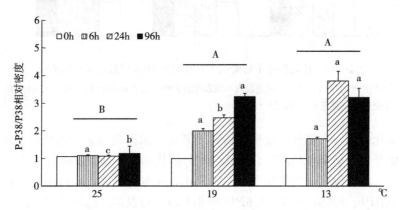

图 5-46 低温胁迫下对暗纹东方鲀肌肉 p38MAPK 磷酸化水平的影响

注：不同的小写字母表示同一时间段内不同温度的影响存在显著差异（$P<0.05$）；不同的大写字母表示整个处理组的效果有显著差异（$P<0.05$）。

（5）讨论 先前的研究已经证实鱼类在胁迫时会调整脂肪酸组成，以应对冷应激。细胞膜可以通过改变脂肪酸的组成，来增加单不饱和脂肪酸和多不饱和脂肪酸的比例，从而增强细胞膜的流动性，维持低温胁迫下的正常生理功能。这种变化主要是对低温适应和生存的生理反应的结果。温度是影响鱼类生存和生长的关键环境因素。当面临压力时，身体的各种生理指标迅速做出反应，维持生理平衡，其中能量代谢尤为重要。碳水化合物、脂肪和蛋白质是人体内最重要的营养成分，为人体提供必要的能量。然而，有些鱼类不能有

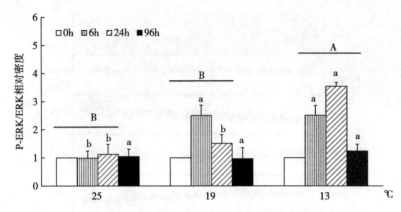

图 5-47　低温胁迫下对暗纹东方鲀肌肉 ERK 磷酸化水平的影响

注：不同的小写字母表示同一时间段内不同温度的影响存在显著差异（$P<0.05$）；不同的大写字母表示整个处理组的效果有显著差异（$P<0.05$）。

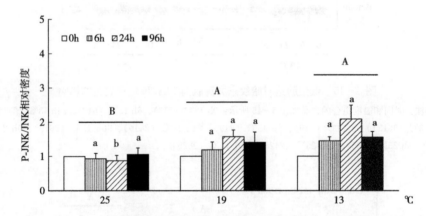

图 5-48　低温胁迫下对暗纹东方鲀肌肉 JNK 磷酸化水平的影响

注：不同的小写字母表示同一时间段内不同温度的影响存在显著差异（$P<0.05$）；不同的大写字母表示整个处理组的效果有显著差异（$P<0.05$）。

效地代谢碳水化合物，大部分能量来自脂质的氧化。肌肉是脂肪代谢最重要的组成部分，提供必需的脂肪酸。如果鱼的脂肪合成代谢和分解代谢不平衡，就会对生长造成影响。一些研究表明，低温可以引起鱼类脂质代谢的变化。在本研究中，低温还上调了脂肪合成相关基因（$SREBP1$、$FAS$、$ACC$、$G6PD$ 和 $6PGD$）的表达。已证实 $SREBP1$ 被 $MAPK$ 激活，以调节脂肪合成。$FAS$ 和 $ACC$ 是 $SREBP1$ 的靶向基因，其表达的增加直接促进

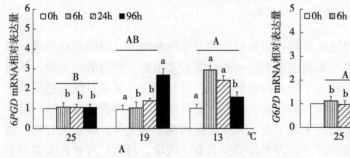

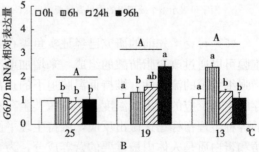

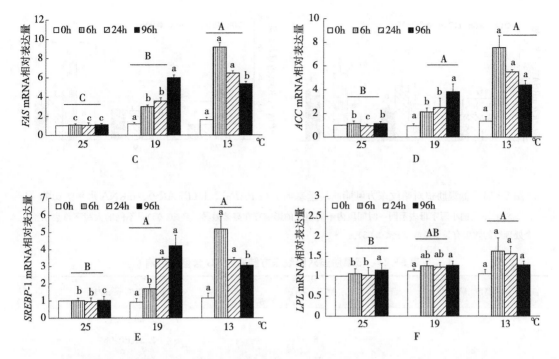

图 5-49　低温胁迫对肌肉脂肪合成基因 mRNA 水平的影响 A（6PGD）、B（G6PD）、
C（FAS）、D（ACC）、E（SREBP-1）、F（LPL）

注：不同的小写字母表示同一时间段内不同温度的影响存在显著差异（$P<0.05$）；不同的大写字母表示整
个处理组的效果有显著差异（$P<0.05$）。

脂肪酸的合成。作为磷酸戊糖途径中的第三种酶，G6PD 和 6PGD 提供了大量烟酰胺腺嘌呤
二核苷酸磷酸（NAPDH），可促进脂肪酸合成。低温胁迫诱导脂肪合成基因表达量上调，从
而调控产生 TG。与 19℃相比，脂肪合成基因在 13℃下 24h 前表现出更高的表达水平，这主
要是由于相比于 19℃，13℃的胁迫更为严重。因此，鱼类应对低温胁迫的反应必须更快。
在低温胁迫的后期，鱼类通过自我调节或其他代谢途径适应冷应激。并且 HSL 和 CPT1 与
脂肪合成基因，具有相同的表达趋势。然而，最终代谢物 TG 的含量总体增加。这表明，脂

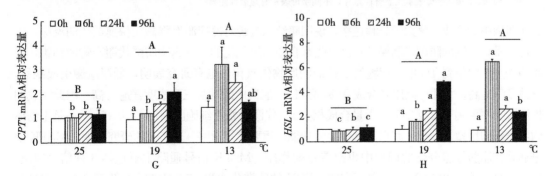

图 5-50　低温胁迫对暗纹东方鲀肌肉脂肪分解基因 G（CPT1）、
H（HSL）mRNA 水平的影响

注：不同的小写字母表示同一时间段内不同温度的影响存在显著差异（$P<0.05$）；不同的大写字母表示整
个处理组的效果有显著差异（$P<0.05$）。

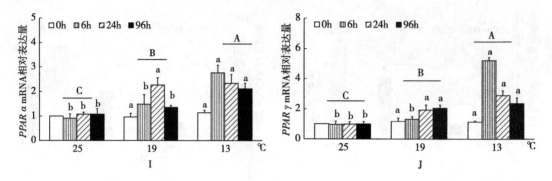

图 5-51 低温胁迫对暗纹东方鲀脂肪转运基因 I（PPARα）、J（PPARγ）、mRNA 水平的影响

注：不同的小写字母表示同一时间段内不同温度的影响存在显著差异（$P<0.05$）；不同的大写字母表示整个处理组的效果有显著差异（$P<0.05$）。

表 5-24 低温胁迫对暗纹东方鲀肌肉 TG 含量的影响

| 温度（℃） | 时间（h） | 绝对值（mmol/L） |
|---|---|---|
| 25 | 0 | $2.28\pm0.11^a$ |
| | 6 | $2.31\pm0.08^b$ |
| | 24 | $2.39\pm0.09^c$ |
| | 96 | $2.27\pm0.09^c$ |
| 19 | 0 | $2.53\pm0.07^a$ |
| | 6 | $4.09\pm0.24^a$ |
| | 24 | $4.58\pm0.41^b$ |
| | 96 | $6.88\pm0.17^b$ |
| 13 | 0 | $2.50\pm0.17^a$ |
| | 6 | $4.66\pm0.74^a$ |
| | 24 | $7.84\pm0.75^a$ |
| | 96 | $7.30\pm0.21^a$ |

注：a、b、c 相同字母表示无显著性差异；不同字母表示有显著性差异。

肪在肌肉中的合成速率大于分解速率，说明暗纹东方鲀对冷应激有强烈而快速的代谢反应。也有可能是，细胞的防御机制保护自己免受来自脂质过氧化的细胞内脂肪酸代谢产物的伤害，将脂肪酸重新定位到 TG 中，细胞留下较低的底物供氧化。也有研究表明，低温应激引起缺氧，导致 TG 升高。甘油可以用来合成 TGs 或 PLs。肌肉中的甘油三酯浓度普遍升高。因此，我们推测甘油主要用于合成 TGs，少量合成相关 PL 代谢物修复细胞膜损伤。MAPK 通路是生物体内参与细胞增殖、分化、凋亡和其他生物功能的重要信号通路。近年来的研究表明，MAPK 信号通路在脂肪细胞分化的调控中也起着重要作用。MAPK 信号通路主要包括 3 种信号通路：ERK、JNK 和 p38MAPK。在本研究中，ERK 的磷酸化水平随着温度的降低而升高，并且在 13℃时的磷酸化水平在 24h 之前高于 19℃时的水平。结果表明，在低温胁迫下，暗纹东方鲀需要一个更快、更高的磷酸化水平，来介导下游基因的表达。肌肉的卫星细胞中脂肪细胞转录因子 PPARγ 是 ERK 的底物，通过磷酸化调节脂肪细胞分化，并调节下游脂肪细胞分化的上调。

脂肪合成相关基因（*SREBP*1、*FAS*、*ACC*、*G*6*PD* 和 6*PGD*）和 ERK 表现出相同的表达谱，表明机体可能通过 ERK 调控脂肪合成基因影响脂肪的合成，在低温下促进脂肪合成。此外，p38MAPK 信号通路在低温下被激活。相关研究表明，p38MAPK 在脂肪合成中也起重要作用。p38MAPK 可激活转录因子（*ATF* - 2），促进细胞内 *PPAR*γ 的表达，诱导脂肪细胞分化。Huang 证实，p38MAPK 的激活促进了 C3H10T1/2 细胞系向脂肪细胞的分化，并增加了脂肪细胞靶蛋白（AP2）的表达。用 p38 特异性抑制剂治疗的小鼠肥胖显著减少，*ATF*2 和 *PPAR*γ 的表达降低。*ERK* 和 *p*38*MAPK* 具有相同的下游靶基因 *PPAR*γ。然而，与 ERK 相比，p38MAPK 具有更高的磷酸化水平。我们推测，*PPAR*γ 的功能可能存在相互作用或顺序调节。以前，人们认为 *JNK* 在细胞分化中起着不重要的作用。但最近的研究表明，*JNK* 和 *JNK* 相互作用蛋白（JIP1）在脂肪分化和肥胖过程中起着重要的作用。敲除 *JNK* 的小鼠，在高脂肪饮食下不容易变得肥胖。低温也刺激了 *JNK* 的活化，与 *ERK* 和 *p*38*MAPK* 相比，*JNK* 的表达水平相对较低。这可能是因为调节代谢的上游途径不同，或者是通路之间相互拮抗。

**3. 低温胁迫对暗纹东方鲀肌肉脂类代谢的影响** 水温是影响鱼类生长生殖的重要环境因子，为了能在低温环境下生存，鱼类可以通过调节机体的各项功能，调整最适的生存策略。如提高脂类代谢水平，改变脂肪酸的组成，降低活动频率，从而减少能量的消耗等。脂质在应对低温胁迫时，扮演了一个重要的角色。因此，本章对低温胁迫下，暗纹东方鲀肌肉脂质组学测序，以期从脂质组成角度，解析暗纹东方鲀应对低温胁迫的调控机制。

（1）材料与方法

①试验材料与低温处理：健康的暗纹东方鲀由江苏中洋集团股份有限公司提供。在正式试验开始前，鱼被暂养在实验室中 14d，每天投喂 2 次商业饲料（含 42% W/W 蛋白质和 8.0% W/W 脂肪），直到试验开始前的 24h。实验鱼体长（13.0±1.55）cm，体重（25.0±1.85）g。总共 270 尾暗纹东方鲀被随机分布在 9 个具有循环过滤系统和具有冷却和加热功能、容积 80L、流速 2L/min 的水箱中，每个水箱的水温为（25±0.5）℃，盐度为 0.2±0.1，溶解氧浓度＞7.0mg/L，光/暗周期为 12h/12h，pH 为 7.0±0.5。使用 AZ8372 盐度计（台湾 AZ 仪器公司）测量盐度，使用 8631AZIP67 复合水表（台湾 AZ 仪器公司）测量温度、溶解氧和氢离子浓度。

低温胁迫时，水温从 25℃（对照组）降至 19℃和 13℃，速率为 0.85℃/h，以防止由于快速降温造成的应激。在 0h、6h、24h 和 96h 采集样本。每次处理重复 3 次。

②试验仪器见表 5 - 25：

**表 5 - 25 试验仪器**

| 仪器 | 型号 | 品牌 |
|---|---|---|
| 超高效率液相 | ExionLC | AB Sciex |
| 高分辨质谱 | Triple TOF 5600 | AB Sciex |
| 离心机 | Heraeus Fresco17 | Thermo Fisher Scientific |
| 天平 | BSA124S - CW | Sartorius |
| 研磨仪 | JXFSTPRP - 24 | 上海净信科技有限公司 |
| 纯水仪 | 明澈 D24 UV | Merck Millipore |
| 超声仪 | YM - 080S | 深圳市方奥微电子有限公司 |

③试验试剂见表5-26：

**表5-26 试验试剂**

| 名称 | CAS | 纯度 | 品牌 |
|------|-----|------|------|
| 甲醇（Methanol，MeOH） | 67-56-1 | LC-MS级 | CNW Technologies |
| 乙腈（Acetonitrile） | 75-05-8 | LC-MS级 | CNW Technologies |
| 甲基叔丁基醚（MTBE） | 1634-04-4 | LC-MS级 | CNW Technologies |
| 甲酸铵（Ammonium formate） | 540-69-2 | LC-MS级 | CNW Technologies |
| 氨水（Ammonium hydroxide） | 1336-21-6 | LC-MS级 | Fisher Chemical |
| 二氯甲烷（Dichloromethane） | 75-09-2 | LC-MS级 | CNW Technologies |
| 异丙醇（Isopropanol） | 67-63-0 | LC-MS级 | Fisher Chemical |

④暗纹东方鲀肌肉组织前处理：

A. 称取25mg样品至2mL EP管中，加入200μL水，再加480μL的提取液（MTBE：MeOH=5：1）。

B. 加入钢珠，35Hz研磨处理4min，冰水浴超声5min。

C. 重复研磨，超声处理3次。

D. 负40℃静置1h。

E. 将样品4℃、3 000r/min离心15min；取上清液350μL于EP管中，真空干燥。

F. 加入200μL的溶液（DCM：MeOH=1：1）进行复溶，涡旋30s，冰水浴超声10min。

G. 将样品4℃、13 000r/min离心15min。

H. 取75μL上清液于进样瓶中上机检测。

⑤UHPLC-QTOF-MS分析条件：使用ExionLC（AB Sciex）超高效液相色谱仪，通过Phenomen Kinetex C18（2.1×100mm，1.7μm）液相色谱柱，对目标化合物进行色谱分离。液相色谱A相为40%水和60%乙腈溶液，其中，含10mmol/L甲酸铵；B相为10%乙腈、90%异丙醇溶液，每1 000mL中加入了50mL的10mmol/L甲酸铵水溶液。采用梯度洗脱：0~12.0min，40%~100% B；12.0~13.5min，100% B；13.5~13.7min，40%~100% B；13.7~18.0min，40% B。流动相流速：0.3mL/min，柱温：55℃，样品盘温度：6℃，进样体积：正离子1μL，负离子2μL。

使用Triple TOF 5600高分辨质谱，通过IDA模式进行高分辨质谱数据采集。在IDA这种模式下，数据采集软件（Analyst TF 1.7，AB Sciex）依据一级质谱数据和预先设定的标准，自动选择离子并采集其二级质谱数据。每个循环选取12个强度最强且大于100的离子进行二级质谱扫描，碰撞诱导解离的能量为45eV，每张二级谱的积累时间为50ms。离子源参数如下，GS1：60psi，GS2：60psi，CUR：30psi，DP：100V，ISVF：5 000V（Positive)/-3 800（Negative）。

⑥数据处理方法：使用ProteoWizard软件，将质谱原始转成mzXML格式。再使用XCMS，做保留时间矫正、峰识别、峰提取、峰积分、峰对齐等工作，minfrac设为0.5，cutoff设为0.3。使用XCMS软件、R程序包及脂质数据库进行脂质鉴定。采用正交偏最小二乘判别分析法（OPLS-DA），分析代谢物的差异。

（2）低温胁迫下脂质代谢产物的总体变化 从暗纹东方鲀的肌肉中提取脂质，通过 LC-MS/MS 分析鉴定出 2 495 种脂质，包括 4 个脂质类别和 43 个亚类。共鉴定出 22 种脂肪酸。肌肉中饱和脂肪酸的比例，随温度的降低而降低。单不饱和脂肪酸和多不饱和脂肪酸的比例，随着温度的降低而增加。PCA 显示对照组和 13℃ 和 19℃ 组之间有明显的分离正离子模式（图 5-52）、负离子模式（图 5-53）。为了最大限度地区分这两类，使用 OPLS-DA 来确定对照和低温组之间代谢物水平的差异。结果正离子模式（图 5-54）和负离子模式（图 5-55）表明，OPLS-DA 导出的模型具有良好的拟合性和较高的可预测性，可用于后续分析。

磷脂（PL）代谢物的比例如图 5-56 显示，66 个 PL 线性代谢物（图 5-57A），以正离子性模式与脂膜损伤和修复有关，包括磷脂酰胆碱（PC）、磷脂酰乙醇胺（PE）、磷脂酰肌醇（PI）、溶血磷脂酰胆碱（LPC）、溶血磷脂酰乙醇胺（LPE）、溶血磷脂酰肌醇（LPI）、氧化磷脂酰胆碱（OxPC）、氧化磷脂酰乙醇胺（OxPE）、氧化磷脂酰肌醇（OxPI）、氧化磷脂酰丝氨酸（OxPS）；负性模式下有 38 种代谢物（图 5-57B），包括 PC、PE、LPC 和鞘磷脂（SM）。

①低温胁迫下暗纹东方鲀肌肉组织代谢产物分类：见表 5-27。

表 5-27 代谢产物分类

| 种类 | 亚类 | 数量 | 百分比（%） |
| --- | --- | --- | --- |
| 固醇类 | CE | 3 | 0.12 |
| 甘油磷脂类 | LPC | 40 | 1.60 |
| | LPE | 23 | 0.92 |
| | LPI | 6 | 0.24 |
| | OxPC | 47 | 1.88 |
| | OxPE | 38 | 1.52 |
| | OxPG | 3 | 0.12 |
| | OxPI | 34 | 1.36 |
| | OxPS | 11 | 0.44 |
| | PA | 11 | 0.44 |
| | PC | 339 | 13.59 |
| | PE | 122 | 4.89 |
| | PG | 7 | 0.28 |
| | PI | 88 | 3.53 |
| | PS | 18 | 0.72 |
| | PETOH | 124 | 4.97 |
| | PMEOH | 61 | 2.44 |
| 甘油脂类 | SQDG | 123 | 4.93 |
| | TAG | 537 | 21.52 |
| | DAG | 38 | 1.52 |
| | DGTS | 141 | 5.65 |
| | ACYLGLCADG | 41 | 1.64 |
| | GLCADG | 60 | 2.40 |

（续）

| 种类 | 亚类 | 数量 | 百分比（%） |
|------|------|------|-----------|
| 甘油脂类 | MAG | 1 | 0.04 |
| | MGDG | 7 | 0.28 |
| | FA | 22 | 0.88 |
| | FAHFA | 19 | 0.76 |
| | ACAR | 21 | 0.84 |
| | HBMP | 47 | 1.88 |
| 鞘脂类 | CER-ADS | 25 | 1.00 |
| | CER-APT | 58 | 2.32 |
| | CER-AS | 27 | 1.09 |
| | CER-BS | 5 | 0.20 |
| | CER-EODS | 3 | 0.12 |
| | CER-EOS | 2 | 0.08 |
| | CER-NDS | 8 | 0.32 |
| | CER-NS | 23 | 0.92 |
| | GM3 | 13 | 0.52 |
| | HEXCER-APT | 52 | 2.08 |
| | HEXCER-NDS | 18 | 0.72 |
| | HEXCER-NS | 34 | 1.36 |
| | SHEXCET | 138 | 5.53 |
| | SM | 57 | 2.28 |

②低温胁迫对暗纹东方鲀脂肪酸的影响：见表5-28。

**表5-28　不同温度下脂肪酸分布（占总脂肪酸的百分比）**

| 脂肪酸 | 13℃ | 19℃ | 25℃ |
|--------|------|------|------|
| C 16：0 | 0.45±0.03 | 0.34±0.13 | 0.59±0.38 |
| C 16：1 | 1.82±0.16 | 2.29±0.12 | 1.66±0.07 |
| C 17：0 | 0.25±0.06 | 0.34±0.08 | 0.31±0.03 |
| C 17：1 | 0.47±0.03 | 0.43±0.04 | 0.44±0.03 |
| C 18：0 | 15.43±1.12 | 17.17±1.13 | 18.24±1.84 |
| C 18：1 | 31.02±1.44 | 29.37±0.76 | 30.04±2.06 |
| C 18：2 | 11.51±0.27 | 12.04±0.78 | 11.11±0.72 |
| C 18：3 | 1.44±0.13 | 1.56±0.03 | 1.34±0.08 |

（续）

| 脂肪酸 | 13℃ | 19℃ | 25℃ |
|---|---|---|---|
| C 18：4 | 0.32±0.01 | 0.42±0.02 | 0.27±0.01 |
| C 20：0 | 0.69±0.07 | 0.62±0.05 | 0.67±0.05 |
| C 20：1 | 2.22±0.02 | 2.15±0.21 | 1.96±0.11 |
| C 20：2 | 0.85±0.06 | 0.89±0.05 | 0.86±0.01 |
| C 20：3 | 0.33±0.03 | 0.33±0.03 | 0.33±0.02 |
| C 20：4 | 2.33±0.11 | 2.36±0.13 | 2.57±0.21 |
| C 20：5 | 8.41±0.66 | 7.11±0.15 | 7.37±0.19 |
| C 21：5 | 0.16±0.01 | 0.21±0.01 | 0.19±0.03 |
| C 22：0 | 0.71±0.04 | 0.62±0.05 | 0.61±0.11 |
| C 22：1 | 1.75±0.04 | 1.78±0.14 | 1.51±0.11 |
| C 22：2 | 0.21±0.03 | 0.26±0.02 | 0.22±0.01 |
| C 22：4 | 0.46±0.05 | 0.56±0.01 | 0.49±0.02 |
| C 22：5 | 5.54±0.14 | 5.55±0.19 | 5.22±0.44 |
| C 22：6 | 13.54±0.19 | 13.51±0.42 | 13.89±0.62 |
| SFA | 17.55±1.13[c] | 19.12±0.95[b] | 20.45±2.05[a] |
| MUFA | 37.31±1.29[a] | 36.03±0.31[b] | 35.64±2.27[b] |
| PUFA | 45.13±0.42[a] | 44.84±1.24[b] | 43.91±1.41[b] |

注：不同的小写字母，表示处理组之间存在显著差异（$P < 0.05$）。

③低温胁迫下暗纹东方鲀脂类代谢产物正离子模式主成分分析：见图5-52。

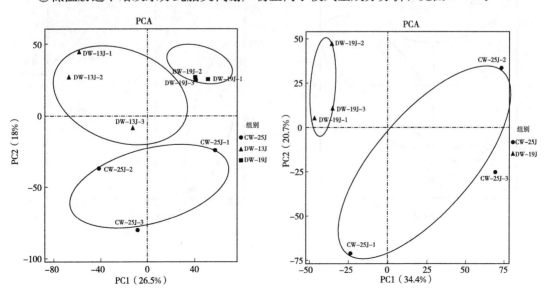

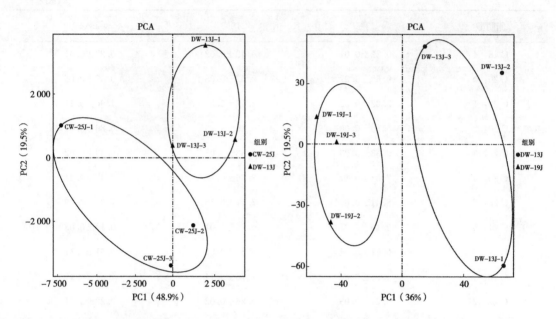

**图 5-52 低温胁迫下暗纹东方鲀肌肉代谢产物正离子模式主成分分析（PCA）**

注：CW-25 代表 25℃对照组；DW-19 代表 19℃处理组；DW-13 代表 13℃处理组。

④低温胁迫下暗纹东方鲀脂类代谢产物负离子模式主成分分析：见图 5-53。

⑤低温胁迫下暗纹东方鲀肌肉组织正交偏最小二乘判别分析：见图 5-54、图 5-55。

⑥低温胁迫下暗纹东方鲀肌肉组织磷脂类代谢产物的组成：见图 5-56。

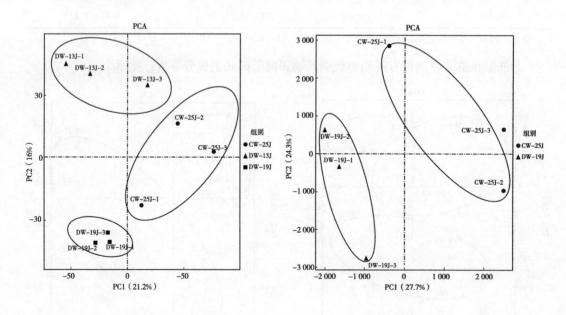

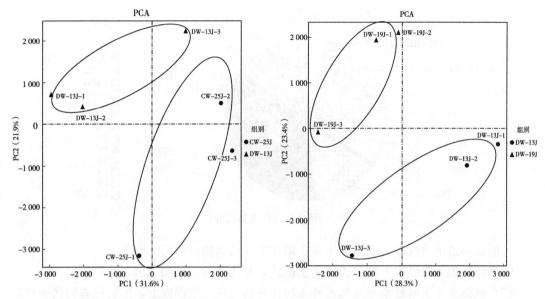

**图 5-53  低温胁迫下暗纹东方鲀肌肉代谢产物负离子模式主成分分析（PCA）**
注：CW-25 代表 25℃对照组；DW-19 代表 19℃处理组；DW-13 代表 13℃处理组。

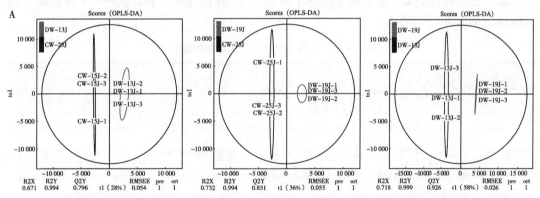

**图 5-54  正离子模式下暗纹东方鲀肌肉组织代谢产物正交偏最小二乘判别分析**
注：CW-25 代表 25℃对照组；DW-19 代表 19℃处理组；DW-13 代表 13℃处理组。

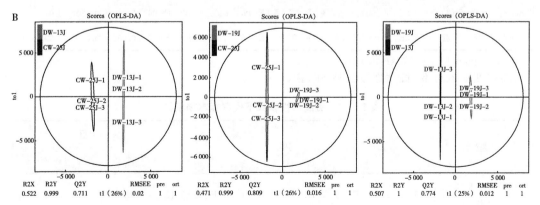

**图 5-55  负离子模式下暗纹东方鲀肌肉组织代谢产物正交偏最小二乘判别分析**
注：CW-25 代表 25℃对照组；DW-19 代表 19℃处理组；DW-13 代表 13℃处理组。

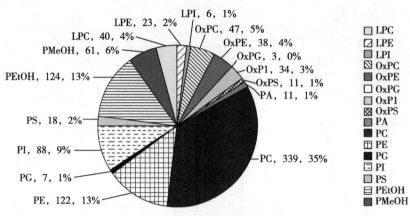

图5-56　磷脂代谢物的分类

⑦低温胁迫下暗纹东方鲀肌肉正离子模式差异代谢物：见图5-57。

⑧低温胁迫下暗纹东方鲀肌肉负离子模式差异代谢物：见图5-58。

（3）低温胁迫下暗纹东方鲀肌肉的生物标志物　在一定程度上，生物标志物代表机体的代谢需求和方向。本研究在正离子模式下筛选了7个代谢标记物（表5-29），其中，4个代谢产物呈线性变化。在负离子模式下发现了16种代谢标志物，其中，7种代谢产物呈线性变化（表5-30）。

表5-29　正离子模式下代谢标志物统计

| 代谢产物 | 13℃ | 19℃ | 25℃ | P值 | | | 趋势 |
| --- | --- | --- | --- | --- | --- | --- | --- |
| | | | | 13/19 | 13/25 | 19/25 | |
| ACar 18：1 | 9.2E-04±1.5E-04 | 5.8E-04±6.4E-06 | 3.9E-04±6.7E-05 | 0.019 | 0.007 | 0.002 | ↑ |
| PE 16：0-18：2 | 1.7E-03±3.1E-05 | 1.6E-03±3.9E-05 | 1.2E-03±8.0E-05 | 0.007 | 0.003 | 0.018 | ↑ |
| PC 15：0-15：0 | 1.1E-03±9.7E-06 | 1.5E-03±2.3E-05 | 1.8E-03±1.3E-04 | 0.000 | 0.003 | 0.042 | ↓ |
| PMeOH12：0-24：4 | 3.3E-04±1.2E-05 | 4.0E-04±2.1E-05 | 4.5E-04±1.1E-05 | 0.042 | 0.001 | 0.024 | ↓ |
| TAG12：1-12：1-16：1 | 6.2E-05±1.2E-05 | 1.6E-04±3.2E-05 | 1.3E-04±3.7E-06 | | 0.003 | 0.001 | |
| TAG13：0-20：5-20：5 | 3.6E-05±4.3E-06 | 9.8E-05±8.5E-06 | 5.9E-05±9.0E-06 | 0.000 | 0.020 | 0.013 | |
| TAG18：2-18：2-22：7 | 3.0E-05±8.2E-06 | 9.1E-05±5.3E-06 | 5.5E-05±4.3E-06 | 0.000 | 0.014 | 0.001 | |

注：①P值由tunkey检验计算（$P<0.05$）；

②箭头分别表示代谢产物在低温胁迫下的上升和下降趋势。

表5-30　负离子性模式下代谢标志物统计

| 代谢产物 | 13℃ | 19℃ | 25℃ | P值 | | | 趋势 |
| --- | --- | --- | --- | --- | --- | --- | --- |
| | | | | 13/19 | 13/25 | 19/25 | |
| AcylGlcADG16：2-16：4-16：4 | 3.3E-05±2.4E-06 | 3.7E-05±4.3E-07 | 3.9E-05±3.4E-07 | 0.027 | 0.008 | 0.033 | ↓ |
| Cer-AP t19：0/24：1 | 1.1E-03±6.3E-05 | 1.4E-03±9.7E-05 | 1.7E-03±1.4E-04 | 0.036 | 0.009 | 0.045 | ↓ |

（续）

| 代谢产物 | 13℃ | 19℃ | 25℃ | P值 13/19 | P值 13/25 | P值 19/25 | 趋势 |
|---------|------|------|------|-----------|-----------|-----------|------|
| GM3 d27：0 | 8.5E−05±2.5E−06 | 9.2E−05±1.9E−06 | 1.0E−04±8.5E−06 | 0.011 | 0.011 | 0.044 | ↓ |
| HBMP 14：1-14：1-18：1 | 4.3E−03±5.9E−05 | 4.6E−03±2.0E−05 | 4.9E−03±7.1E−05 | 0.006 | 0.001 | 0.008 | ↓ |
| PC 16：0-16：0 | 2.5E−03±3.8E−05 | 3.1E−03±1.7E−04 | 3.8E−03±2.0E−04 | 0.004 | 0.000 | 0.003 | ↓ |
| PC 16：0-22：1 | 1.1E−03±1.9E−05 | 1.4E−03±2.5E−05 | 1.5E−03±2.0E−05 | 0.000 | 0.000 | 0.040 | ↓ |
| SHexCer d44：2 | 2.2E−04±1.0E−05 | 2.4E−04±1.2E−05 | 2.7E−04±1.1E−05 | 0.039 | 0.000 | 0.013 | ↓ |
| SQDG 18：2-16：3 | 3.3E−04±1.6E−05 | 3.9E−04±2.1E−05 | 4.5E−04±3.7E−05 | 0.035 | 0.002 | 0.038 | |
| OxPE 18：1-22：6+3O | 1.6E−04±1.0E−05 | 1.1E−04±2.1E−06 | 1.2E−04±3.4E−05 | 0.001 | 0.016 | 0.011 | |
| OxPG 18：1-18：3+1O | 2.1E−04±3.3E−06 | 1.3E−04±1.0E−05 | 1.7E−04±9.8E−06 | 0.001 | 0.007 | 0.015 | |
| OxPI 16：0-18：1+3O | 3.5E−04±2.7E−05 | 2.7E−04±1.8E−05 | 4.2E−04±1.9E−05 | 0.039 | 0.042 | 0.004 | |
| PC 14：0e/16：1 | 2.1E−04±1.9E−05 | 3.6E−04±1.8E−05 | 2.7E−04±1.2E−05 | 0.000 | 0.008 | 0.002 | |
| PC 16：0-24：1 | 4.1E−04±1.5E−05 | 5.2E−04±6.9E−06 | 4.7E−04±4.3E−05 | 0.001 | 0.005 | 0.029 | |
| PC 17：1-18：1 | 3.2E−04±2.8E−05 | 4.0E−03±2.4E−04 | 3.3E−03±1.6E−05 | 0.004 | 0.049 | 0.015 | |
| PC 22：1-18：2 | 3.9E−04±2.1E−05 | 5.1E−04±1.5E−05 | 4.4E−04±9.1E−06 | 0.005 | 0.028 | 0.002 | |
| SM d18：1/15：0 | 4.6E−04±3.7E−05 | 7.5E−04±3.4E−05 | 5.8E−04±1.3E−05 | 0.000 | 0.007 | 0.001 | |

注：①P值由tunkey检验计算（P<0.05）；②箭头分别表示代谢产物在低温胁迫下的上升和下降趋势。

（4）讨论 当机体处于应激状态时，它会调节应激相关基因的表达，导致相关蛋白的折叠。为了探索鱼类应对低温胁迫的分子机制，需要研究机体在何时表达水平更高，但代谢物是机体调节的最终产物。因此，脂质组学被选择在96h进行测定和分析。通常，鱼体内的脂质处于相对平衡状态，但当稳定状态被打破时，鱼会调整代谢平衡以应对外界压力。

溶血磷脂是PL在水解过程中产生的具有一定生物活性的代谢产物，如溶血磷脂酰胆碱（LPC）、溶血磷脂酰肌醇（LPI）、溶血磷脂酰乙醇胺（LPE）等。这些代谢产物与细胞的生理生化状态密切相关。LPC、LPI和LPE是PLs的水解物，其含量上调可诱导ROS产生和细胞凋亡，可作为脂膜降解的标志物。本试验中，暗纹东方鲀肌肉组织中溶血磷脂的含量下调，表明溶血磷脂可能被磷脂酶B水解，从而失去溶解细胞膜的功能，维持机体的稳定。但在Ma的研究中，冷胁迫下青椒中溶血磷脂的含量却显著增加，其原因可能是动植物间物种的差异和胁迫时间的不同，导致反应表达谱的不同。

同样地，PL在氧化过程中也会产生具有生物活性的过氧化物。氧化磷脂酰胆碱（OxPC）、氧化磷脂酰肌醇（OxPI）和氧化磷脂酰丝氨酸（OxPS），已被证明是酒精性肝病的标志物。但是，鱼类有一定的修复损伤的能力，如通过SOD-CAT-GSH-PX系统，它能有效且可持续地去除活性氧，能有效降低磷脂的氧化产物，减轻磷脂膜的氧化损伤。

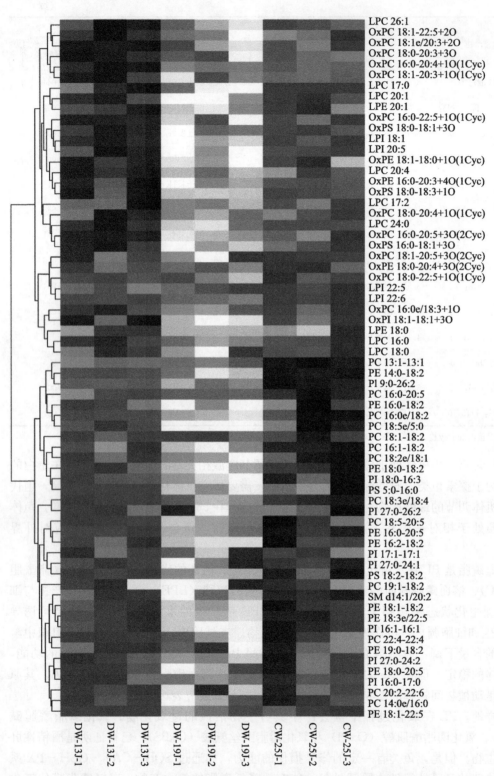

图 5 - 57　低温胁迫下正离子模式暗纹东方鲀肌肉中差异代谢物的热图（一）

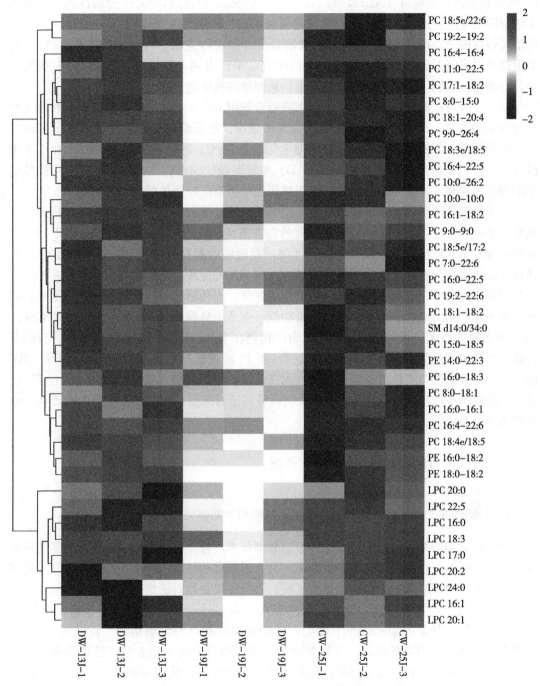

图 5-58　低温胁迫下负离子模式暗纹东方鲀肌肉中差异代谢物的热图（二）

此外，鱼类体内还存在大量具有修复功能的 PL 代谢物。磷脂酰胆碱（PC）是脂膜中具有最高含量的 PLs，其可显著锁定角质层的水分浓度并抑制脂褐素的形成。Sugino 也证实，PC 和磷脂酰乙醇胺（PE）在体外具有显著的抗氧化作用，并能有效去除超氧阴离子。磷脂酰丝氨酸（PS）是 PL 中唯一能够调节蛋白质功能状态的成分。Suzukis 发现，

PS能有效促进乙酰胆碱（ACH）和$Na^+/k^+-ATPase$的释放，ACH的活性和积累有助于细胞间信息的传递，从而对冷应激做出更快的反应。磷脂酰肌醇（PL）也是一种重要的信号转导因子。PL的高表达可促进脂肪合成并适应冷应激。许多试验表明，PL含量的上调可以提高对低温的耐受性。我们的研究结果还表明，该机制可以上调PL代谢产物，分解溶血磷脂，抑制氧化磷脂的产生，从而维持机体的平衡。

作为一种可被测量的物质，生物标志物通常被用来表征身体的状态。当表观状态无法确定真实状态时，相关代谢标志物可作为判断依据。在低温胁迫下，鱼类基本上是静止的，它们的外表不能反映它们真实的生理生化状态。PC、神经节苷脂（GM3）和乙酰肉碱（Acar）已被研究为阿尔茨海默病（AD）和新型冠状病毒病（COVID-19）中脂肪沉积的潜在标志物。在暗纹东方鲀体内有望被作为是否遭受冷胁迫的代谢标志物。

鱼类受到冷应激的刺激，体内产生大量的活性氧，促进MDA含量的升高，从而机体调节一系列的反应，来减轻环境胁迫导致的稳态失衡。首先，SOD-CAT-GSH-Px抗氧化系统对氧化应激反应迅速，分解活性氧，减轻脂质损伤；其次，TG含量增加，TG通过β氧化途径分解，从而达到抗寒的目的。在96h的应激后，我们发现细胞膜在冷胁迫下具有顺应性适应。肌肉中脂肪酸的组成发生变化，饱和脂肪酸倾向于分解单不饱和脂肪酸和多不饱和脂肪酸，从而改变脂膜的流动性，来适应低温胁迫。96h后，SOD和GSH-Px活性与对照组无显著差异，但脂质代谢产物仍在上升。PC和PI的浓度增加，有利于去除低温胁迫产生的活性氧和有害物质。PS和PI通过转导相关信号促进ACH和PKC的转运，从而协调鱼类体内稳态。我们推测在低温胁迫的后期，暗纹东方鲀可通过PL代谢物清除肌肉中的活性氧。但MDA含量仍显著高于对照组，因此，磷脂类代谢产物的修复能力也是有限的。

## 三、暗纹东方鲀耐寒性 SNP 位点开发

### （一）暗纹东方鲀 *CIRP* 基因 cDNA 序列克隆和生物信息学分析

分子标记辅助育种，是指通过遗传信息分型技术，将分型结果与生物体性状紧密联系起来创造分子标记。再用已知的分子标记，对人工繁育动植物进行遗传选择，是从遗传结构上控制后代潜在表型的手段，选择精度高，选择结果也相对稳定，可提高育种效率。随着分子生物技术的不断发展，单核苷酸多态性（single nucleotide polymorphism，SNP）作为目前使用最频繁的第三代分子标记，已经在动植物育种领域得到广泛认可与应用。SNP位点具有多态性高的特点，凭借单个位点突变即可影响生物表型，已被众多动植物分子育种研究领域学者报道。目前，在鱼类中，关于生长、抗病等相关SNP分子标记有较多报道。这些SNP位点大多集中于控制对应性状的基因上，以改变基因结构域、调整翻译效率、修饰蛋白结构等方式，调节对应基因表达。

**1. CIRP 的研究进展**　冷诱导结合蛋白（cold inducible RNA-binding protein，CIRP/CIRBP），是一种能够被低温诱导过表达的重要mRNA分子伴侣蛋白，富含甘氨酸且进化上高度保守，首次由Nishiyama于鼠睾丸细胞中克隆得到。它通常由174个氨基酸组成，含有1个高度保守的RNA结合域和与亚细胞定位、蛋白互作有关的辅助域，在植

物种有同源类似物 AtGRP7（arabidopsis thaliana glycine‐rich RNA binding protein 7），两者功能类似，都是在低温时上调表达，调节和维持蛋白转录翻译速率。空间上，CIRP 在细胞中位置并不固定，在细胞受到外环境刺激或信号指引时，会从细胞核转移到细胞质中，且在生物不同发育阶段中的位置也不同。目前，有研究在青蛙（*Rana nigromaculata*）卵母细胞中发现了 CIRP，认为其是作为一种细胞质蛋白来发挥功能。在处于第一到第三发育阶段的鼠精细胞中也是如此。青蛙 CIRP 核质交换区域，可以通过精氨酸甲基转移酶来达到甲基化，以提高 CIRP 在细胞质中的聚集度。哺乳动物在细胞质应激和内质网应激时，CIRP 核质交换区域的赖氨酸残基会发生甲基化反应，引导 CIRP 聚集在细胞质里的应激颗粒上。时间上，CIRP 表达会受到昼夜调控，被认为是生物钟基因调控子。成年鼠体内的 CIRP 会随光线和昼夜时间产生差异性表达，并在生物钟被扰乱后于肝脏显著表达。

　　*CIRP* 物种间结构差异较小，自从鼠中克隆出来后，相关研究随即报道了其在两栖动物和人类中的表达特征和功能，发现其既可参与人体子宫内膜周期调节，也可参与两栖动物胚胎发育，还具备诱导细胞凋亡、调节生物钟等功能。但鱼类 *CIRP* 的功能研究尚不深入。Pen 等认为，鲑（*Oncorhynchus keta*）CIRP 不仅受到低温刺激激发，还会受到高渗环境刺激而上调表达。杨晓克隆了牙鲆（*Paralichthys olivaceus*）*CIRP* cDNA 全长序列，发现其 mRNA 为母源性，并通过实时荧光定量分析确定牙鲆 *CIRP* 主要表达集中在卵巢，与大菱鲆性腺 CIRP 雌雄二态性表达研究结果相同；大黄鱼（*Larimichthys crocea*）*CIRP* 克隆与定量表达分析研究显示，大黄鱼 *CIRP* 在低温刺激下于肌肉和皮肤中产生了过表达，在脑中表达量变化不大；Hsu 等对高温刺激下的拉氏假鳃鳉（*Nothobranchius rachovii*）CIRP 蛋白表达进行 Western blot 分析，发现高温和低温都会降低拉氏假鳃鳉 CIRP 蛋白表达量。随着相关研究的开展和深入，鱼类 CIRP 的生理功能也会得到更全面的解释。

　　**2. 暗纹东方鲀 *CIRP* 基因 cDNA 序列克隆和生物信息学分析**　*CIRP* 作为潜在的耐寒育种基因，为了对其编码的蛋白结构、功能有初步了解，以暗纹东方鲀基因组序列组为参考序列，使用 RACE 技术克隆 *CIRP* 的 cDNA 全长序列，对其进行同源性比较和进化分析，可为全面了解其基因的功能奠定分子基础。

　　**3. 试验材料**　试验用健康暗纹东方鲀取自江苏中洋集团股份有限公司，共计 20 尾，体长（13±1.76）cm，体重（22±2.85）g。试验前暂养在水循环系统中 2 周（配备冷却和加热功能，体积 80L，流量为 2L/min），其间保持水体温度（25±0.5）℃，盐度 0±0.1，溶解氧浓度 7mg/L，光周期 L12h/D12h，pH7.5±0.5。使用镇江嘉吉饲料有限公司提供的商品鱼饲料对试验鱼进行投喂，8：00 和 18：00 各投喂一次。

　　**4. 结果与分析**　根据已知序列、5′RACE 和 3′RACE 测序结果，拼接出试验目的基因的 cDNA 全长序列。拼接好后，将序列放入 NCBI BLAST 在线比对系统（https：//blast. ncbi. nlm. nih. gov）中进行比对分析，同源性检索分析测序结果。使用 Jellyfish（version4. 1. 1. 0；University of Maryland，Maryland，USA）软件，对序列总长进行计数以分析序列总长；使用 DNAman（version 8. 0. 8. 789；Lynnon BioSoft，California，USA），确定基因开放阅读框 ORF。选取最准确的预测结果，使用 ExPASy Translate 核苷酸翻译工具（https：//web. expasy. org/translate/），将 ORF 序列翻译为氨基酸；使

用 ExPASy - ProParam（http：//www. expasy. org/tools/protparam. html），在线预测 3 个基因的理论分子量（MW）、等电点（pl）和分子式；使用 SMART（http：//smart. embl - heidelberg. de/）氨基酸序列功能预测工具，在线对 3 个基因 ORF 氨基酸序列进行结构和功能分析；使用 Predict-protein（https：//www. predictprotein. org/），在线预测编码蛋白的二级结构；使用 MEGA - X 软件，构建 N - J 系统发育树（1 000 次重复）（图 5 - 59）。

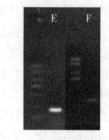

图 5 - 59 暗纹东方鲀 RACE 试验扩增电泳
E. CIRP 5′  F. CIRP 3′

（1）暗纹东方鲀 *CIRP* 基因全长和氨基酸序列分析 经过 Jellyfish 软件统计，暗纹东方鲀冷诱导结合蛋白（CIRP）基因 cDNA 全长共 775bp，其中，包含 5′UTR 106bp、3′UTR 144bp（包含 28bp poly A，表明 3′UTR 较为完整）、ORF525bp。ExPASy Translate 计算显示，其编码 174 个氨基酸 ExPASy - ProParam 预测显示产物分子量为 18 926. 32，理论等电点为 9. 00，理论分子式为 CsoI H 1226N 2s40214S4（图 5 - 60）。

（2）暗纹东方鲀 CIRP 相似性及多重比对分析 用多序列比对法比较了暗纹东方鲀 CIRP 氨基酸序列与尼加拉瓜湖始丽鱼（*Archocentrus centrarchus*）莫桑比克罗非鱼、牙鲆、黄金鲈（*Perca flavescens*）和红鳍东方鲀的 CIRP 氨基酸序列。结果显示，暗纹东方鲀 CIRP 的氨基酸序列与另外 4 种鱼的一致性为 64. 36%～84. 16%。具体为：与尼加拉瓜湖始丽鱼的一致性为 72. 77%，与莫桑比克罗非鱼的一致性为 70. 30%，与牙鲆的一致性为 65. 84%，与黄金鲈的一致性为 64. 36%，与红鳍东方鲀的一致性为 84. 16%（图 5 - 61，表 5 - 31）。

表 5 - 31　暗纹东方鲀 CIRP 与其他物种多重序列比对及系统进化树的氨基酸登记号

| 物种 | GENEBANK No. | 一致性（%） |
|---|---|---|
| 尼加拉瓜湖始丽鱼（*Archocentrus centrarchus*） | XP_030606995. 1 | 72. 77 |
| 莫桑比克罗非鱼（*Oreochromis mossambicus*） | AHY23244. 1 | 70. 30 |
| 牙鲆（*Paralichthys olivaceus*） | XP_019963781. 1 | 65. 84 |
| 黄金鲈（*Perca flavescens*） | XP_028449423. 1 | 64. 36 |
| 红鳍东方鲀（*Takifugu rubripes*） | XP_003975675. 1 | 84. 16 |
| 斑马鱼（*Danio rerio*） | NP_001296387. 1 | 55. 26 |
| 鼠（*Mus musculus*） | XP_006513228. 1 | 40. 35 |
| 人类（*Homo sapiens*） | NP_001271. 1 | 42. 11 |
| 非洲爪蟾（*Xenopus laevis*） | AAG09816. 1 | 40. 79 |
| 多疣壁虎（*Gekko japonicus*） | XP_015263130. 1 | 39. 47 |
| 原鸡（*Gallus gallus*） | XP_015155424. 1 | 41. 23 |
| 鲸鲨（*Rhincodon typus*） | XP_020369384. 1 | 35. 09 |

```
1    CCGATCAGGC TTAGCAGTGA AAAGTGGAGC GCGCGGTCTC TCCCTCATTG ATTCTGACCC
61   TCCGCGTCGT CGCCTCAGTA CTCTATCACT AAAAGGAAAA GCGAGG.

1    ATGTCGGACGAGGGTAAATTGTTCATTGGAGGATTGTCGAGCTTCGAGACCAACGAGGAGTCTCTGGCT
1    M  S  D  E  G  K  L  F  I  G  G  L  S  F  E  T  N  E  E  S  L  A
67   GAGGCCTTCGGCAAGTACGGAACCATCGAAAAGGTGGACGTGATCCGAGACAAAGAGACCGGGAGA
23   E  A  F  G  K  Y  G  T  I  E  K  V  D  V  I  R  D  K  E  T  G  R
133  TCTCGCCGGGTTTGGCTTTGTGAAATATGAAAGTGTCGAAGACGCCGAAGGACGCCATGACGGCATG
45   S  R  G  F  G  F  V  K  Y  E  S  V  E  D  A  K  D  A  M  T  A  M
199  AACCGGAAAGTCTTTGGACACGCCGGGCGATTCGTCTGTGGATGAAGCTGACCAAGGGTCTTCGTCCCAGG
67   N  G  K  S  L  D  G  R  A  I  R  V  D  E  A  G  K  G  L  R  P  R
265  GGAGGCTTCCAGTCAAGCAGCAGCCGTCCGGGGAGATCTGGAAGAGGTTATTCCAGAGGCAGCTAT
89   G  G  F  Q  S  S  S  R  S  R  G  R  S  G  R  G  Y  S  R  G  S  Y
331  GGTGGAGACAGAAGCTATGGCGACAGGAGTTATGGAGAAAGATATGGCAACAATGACCGGCGA
111  G  G  D  R  S  Y  G  D  R  S  Y  G  E  R  S  Y  G  N  N  D  R  G
397  TTTGGAGGCAGCGGTGGCTACAGAAGTGGAGGCTACTCTGGCTACAGAGACAACAGGATGCAG
133  F  G  G  S  G  G  Y  R  S  G  G  Y  S  G  G  Y  R  D  N  R  M  Q
463  GGTGGATACGAACGCTCCGGGTCCTCAGTAGAAGTATGATCTGCTGATGCTACACACAGGATAA
155  G  G  Y  E  R  S  G  S  Y  R  D  G  Y  D  G  Y  A  T  H  E  *
1    GCATCTCCCT AAATCAAGAT CATCACTTGG CTGGCGGTAT TTCAAAGATT TGCTCCTCAAA
61   AAAAGTTCCA CGTGTTATTG CTGACCTTAG TTTTGTAGTT TTGTTGTAGG CATCCCAAAA
121  AAAAAAAAAA AAAAAAAAAA AAAA
```

```
               ....,....13...,....14...,....15...,....16...,....17...
AA             YGERSYGNNDRGFGGSGGYRSGGYSGGYRDNRMQGGYERSGSYRDGYDGYATHE
OBS_sec
PROF_sec
Rel_sec        66665555566655655545566556565455555665566666455656555568
SUB_sec        LLLLLLLLLLLLLLLLLLL.LLLLLLLL.LLLLLLLLLLLLLLL.LLLLLLLLLLL

O_3_acc        bbbbbbbbbbbbbbbbbbbbbbbbbbbbbbbbbbbbbbbbbbbbbbbbbbbbbbbb
P_3_acc          e   e  e         eee e    ee ee eee     e ee eeee
Rel_acc        00000100000100000100100100000100010100100000000121237
SUB_acc        .......................................................
```

```
AA             MSDEGKLFIGGLSFETNEESLAEAFGKYGTIEKVDVIRDKETGRSRGFGFVKYESVEDAK
OBS_sec
PROF_sec            EEEEE      HHHHHHHHH   EEEEEEEEE         EEEEEEE HHHHH
Rel_sec        97630368721233345478898875146246688877246775310247753264678
SUB_sec        LLL...EEE.......L.HHHHHHHH..L..EEEEEEE..LLLL....EEE.L.HHHH

O_3_acc        bbbbbbbbbbbbbbbbbbbbbbbbbbbbbbbbbbbbbbbbbbbbbbbbbbbbbbbbbbbbb
P_3_acc        eeee  bbbbbb   e e b e bee beb eb bb b eee   bbbbb b   e be
Rel_acc        325323759624113032628350735002332545320110010134758131325293
SUB_acc        ..e...bbbb.b.....e.b.e.b.e.....bib.......bbbb.....e.b.
```

```
               ....,....7...,....8...,....9...,....10...,....11...,....12
AA             DAMTAMNGKSLDGRAIRVDEAGKGLRPRGGFQSSSRSRGRSGRGYSRGSYGGDRSYGDRS
OBS_sec
PROF_sec       HHHHH        EEEEEEE
Rel_sec        888741661003305787402344355666566665555555555555545555655666
SUB_sec        HHHH..LL......EEEE....LLLLLLLLLLLLLLLLLLLL.LLLLLLLLLLLLLLLL

O_3_acc        bbbbbbbbbbbbbbbbbbbbbbbbbbbbbbbbbbbbbbbbbbbbbbbbbbbbbbbbbbbbb
P_3_acc        ebbee e eebeb  b be beeeeeeeee ee e e e eeee e   e    e e
Rel_acc        574331302121212545122211101221001010000011001001000100011000
SUB_acc        ebb...........bib...........................................
```

```
               ....,....13...,....14...,....15...,....16...,....17...
AA             YGERSYGNNDRGFGGSGGYRSGGYSGGYRDNRMQGGYERSGSYRDGYDGYATHE
OBS_sec
PROF_sec
Rel_sec        66665555566655655545566556565455555665566666455656555568
SUB_sec        LLLLLLLLLLLLLLLLLLL.LLLLLLLL.LLLLLLLLLLLLLLL.LLLLLLLLLLL

O_3_acc        bbbbbbbbbbbbbbbbbbbbbbbbbbbbbbbbbbbbbbbbbbbbbbbbbbbbbbbb
P_3_acc          e   e  e         eee e    ee ee eee     e ee eeee
Rel_acc        00000100000100000100100100000100010100100000000121237
SUB_acc        .......................................................
```

图 5-60　暗纹东方鲀 CIRP 二级结构

（＊：终止密码子；■：RNA 识别基序；＿＿＿：Poly A 结构；﹏﹏：LCR。二级结构

如图 5-51 所示，其中，L：无规则卷曲；E：片层结构；H：螺旋结构）

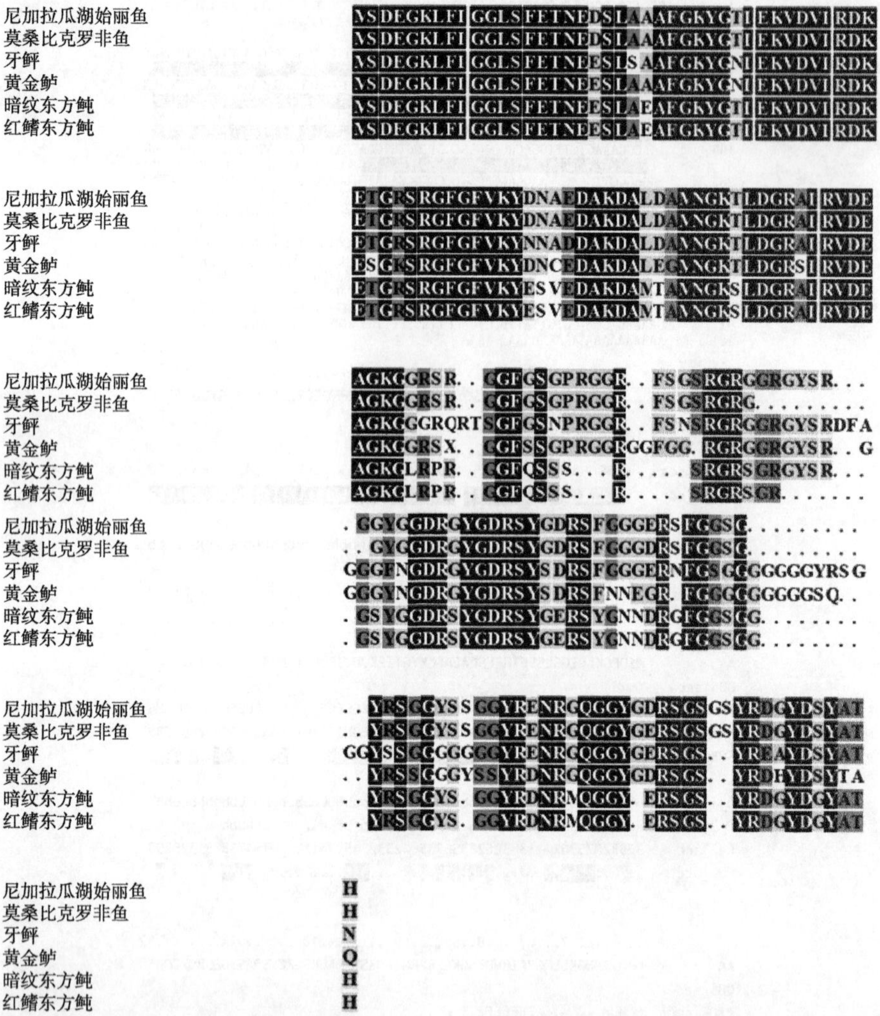

尼加拉瓜湖始丽鱼
莫桑比克罗非鱼
牙鲆
黄金鲈
暗纹东方鲀
红鳍东方鲀

图 5-61 暗纹东方鲀 CIRP 氨基酸序列与其他已知序列对比

（3）暗纹东方鲀 CIRP 系统进化树的构建分析　为了研究暗纹东方鲀和其他物种之间 CIRP 的进化关系，采用 MEGA-X 以邻接 Neighbor-Joining 法 1 000 次重复构建 CIRP 氨基酸序列的分子系统进化树，构建采用 bootstrap 值进行标注（图 5-62）。

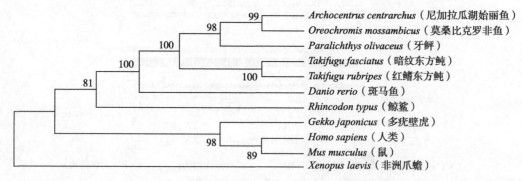

图 5-62 暗纹东方鲀与其他物种 CIRP 系统进化树

CIRP 进化结果显示，暗纹东方鲀与红鳍东方鲀首先聚为一支，莫桑比克罗非鱼与尼加拉瓜湖始丽鱼聚为一支，牙鲆单独为一支，最后均与斑马鱼一齐聚为硬骨鱼支。哺乳纲的鼠与人类聚为一支，多犹壁虎作为爬行纲代表单独为一支，鲸鲨作为软骨鱼纲代表单独为一支，非洲爪蟾作为两栖纲单独为一支。硬骨鱼类与其他动物的 CIRP 在进化中出现了明显分支，非洲爪蟾所在的两栖纲与其他物种进化关系最远。

**5. 结果与讨论**　暗纹东方鲀 CIRP 氨基酸序列与其他脊椎动物 CIRP 有一定相似性，其所属的硬骨鱼纲与其他纲分为了两个较大分支。而这个现象证明，硬骨鱼 CIRP 与软骨鱼、爬行动物、两栖动物、鸟和哺乳动物存在一定差异。在圆口纲中尚未见 CIRP 序列报道。本研究克隆的暗纹东方鲀 *CIRP* 基因全长序列和大多数硬骨鱼 *CIRP* 相似，进化树显示其与同属鱼类红鳍东方鲀进化关系最相近，与非洲爪蟾最远。暗纹东方鲀与红鳍东方鲀虽是同属鱼类，可突破生殖隔离产生健康杂交后代，但 CIRP 在部分氨基酸转录上还是具有明显差异，因此，低温耐受性能很可能也不同。经过分析结构域发现，暗纹东方鲀 *CIRP* 在 ORF 前端有一段约 74AA 的 RNA 识别基序，这种基序是蛋白质与 RNA 相互作用的常见结构域之一，属于古老保守区（ACR），但会因为基因内结构域的重复而变得多样化。这样的结构暗示，CIRP 可能是通过与特定 RNA 结合来调节后续转录功能的，而其识别基序具有的保守性进一步暗示了不同物种中的 CIRP 功能很可能具有相似性。在 93～122A 和 126～152AA，CIRP 存在着两段低复杂度区域（LCR）。LCR 是一种氨基酸组分较为简单的蛋白质序列，有一些未知的特殊功能，使得他们能够灵活参与各种结合过程。研究发现，LCR 在基因序列中的位置，可能决定了它们的结合特性和生物学作用。如序列中部 LCR 往往与转录功能有关，末端 LCR 常常与胁迫应激有关；而且有 LCR 的蛋白，往往比没有 LCR 的蛋白拥有更多结合目标。因此，暗纹东方鲀 CIRP 中部和偏末端的 LCR 结构特征，证实其是种与胁迫应激有关的蛋白。CIRP 进化树显示，哺乳纲与爬行纲进化关系较为亲近，这种现象很可能是因为 6 - 79AA 之间存在的高度保守 RNA 识别基序。

## （二）暗纹东方鲀 *CIRP* 基因表达特征分析

*CIRP* 基因的结构已被阐明，但它们在暗纹东方鲀体内的表达规律仍然有待探讨。本研究主要针对 *CIRP* 基因的表达规律进行初步分析，探究 CIRP 在暗纹东方鲀不同发育时期的表达模式。

**1. 材料方法**　不同发育时期健康暗纹东方鲀取自江苏中洋集团股份有限公司，根据性腺发育情况分为Ⅰ期、Ⅱ期、Ⅲ期、Ⅳ期和Ⅴ期。组织样本包括 5 个不同发育时期的心脏、肝脏、脑、脾脏、肾脏、肌肉、中肠和鳃，按 3 次生物学重复规则进行取样。样品装入 RNAase - free tube 中后，放于液氮中速冻 10min，−80℃冰箱中保存待用。所有试验经动物伦理委员会批准（批准号：SYXK 2015 - 0028）。

**2. 结果与分析**　*CIRP* 基因在暗纹东方鲀 5 个发育时期 8 种不同组织的分布，有较明显的组织和时序差异（图 5 - 63）。组织差异体现在脑 *CIRP* 相对表达量，各时期均显著高于其他组织（$P<0.05$）。各时期的心脏、肝脏、脾脏、肾脏、肌肉、中肠、鳃之间均无显著差异。时序分布差异体现在：Ⅰ期与Ⅴ期脑 *CIRP* 表达量最高，彼此间差异不显著，Ⅱ、Ⅲ期最低，彼此间差异不显著，Ⅳ期显著高于Ⅱ、Ⅲ期（$P<0.05$），显著低于

Ⅴ期（$P<0.05$），与Ⅰ期差异不显著；心脏、肝脏、脾脏、肾脏、肌肉、中肠、鳃无显著时序差异，各时期表达几乎相同。总体上看，暗纹东方鲀的脑在各时期均是 CIRP 相对表达量最高的组织，其余各时期各组织间差异不显著。通过以实时荧光定量检测 CIRP 基因在 5 个不同发育时期暗纹东方鲀 8 种不同组织中的相对表达量，本研究总结了 CIRP 的表达规律。结果显示，CIRP 在暗纹东方鲀 8 种不同组织均有分布，脑部相对表达量在各时期均显著高于其他所有组织（$P<0.05$），其余各时期各组织间差异不显著。CIRP 作为一种高度保守蛋白，在低温刺激下可于多种生物中出现特异性上调，从细胞核迁移至细胞质中去参与 DNA 损伤修复、转录保持和翻译维持，协助细胞应对外源刺激。目前，鱼类中关于 CIRP 生物学功能的报道，主要有牙鲆的 CIRP 克隆与结构分析、大黄鱼 CIRP 克隆与表达分析、变温刺激下拉氏假鳃鳉 CIRP 表达特征分析与大菱鲆 CIRP 表达分析。其中，牙鲆和大菱鲆 CIRP 在卵巢中出现了最高表达，在脑、心脏与肌肉出现了高表达；大黄鱼低温刺激下的肌肉和皮肤中产生了 CIRP 过量表达，脑则始终保持较高 CIRP 水平。这些组织分布特点与暗纹东方鲀的较为相似，区别在于暗纹东方鲀肌肉中的 CIRP 相对表达量较低。因此，脑很有可能是硬骨鱼类 CIRP 的主要富集部位。CIRP 是一种受低温诱导的蛋白，其在鱼类低温刺激下的保护作用能够使鱼类机体细胞维持正常损伤修复功能。暗纹东方鲀肌肉中为何没有 CIRP 高表达，以及暗纹东方鲀 CIRP 是否也像两种鲆类鱼一样具备雌性特异性表达特征，都是值得继续探讨的问题。

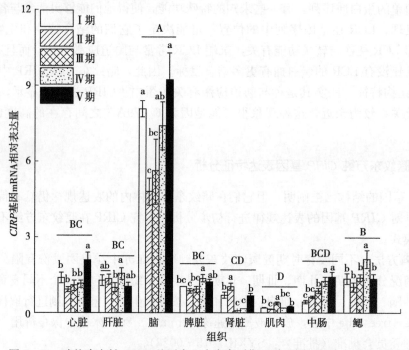

图 5-63　暗纹东方鲀 CIRP 基因在 5 个发育时期 8 种不同组织中的分布情况

### （三）暗纹东方鲀 CIRP 基因 SNP 位点开发及与耐寒性状相关联分析

为了检测与暗纹东方鲀耐寒性有关的基因上是否存在 SNP，并验证是否能够开发出对分子辅助育种有用的遗传标记，本章开展暗纹东方鲀 CIRP 基因 SNP 位点开发与耐寒性状关联性分析，以期为暗纹东方鲀遗传改良提供一定的理论依据。

**1. 材料方法** 为了将 CIRP 上的 SNP 位点与暗纹东方鲀耐寒性状进行关联性分析，自江苏中洋集团股份有限公司获取了 138 尾同一生长时期的"中洋 1 号（GS‐01‐003‐2018）"耐寒新品种暗纹东方鲀，体长为（103.6±8）mm，体重为（33.86±8.21）g。实验鱼被暂养在多个水循环系统中（配备冷却和加热功能，体积 80L，流量为 2L/min），每个水族箱 15 尾。将实验鱼在（25±0.5）℃、盐度 0±0.1、溶解氧浓度＞7mg/L、L/D 光周期 12h/12h、pH 7.5±0.5 下适应 2 周。其间使用镇江嘉吉饲料有限公司提供的商品鱼饲料对实验鱼进行投喂，8：00 和 18：00 各投喂 1 次，以备后续测量生长数据和开展降温试验。分析 CIRP SNP 在普通群体与"中洋 1 号"群体中的分布差异时，从江苏省江阴市申港三鲜养殖有限公司再次随机选取 162 尾体长为（99.62±7.97）mm、体重为（32.40±8.21）g 的暗纹东方鲀，与"中洋 1 号"群体集合成 300 尾的群体进行比较验证。所有试验经动物伦理委员会批准（批准号：SYXK 2015‐0028）。

**2. 暗纹东方鲀江阴群体生长数据的获取** 测量全部 300 尾江阴暗纹东方鲀 10 项计量性状，计算 1 项比例性状。计量性状包括体长（BL）、头长（HL）、躯干长（TL）、眼径（ED）、眼间距（ID）、体高（BH）、体宽（BW）、尾柄长（CPL）、尾柄高（CPH）和体重（W），比例性状为肥满度（CF）。长度测量采用游标卡尺（昆山铭尚精密机电有限公司），重量测量采用电子天平（上海民桥精密科学仪器有限公司），肥满度通过"体重/体长$^3$×100％"公式计算得到。测量完毕后，剪取约 1cm 长的尾鳍置入 95％酒精中进行保存，第一次保存 24h 后更换酒精，随后置于−80℃中进行长期保存。

**3. 暗纹东方鲀"中洋 1 号"个体低温耐受性数据获取** 待 138 尾体长为（103.62±8.15）mm、体重为（33.86±8.21）g 的暗纹东方鲀"中洋 1 号"耐低温群体在水循环系统中适应 2 周后，对其按照 0.85℃/h 的速度进行低温处理。在降温过程中，一旦某尾暗纹东方鲀出现失衡并对外界物理刺激无反应，便视此温度为其低温耐受极限。将达到低温耐受极限的暗纹东方鲀"中洋 1 号"个体捞出，记录其失衡温度，剪取约 1cm 长的尾鳍置入 95％酒精中进行保存。第一次保存 24h 后更换酒精，随后置于−80℃中进行长期保存。

**4. SNPs 筛查及基因型的判定** 基于测序反馈的峰图和序列，利用 Chromas 2014（version 2.4.3.0 Technelysium Pty Ltd. Brisbane，Australia）观察测序峰图，使用 DNAman（version 8.0.8.789；Lynnon BioSoft，California USA）对 DNA 序列突变位点进行确认。当位点峰图为单一峰时，认为该位点纯合；当位点出现双色峰，且矮峰高度占高峰高度 30％以上时，判断该位点为杂合。

**5. 数据分析** 利用 SPSS 25.0（version 25.0.0.0.355；IBM，New York，USA）针对性状及试验群体特点，ANOVA 做关联性分析。利用 ExPASy Translate（https：//web.expasy.org/translate/）将序列翻译为氨基酸后，比较 SNP 是否对氨基酸翻译有影响。利用 Microsoft Excel 2019（version 16.0.10357.20081，Microsoft Washington，USA）做简单基因频率统计后，计算 SNP 位点杂合度。使用 Hardy‐Weinberg（HWE）遗传平衡检验方法进行遗传平衡性检验，根据等位基因频率计算多肽信息含量（PIC）。

**6. 结果与分析**

（1）CIRP 基因的 SNP 位点 通过扩增测序，在 CIRP 上发现了一个有效 SNP 位点。以 SNP c. 代表 cDNA 位点，SNP g. 代表基因组 DNA 位点（图 5 - 64）。

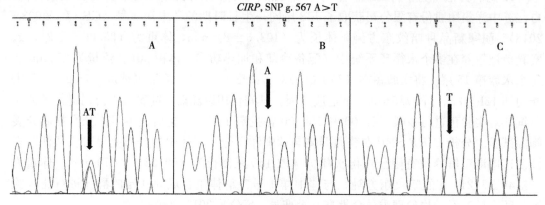

图 5 - 64 *CIRP* 基因的 SNP 位点

（2）SNPs 位点不同基因型个体与耐寒性能的相关性分析 SNP g. 567 A＞T 位点基因型与暗纹东方鲀耐寒性能的关联性分析见表 5 - 32。经过 SPSS 25.0 统计处理发现，SNP g. 567 A＞T 位点为 AA 型，TT 型和 AT 型个体失衡起始温度（beginning temperature of losing balance，BT）与失衡极限温度（lowest temperature of losing balance，LT）均无差异，均为 17℃时失衡，13℃时达到极限。使用 ANOVA 分析法对失衡温度与基因型进行关联性分析，发现 SNP g. 567 A＞T 位点与暗纹东方鲀"中洋 1 号"耐寒性能显著相关（PG0.05＞o SNPg. 567A＞T），呈现 AA 型的个体平均失衡温度（average temperature of losing balance，AT）为（14.06±1.39）℃；而 TT 型与 AT 型平均失衡温度分别为（15.05±1.50）℃和（15.06±1.32）℃，AA 型个体耐寒性能比杂合型 AT 个体和纯合型 TT 个体高出了约 6.670 70。结果表明，SNP g. 567 A＞T 位点对暗纹东方鲀"中洋 1 号"耐寒性能有正向加强作用，AA 型暗纹东方鲀具有更强的低温耐受性能。

表 5 - 32 不同 SNP 位点基因型与暗纹东方鲀低温耐受性的关联分析

| | 基因型 | 个体数 | AT | LT | BT |
|---|---|---|---|---|---|
| SNP g. 567 A＞T | TT | 20 | 15.05±1.50* | 13.00 | 17.00 |
| | AA | 48 | 14.06±1.39* | 13.00 | 17.00 |
| | AT | 70 | 15.06±1.32* | 13.00 | 17.00 |
| | 总计 | 138 | 14.71±1.44 | 13.00 | 17.00 |

注：＊代表有显著性差异，$P < 0.05$。

**7. 结果与讨论** CIRP 是伴随冷应激过程过量表达的一种高度保守蛋白，与 TGF - β1 一样具有多种效能，主要是保护细胞在低温情况下不受到损伤。近年来，关于 CIRP 的研究在植物中较为常见，但在动物中特别是鱼类中所见不多，可见于鼠、大黄鱼、牙鲆等研究。目前，关于 CIRP 的 SNP 报道更是少之又少，已知的有：胡金伟研究了 CIRP 4 个 SNP 位点在两种耐寒表现不同的牙鲆群体中的分布情况，发现低温耐受牙鲆以及低温敏感牙鲆的这 4 个 SNP 位点分布存在显著差异（$P < 0.05$）；Anthony 等发现，CIRP 的 SNP 可影响到拟鳄龟（*Cheiydra serpentina*）的性别分化。本研究发现，*CIRP* 基因组序

列第 567 位核酸位点出现 SNP，并将其命名为 SNP g.567 A＞T，此位点与暗纹东方鲀"中洋 1 号"耐寒性能显著相关（$P<0.05$）。经比对分析，SNP g.567 A＞T 位于 *CIRP* 内含子上，该位点呈现 AA 型的个体平均失衡温度，比杂合型 AT 个体和纯合型 TT 个体降低了约 6.670 70℃，对暗纹东方鲀"中洋 1 号"耐寒性能有正向加强作用，可作为有效育种标记。而江阴群体的 SNP g.567 A＞T 并不符合 HWE 平衡，证实该群体既可能存在一定遗传选择性，也可能有外部基因流汇入。

# 6

# 第六章
# 暗纹东方鲀应对病菌感染的响应机制

暗纹东方鲀是我国重要的经济鱼类，然而由逐年扩大养殖规模导致的鱼病暴发，严重地制约了河鲀养殖产业的发展，主要的传染性病原如病毒、细菌和寄生虫等。嗜水气单胞菌（*Aeromonas hydraphila*）是一种革兰氏阴性菌，在水域中广泛分布，并且它能够使大多数鱼类患上出血性败血病。因此，为了河鲀养殖产业的可持续发展，加强对暗纹东方鲀应对致病菌侵染的免疫抵御机制的研究，变得极其重要和紧迫。Toll 样受体（Toll‑like receptors，TLRs），是存在于生物机体中一大类非常重要的模式识别受体（pattern recognition receptors，PRRs），通过辨别各种各样的病原体相关分子模式（pathogen‑associated molecular patterns，PAMPs）而介导机体的天然免疫。*TLRs* 分布广泛，在多种细胞中均有表达。*TLRs* 具有特殊的免疫信号转导过程，是生物体内抵御外界病原的首要物质。虽有大量关于硬骨鱼类 *TLRs* 基因的报道，但对洄游性鱼类如暗纹东方鲀的 *TLRs* 基因的研究仍不够深入。

**1. 材料和方法** 试验用暗纹东方鲀，由江苏中洋集团股份有限公司国家级暗纹东方鲀良种场提供，体长为（22±2.85）cm，体重为（150±7.6）g。所有的暗纹东方鲀被随机转移到 3 个带有生物滤过器水循环系统的玻璃缸里，且该设备具有升高和降低水温的功能，玻璃缸容积为 200L，水流速度为 5L/min。养殖水温稳定在 25～26℃，暂养 1 周后用于后续试验。

**2. 基因序列的生物信息学分析** 用 BLASTn 程序（http：//blast. ncbi. nlm. nih. govBlast. cgi），对 *TLR2*、*TLR7* 和 *TLR21* 基因测序结果进行同源性检索。DNAStar 等软件统计分析序列总长，确定其开放阅读框（open reading frame，ORF），进而预测氨基酸序列。理论分子量（MW）和等电点（PI），用 Expasy‑Prop 在线工具（http：//www. expasy. org/tools/protparam. html）进行预测。使用在线软件 SMART（http：//smart. embl‑heidelberg. den），对预测到的氨基酸序列进行结构和功能的分析。使用 SignaIP 4.1（http：//www. cbs. dtu. dk/services/SignaIP/），进行信号肽的预测。二级结构经

Predictprotein（https：//www. predictprotein. orgn）进行在线预测。用 MEGA 5.0 软件重复 1 000 次，构建 N-J 系统发育树。

**3. 结果与分析**

（1）**3 个 *TfTLRs* 基因 cDNA 全长和氨基酸序列特征**　根据已获得的基因部分序列，利用 RACE 技术扩增并拼接得到其全长序列。其中，*TLR2* 的 cDNA 全长为 3 666bp（Genebank 登录号：KY 774385），包括 2 616bp 开放阅读框（ORF）、85bp 的 5′UTR 区和 965bp 的 3′UTR 区，并且 3′UTR 区具有典型的加尾信号 AATAAA 和 ATTAAA，以及 1 个 mRNA 不稳定信号 ATTTA，推测该序列编码 871 个氨基酸；TLR7 的 cDNA 全长为 3 359bp（Genebank 登录号：KY 774386），包括 3 144bp ORF、47bp 的 5′UTR 区和 168bp 的 3′UTR 区，并且 3′UTR 区具有典型的加尾信号 AATAAA 和 1 个 mRNA 不稳定信号 ATTTA，推测该序列编码 1 047 个氨基酸；TLR21 的 cDNA 全长为 3 259bp（Genebank 登录号：KY 774387），包括 2 898bp ORF、104bp 的 5′UTR 区和 257bp 的 3′UTR 区，并且 3′UTR 区具有 1 个 mRNA 不稳定信号 ATTTA，推测该序列编码 965 个氨基酸。ExPASy 软件预测到 TLR2 的氨基酸分子量为 99 976.61，理论等电点为 7.79；TLR7 的氨基酸分子量为 120 953.12，理论等电点为 8.44；TLR21 的氨基酸分子量为 111 869.90，理论等电点为 8.80。SMART 软件预测到 TLR2 的氨基酸序列含有 1 个信号肽、1 个胞外 LRR-TYP 结构域、8 个 LRRs 结构域、1 个 C 端 LRR 结构域（LRR-CT）和细胞质 TIR 结构域；*TLR7* 的氨基酸序列含有 1 个信号肽、1 个胞外 LRR-TYP 结构域、10 个 LRRs 结构域、1 个 C 端 LRR 结构域和 N 端 LRR 结构域（LRR-NT），以及细胞质 TIR 结构域；TLR21 的氨基酸序列含有 1 个信号肽、14 个胞外 LRRs 结构域和 1 个细胞质 TIR 结构域（图 6-1 至图 6-3）。

（2）**3 个 TfTLRs 蛋白序列的多重比较分析**　本研究比较了 TLR2、TLR7 和 TLR21 蛋白分别与其他 4 个物种已知的 TLRs 蛋白家族氨基酸序列（图 6-4 至图 6-6）。结果显示，TfTLR2 整体的一致性为 87%～92%，*TfTLR7* 整体的一致性为 97%～99%，TfTLR21 整体的一致性为 87%～95%，表明暗纹东方鲀 TLR2、TLR7 和 TLR21 蛋白在物种间高度保守，且分别包含各自家族的保守结构域。

TLRs 介导的先天性免疫是鱼类抗菌免疫的第一道防线。TLRs 通过识别特定的 PAMPs，从而诱导相关免疫效应分子的表达，在抵御病原生物中起着至关重要的作用。本研究从构建的暗纹东方鲀 cDNA 文库中得到了 *TfTLR2*、*TfTLR7* 和 *TfTLR21* 基因的部分片段，并利用 RACE 技术获得了其 cDNA 全长，且对 *TfTLR2*、*TfTLR7* 和 *TfTLR21* 基因及其对应的蛋白进行了分析。全长分析发现，*TfTLR2*、*TfTLR7* 和 *TfTLR21* 均呈现了一个典型的 TLR 结构域架构。同源性比对揭示了 *TfTLR2*、*TfTLR7* 和 *TfTLR21* 与同属鱼类红鳍东方鲀 *TLR2*、*TLR7* 和 *TLR21* 的序列相似度均最高。NJ 系统发生树分析结果表明，*TfTLR2*、*TfTLR7* 和 *TfTLR21* 均与同属鱼类相应的 *TLRs* 基因聚合为同一分支。

对获得的暗纹东方鲀 *TLR2*、*TLR7* 和 *TLR21* 进行生物信息学分析比较，序列长度分别为 3 666bp、3 359bp 和 3 259bp，其 ORF 分别为 2 616bp、3 144bp 和 2 898bp，可分别翻译为 871、1 047 和 965 个氨基酸。其中，*TfTLR2*、*TfTLR7* 和 *TfTLR21* 在 3′UTR 区

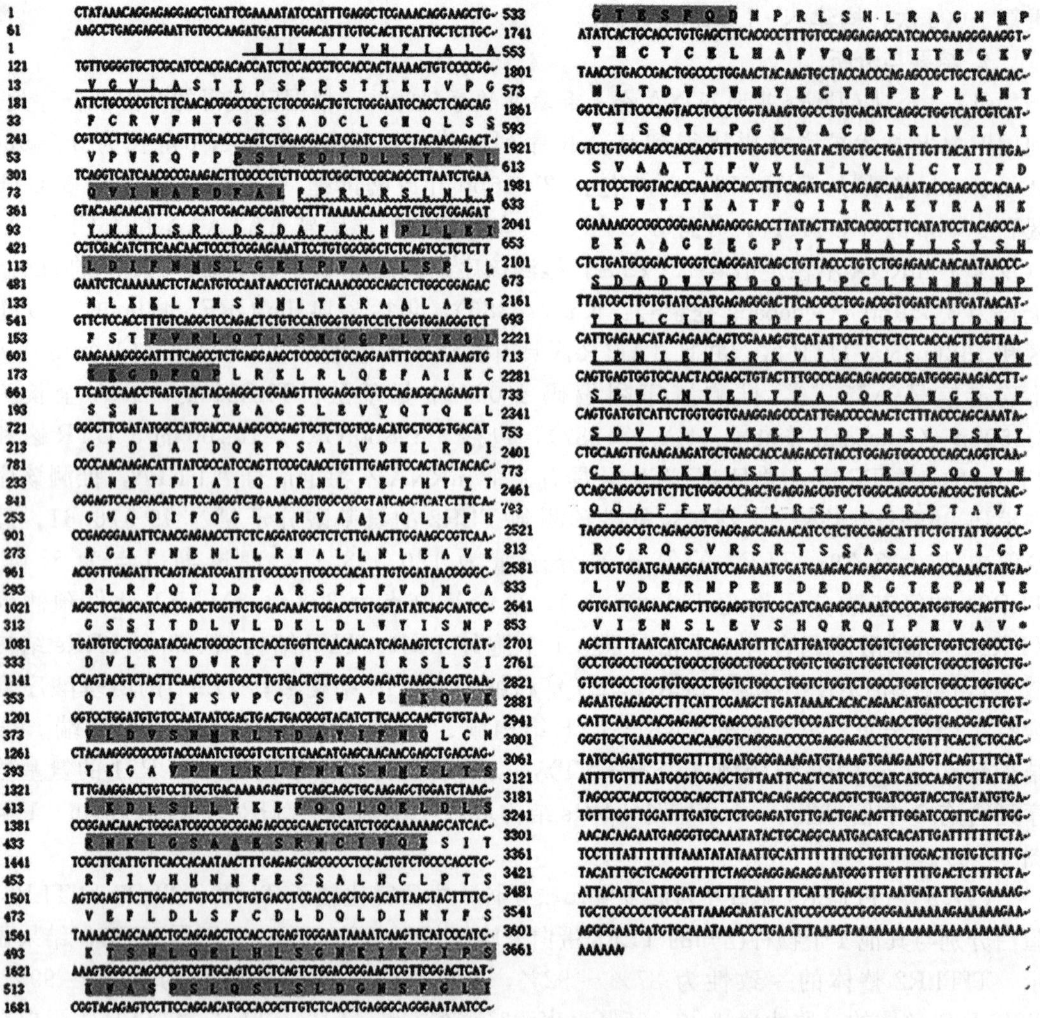

图 6-1　暗纹东方鲀 *TLR2* 基因的核酸和氨基酸序列

注：核酸序列从基因 5′端第一个碱基开始编号，终止密码子用星号标注。预测的信号肽用下划线表示（1～17aa）；预测的 LRR-TYP 结构域用波浪线标出（83～106aa）；LRRs 结构域用灰色阴影标出（60～82、108～130、156～179、368～389、397～420、423～449、494～516、517～539aa）；预测的 LRR-CT 结构域用粗体表示（551～605aa）；TIR 结构域用加粗的下划线标出（663～808aa）。

均具有 1 个 mRNA 不稳定信号 ATTTA，在大菱鲆（*Scophthalmus maximus*）的 *TLRs* 基因序列中也存在该种序列结构，表明 *TfTLR2*、*TfTLR7* 和 *TfTLR21* 可能是暂时性的表达，TfTLR2、TfTLR7 和 TfTLR21 蛋白序列均包含 TLRs 家族 4 个典型的结构，分别是信号肽、胞外 LRR 结构域、跨膜区和细胞质 TIR 结构域。其中，TfTLR2 包含 1 个信号肽、1 个胞外 LRR-TYP 结构域、8 个 LRRs 结构域、1 个 C 端 LRR 结构域（LRR-CT）和细胞质 TIR 结构域；TfTLR7 含有 1 个信号肽、1 个胞外 LRR-TYP 结构域、10 个 LRRs 结构域、1 个 C 端 LRR 结构域和 N 端 LRR 结构域（LRR-NT），以及细胞质 TIR 结构域；TfTLR21 含有 1 个信号肽、14 个胞外 LRRs 结构域和 1 个细胞质 TIR 结构

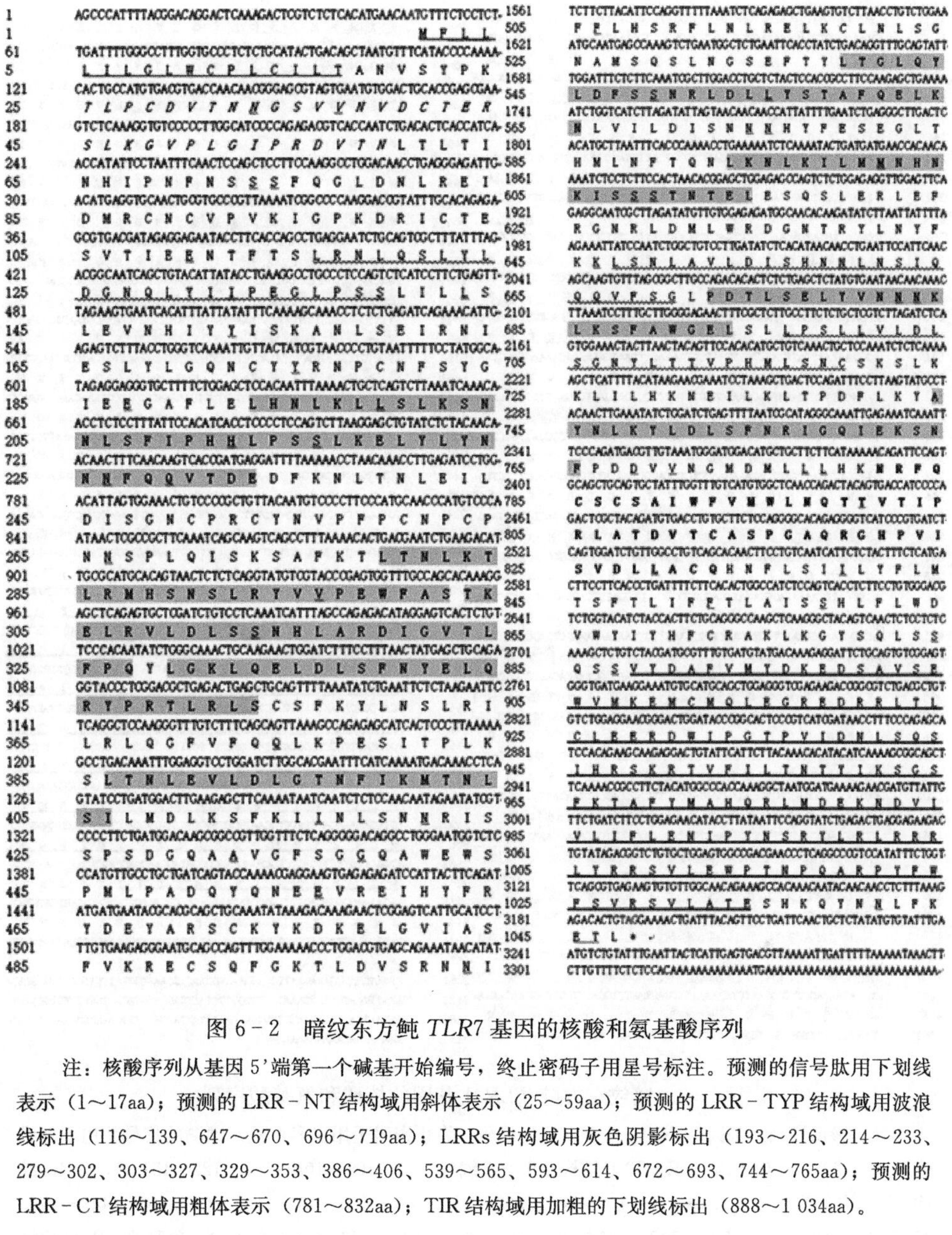

图 6-2　暗纹东方鲀 *TLR7* 基因的核酸和氨基酸序列

注：核酸序列从基因 5'端第一个碱基开始编号，终止密码子用星号标注。预测的信号肽用下划线表示（1～17aa）；预测的 LRR-NT 结构域用斜体表示（25～59aa）；预测的 LRR-TYP 结构域用波浪线标出（116～139、647～670、696～719aa）；LRRs 结构域用灰色阴影标出（193～216、214～233、279～302、303～327、329～353、386～406、539～565、593～614、672～693、744～765aa）；预测的 LRR-CT 结构域用粗体表示（781～832aa）；TIR 结构域用加粗的下划线标出（888～1 034aa）。

域。LRR 结构域能够识别特定的 PAMPs，且有研究表明不同物种中 LRR 的数目是变化的，但其位置具有保守性。跨膜区表明，该蛋白位于细胞表面，而大多数保守的 TIR 结构域位于 C 末端，表明它与下游各种接头分子相关联以进行 TLR 的信号转导，如 MyD88、TRAF6 等。其次，TfTLR2、TfTLR7 和 TfTLR21 的信号肽分别是 17aa、17aa 和 23aa，其存在与跨膜区的出现，以及该蛋白在表面的分布相一致。氨基酸序列多重比对发现，暗纹东方鲀 TLR2、TLR7 和 TLR21 与鱼类的同源性均较高，与两栖类和哺乳类动物同源性均相对较低，表明 *TLR2*、*TLR7* 和 *TLR21* 在鱼类中高度保守。根据 *TLR2*、*TLR7* 和 *TLR21* 基因氨基酸序列构建了脊椎动物的系统进化树，3 个基因的聚类

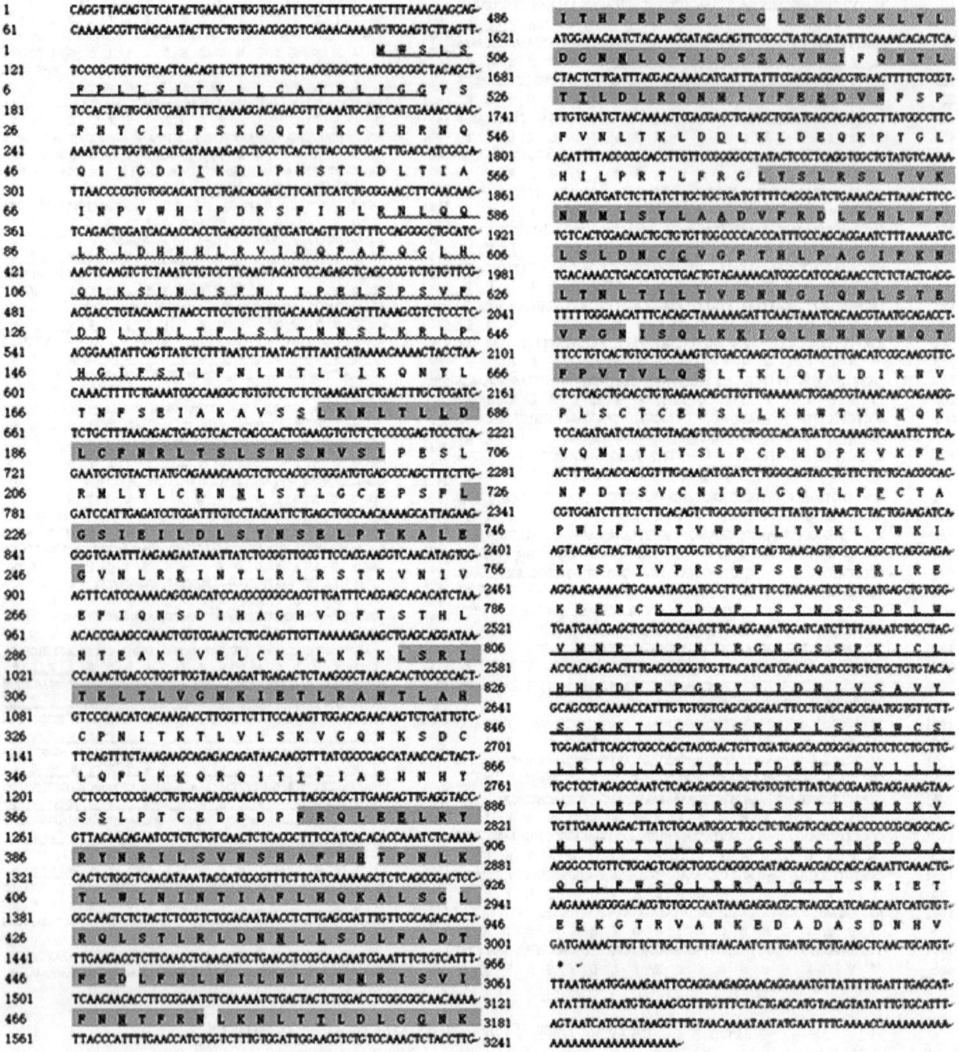

图 6-3　暗纹东方鲀 *TLR21* 基因的核酸和氨基酸序列

注：核酸序列从基因 5′端第一个碱基开始编号，终止密码子用星号标注。预测的信号肽用下划线表示（1～23aa）；预测的 LRR-TYP 结构域用波浪线标出（80～103、104～127、128～151aa）；LRRs 结构域用灰色阴影标出（178～201、225～246、302～325、377～400、401～424、425～448、449～472、473～496、497～520、522～542、576～599、600～625、626～649、650～673aa）；预测的 TIR 结构域用加粗的下划线标出（791～940aa）。

结果相类似，所有鱼类构成进化树的一个主要分支，暗纹东方鲀与同属鱼类红鳍东方鲀聚为一支，其他脊椎动物构成另外的分支，最后聚类为一支。

（3）3 个 TfTLRs 蛋白的同源性与系统进化分析　推导得到的暗纹东方鲀 *TLR2* 基因的氨基酸序列分析表明，暗纹东方鲀和其他物种 *TLR2* 的同源性为 25%～98%。其中，与同为东方鲀属的红鳍东方鲀同源性最高为 98%，而与家鼠的同源性最低为 25.37%。

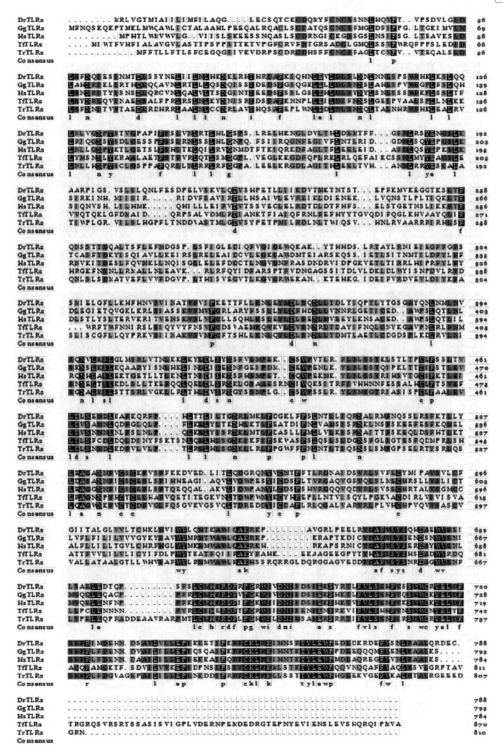

图 6-4 暗纹东方鲀 TLR2 氨基酸序列与其他已知序列对比

注：氨基酸序列优化对齐后的空白位置用连字符代替。上述序列比对中，物种所对应的基因登录号如下：TfTLR2（暗纹东方鲀），KY 774385；HsTLR2（人），AAY85648.1；GgTLR2（鸡），ACR26424；TrTLR2（红鳍东方鲀），AAW69370.1；DrTLR2（斑马鱼），NP-997977.10。

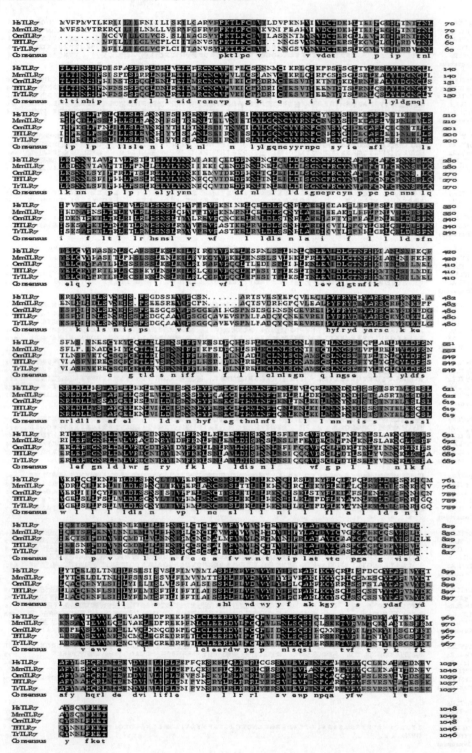

图 6-5　暗纹东方鲀 TLR7 氨基酸序列与其他已知序列对比

　　注：氨基酸序列优化对齐后的空白位置用连字符代替。上述序列比对中，物种所对应的基因登录号如下：TfTLR7（暗纹东方鲀），KY 774386；HsTLR7（人），AAZ99026.1；MmTLR7（家鼠），AA 132386.1；OmTLR2（虹鳟），ACV41797.1；TrTLR7（红鳍东方鲀），AAW69375.10。

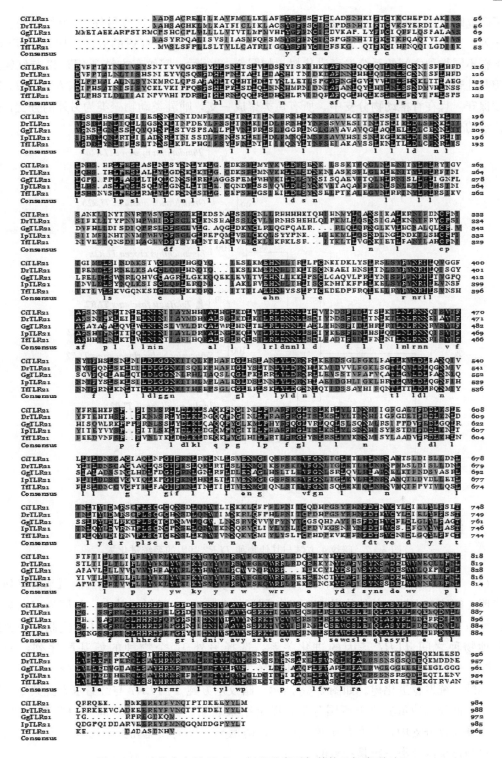

图 6-6 暗纹东方鲀 TLR21 氨基酸序列与其他已知序列对比

注：氨基酸序列优化对齐后的空白位置用连字符代替。上述序列比对中，物种所对应的基因录号如下：TfTL1Z219（暗纹东方鲀），KY 774387；GgTLR21（鸡），AFD61606.1；IpTLR21（斑点叉尾鲴），NP 001186994.1；DrTLR21（斑马鱼），CAQ13807.1；CiTLlZ2（草鱼），AGM21642.1a。

为了研究暗纹东方鲀和其他物种之间 TLR2 基因的进化关系，选择另外 13 个物种的氨基酸序列，采用 MEGA5.0 软件重复 1 000 次构建 N-J 系统发育树的方法，构建了 TLR2 分子在不同物种之间的系统发育进化树。如图 6-7 所示，暗纹东方鲀 TfTLR2 与红鳍东方鲀共处于同一分支，但与其他鱼类处于不同分支。以上结果表明，同属东方鲀间 TLR2 高度保守。且在脊椎动物分支中，所有鱼类聚成一支，哺乳类动物聚类为另外的分支，这与传统的分类系统是一致的。

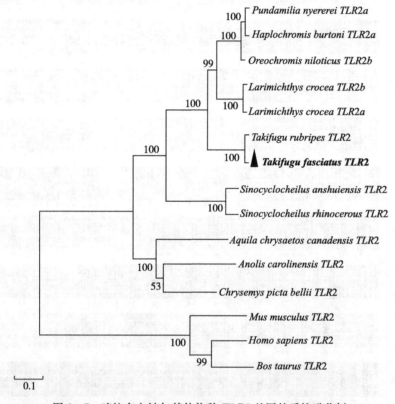

图 6-7　暗纹东方鲀与其他物种 TLR2 基因的系统进化树

（4）TLR7 同源性和系统进化分析　推导得到暗纹东方鲀 TLR7 基因的氨基酸序列分析表明，暗纹东方鲀和其他物种 TLR7 的同源性为 54%～99%。其中，与同为东方鲀属的红鳍东方鲀同源性最高为 99%，而与人的同源性最低为 54.2%。为了研究暗纹东方鲀和其他物种之间 TLR7 基因的进化关系，选择另外 14 个物种的氨基酸序列，采用 MEGA5.0 软件重复 1 000 次构建 N-J 系统发育树的方法，构建了 TLR7 分子在不同物种之间的系统发育进化树。如图 6-8 所示，暗纹东方鲀 TfTLR7 与红鳍东方鲀共处于同一分支，但与其他鱼类处于不同分支。以上结果表明，同属东方鲀间 TLR7 高度保守。且在脊椎动物分支中，所有鱼类聚成一支，两栖类、鸟类和哺乳类动物聚类为另外的分支，这与传统的分类系统是一致的。

（5）TLR21 同源性和系统进化分析　推导得到的暗纹东方鲀 TLR21 基因的氨基酸序列分析表明，暗纹东方鲀和其他物种 TLR21 的同源性为 40%～99%。其中，与同为东方鲀属的红鳍东方鲀同源性最高为 99%，而与鸡的同源性最低为 40%。为了研究暗纹东方

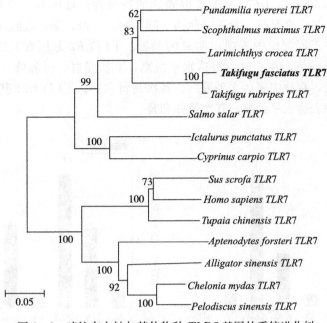

图 6-8　暗纹东方鲀与其他物种 TLR7 基因的系统进化树

鲀和其他物种之间 TLR21 基因的进化关系，选择另外 11 个物种的氨基酸序列，采用 MEGA5.0 软件重复 1 000 次构建 N-J 系统发育树的方法，构建了 TLR21 分子在不同物种之间的系统发育进化树。如图 6-9 所示，暗纹东方鲀 TƒTLR21 与红鳍东方鲀共处于同一分支，但与其他鱼类处于不同分支。以上结果表明，同属东方鲀间 TLR21 高度保守。且在脊椎动物分支中，所有鱼类聚成一支，两栖类和鸟类聚类为另外的分支，这与传统的分类系统是一致的。

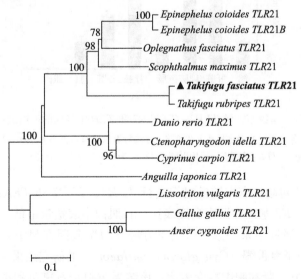

图 6-9　暗纹东方鲀与其他物种 TLR21 基因的系统进化树

（6）3 个 TFTLRs 基因的组织表达分析　qRT-PCR 检测健康暗纹东方鲀不同组织

中 $TfTLR2$、$TfTLR7$ 和 $TfTLR21$ 基因表达的特异性。如图 6 - 10 所示，$TfTLR2$、$TfTLR7$ 和 $TfTLR21$ 在肝脏、肾脏、肌肉、脑、脾脏、鳃、肠、心脏 8 个组织中均有表达，且其表达量在不同组织中表现出明显的差异。$TfTLR2$ 基因在肌肉中表达量最低，在鳃和肠中表达量较低，在心脏中表达水平最高，其次是肝、肾和脾。$TfTLR7$ 基因在肌肉中表达量最低，在脾中表达水平最高，其次是肾和肝。$TfTLR21$ 基因在肌肉中表达量最低，在肝脏中表达水平最高，其次是脾和肾。

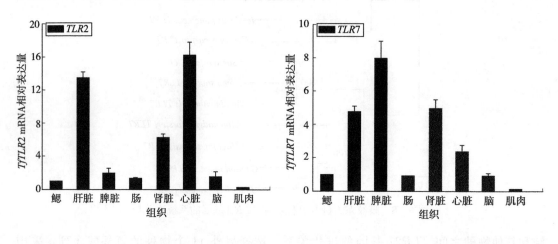

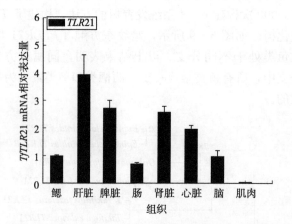

图 6 - 10　暗纹东方鲀 $TLR2$、$TfTLR7$ 和 $TLR21$ 基因的组织表达分析

注：各个组织的表达量基于 $2^{-\triangle\triangle Ct}$，方法计算以暗纹东方鲀 $\beta$ - $actin$ 基因为内参，所有组织 $TLRs$ 基因表达量均以鳃中 $TLRs$ 表达量为基准（$n=3$）。

运用 qRT - PCR 对暗纹东方鲀各组织进行 $TLR2$、$TLR7$ 和 $TLR21$ 基因的组织表达分析。结果表明，$TLR2$ 基因在肝中高度表达，在肌肉中表达量最低，这一现象与斑点叉尾鲴和红鳍东方鲀的研究结果一致。暗纹东方鲀 $TLR7$ 基因在脾中表达水平最高，其次是肝和肾，该结果与半滑舌鳎（$Cynoglossus\ semilaevis$）的研究结果一致。此外，暗纹东方鲀 $TLR21$ 基因在肝、肾和脾中高度表达，该结果与斜带石斑鱼和斑点叉尾鲴的研究结果一致。上述结果预示着 $TLRs$ 基因主要在免疫相关组织中高度表达，并在鱼类先天性免疫应答中扮演着重要角色。

## 二、脂多糖或嗜水气单胞菌刺激下暗纹东方鲀 *TLR2*、*TLR7* 和 *TLR21* 基因时序表达模式分析

**1. 材料和方法** 试验用暗纹东方鲀由江苏中洋集团股份有限公司国家级暗纹东方鲀良种场提供，体长为（22±2.85）cm，体重为（150±7.6）g。所有的暗纹东方鲀被随机转移到 3 个带有生物滤过器水循环系统的玻璃缸里，且该设备具有升高和降低水温的功能，玻璃缸容积为 200L，水流速度为 5L/min。养殖水温稳定在 25～26℃，暂养 1 周后用于后续试验。

LPS（大肠杆菌血清分型 OSS：BS）购自美国 Sigma 公司，嗜水气单胞菌（ATCC 7966）由中国北京微生物菌种保藏中心提供，用 LB 培养基（1%胰蛋白胨、0.5%酵母提取物、1.0%氯化钠）进行培养，温度控制在 28℃。

**2. 实验鱼** 为了探究暗纹东方鲀 TLRs 的免疫应答反应，挑选 75 尾鱼随机并平均地分配到 3 个试验组。其中，一组暗纹东方鲀进行腹腔注射 0.1mL 的重悬于 PBS 缓冲液的嗜水气单胞菌 [（*Aeromonas hydrophila*），1.0/10⁵CFU/mL]；第二组个体进行腹腔注射 100μL 的脂多糖 LPS [（Lipopolysaccharide），200μg/mL]；对照组的个体进行腹腔注射同体积的 PBS 缓冲液。上述嗜水气单胞菌、LPS 和 PBS 缓冲液腹腔注射的体积与暗纹东方鲀个体的重量成正比，0.1mL 是以个体重量 150g 为标准。在取材过程中，所有试验用暗纹东方鲀将用 0.05% 的 MS-222（sigma）USA 麻醉后取材。为探究 *TLR2*、*TLR7* 和 *TLR21* 在暗纹东方鲀不同组织中的分布情况，对健康暗纹东方鲀的脑、鳃、脾、肠、肝、肾、肌肉和心脏进行取材。同时，为研究不同刺激下 *TLR2*、*TLR7* 和 *TLR21* 在暗纹东方鲀各组织中的表达情况，对腹腔分别注射嗜水气单胞菌菌液、LPS 和 PBS 缓冲液后 1h、3h、6h、12h 和 24h 的暗纹东方鲀肝、肾、鳃和脾组织进行取材。所有组织均先保存于液氮后，转移至 −80℃ 超低温冰箱后用于后续试验。

**3. 结果与分析**

（1）**不同刺激下暗纹东方鲀肝、肾和脾组织中 3 个基因的时序表达分析** 探明 *TfTLR2*、*TfTLR7* 和 *TfTLR21* 基因在暗纹东方鲀免疫反应中所起的作用，分别用嗜水气单胞菌和 LPS 作为诱导物腹腔注射暗纹东方鲀刺激诱导。如图 6-11 所示，在暗纹东方鲀肝、肾和脾 3 个组织中的 *TfTLR2*、*TfTLR7* 和 *TfTLR21* 基因，均在嗜水气单胞菌或 LPS 刺激下发生显著差异表达。

（2）***TfTLR2* 基因时序表达分析** 在肝脏组织中，*TfTLR2* 基因的 mRNA 表达量在注射 LPS 后 3h 处出现显著下调，随后迅速上升并在 6h 处达到最大值；而受到嗜水气单胞菌感染后 *TfTLR2* 的表达量在 1h 处就达到最高值。肾中 *TfTLR2* 基因的表达量在注射 LPS 后仅在 12h 处高调表达，其他时间点表达量基本不发生变化；然而，受到嗜水气单胞菌感染后，*TfTLR2* 的表达量在 1h 处就达到最高，而在 3h、6h 和 24h 处均显著下调。脾中 *TfTLR2* 的表达量在注射 LPS 或嗜水气单胞菌后均在 6h 内逐渐上调并达到最高值，接着均在 24h 处下降到最低表达水平。

（3）***TfTLR7* 基因时序表达分析** 在肝脏组织中，*TfTLR7* 基因的 mRNA 表达量

在注射 LPS 或嗜水气单胞菌后 1h 内均显著上调。随后，$TfTLR7$ 的表达量在 LPS 刺激 3h 处下降到最低表达水平，接着在 24h 处达到最高表达量；而受到嗜水气单胞菌感染后 $TfTLR7$ 的表达量在 6h 处下降到最低表达水平，随后在 12h 处达到最高值。在肾组织中，$TfTLR7$ 基因的 mRNA 表达量在注射 LPS 或嗜水气单胞菌后 3h 内均显著上调，随后分别在注射病菌 6h 和 3h 处达到最高值。脾中 $TfTLR7$ 的表达量在注射 LPS 后所有时间点均高调表达，并在 24h 处达到最高表达量；然而，受到嗜水气单胞菌感染后，$TfTLR7$ 的表达量在 1h 内未发生显著变化，随后在 3h 处显著高调并达到最大值。

（4）$TfTLR21$ 基因时序表达分析　在肝脏组织中，$TfTLR21$ 基因的 mRNA 表达量在注射 LPS 后 1h、12h 处均显著低于对照组，仅在 24h 处高调表达；而受到嗜水气单胞菌感染后 $TfTLR21$ 的表达量在 3h 处就达到最高值。肾中 $TfTLR21$ 基因的 mRNA 表达量在注射 LPS 后所有时间点均显著低于对照组；然而，$TfTLR21$ 在受到嗜水气单胞菌感染的肾中的表达模式却截然不同，其表达量在所有时间点均显著高调。脾中 $TfTLR21$ 基因的 mRNA 表达量在注射 LPS 或嗜水气单胞菌后均在 1h 处达到最大值，然后均在 6h 处下降到最低表达水平，接着逐渐上调表达。

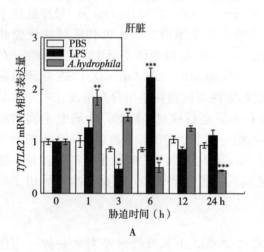

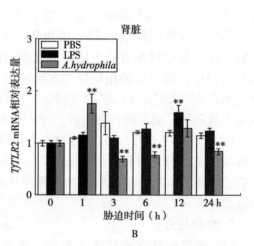

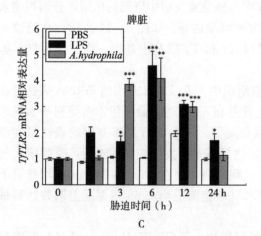

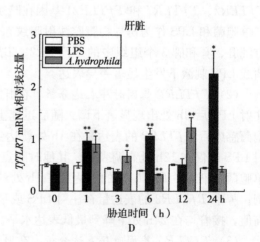

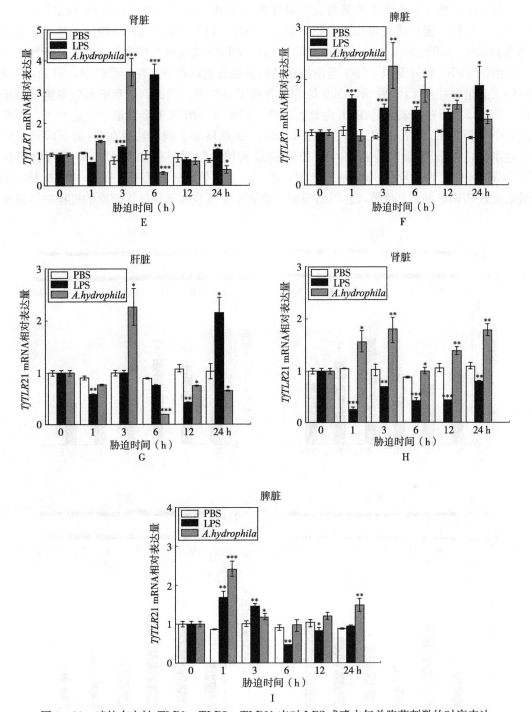

图 6-11  暗纹东方鲀 *TLR2*、*TLR7*、*TLR21* 应对 LPS 或嗜水气单胞菌刺激的时序表达

注：qRT-PCR 在注射嗜水气单胞菌 *A.hydrophila* 或 LPS 后，对肝脏（A、D、G）、肾脏（B、E、H）和脾脏（C、F、I）中的暗纹东方鲀 *TLR* 转录水平进行时间表达分析。以暗纹东方鲀 *β-actin* 基因为内参，均以未处理的对照组的表达量为基准，通过 $2^{-\triangle\triangle Ct}$ 法计算每个组织中 *TfTLR* 在 mRNA 水平上的相对表达。每个时间段处理组的基因表达量均与其相应时间段 PBS 组的表达量进行比较。数值采用均值±标准方差（Means±SD）表示（$n=3$）；＊代表 $P<0.05$，＊＊代表 $P<0.01$，＊＊＊代表 $P<0.001$。

（5）脂多糖或嗜水气单胞菌刺激下暗纹东方鲀肝组织 TLR2 和脾组织 TLR7 蛋白的时序表达分析　蛋白质免疫印迹分析发现，TLR2、TLR7 和 $\beta$-$actin$ 的分子量大小分别约为 100ku、120ku 和 42ku。如图 6-12 所示，在 LPS 或嗜水气单胞菌刺激下，暗纹东方鲀肝组织 TLR2 和脾组织 TLR7 蛋白均在早期呈显著上调趋势。在肝组织中，TfTLR2 蛋白的表达量在注射 LPS 后 6h、12h 处均显著高于对照组。然而，受到嗜水气单胞菌感染后，TfTLR2 蛋白的表达量在 3h 内显著高调，然后在 12h 处下降到最低表达水平。在脾组织中，TfTLR7 蛋白的表达量在注射 LPS 后 1h 处显著上调，然后在 3h 处下降到最低表达水平，接着逐渐上升并在 24h 处达到最大值；然而，受到嗜水气单胞菌感染后 TfTLR7 蛋白的表达量在 3h 内显著上调，在 6h、24h 处均显著低于对照组。TLRs 是一类最重要的 PAMP 的识别受体，在识别病原、激活免疫反应和抵御外界病原的过程中扮演着

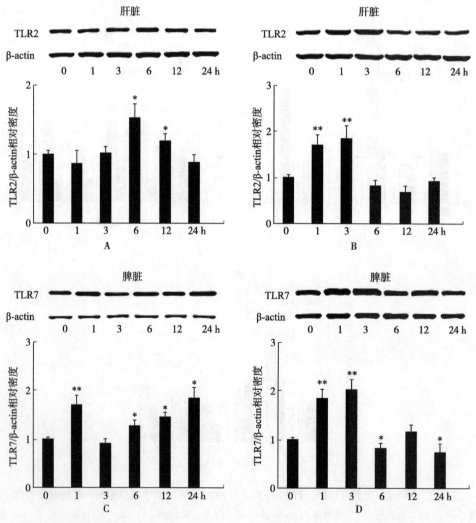

图 6-12　暗纹东方鲀肝组织 TLR2 和 TLR7 蛋白在应对 LPS 或嗜水气单胞菌刺激下的表达分析

注：图 A 和图 B 为肝组织 TLR2 蛋白在 LPS 和嗜水气单胞菌刺激下的表达分析；图 C 和图 D 为脾组织 TLR7 蛋白在 LPS 和嗜水气单胞菌刺激下的表达分析；Image J 软件用于灰度分析；数值采用均值±标准差（Means±SD）表示（$n$=3）；*代表 $P$<0.05，**代表 $P$<0.01，***代表 $P$<0.001。

关键性的角色。本研究分析了受到嗜水气单胞菌或 LPS 感染后 *TLR2*、*TLR7* 和 *TLR21* 在 mRNA 水平，以及肝中 *TLR2* 和脾中 *TLR7* 在蛋白水平上的时序表达模式，在嗜水气单胞菌刺激早期，暗纹东方鲀肝、肾和脾脏中的 *TLR2* 基因 mRNA 表达量均显著上调，表明病菌感染能够诱导暗纹东方鲀主要免疫相关组织中 *TLR2* 基因表达，这一结果与大黄鱼和斜带石斑鱼脾脏中 *TLR2* 基因的表达模式非常相似。然而，暗纹东方鲀肝组织中 *TLR2* 基因 mRNA 表达量在注射 LPS 初期显著下调，这一现象与草鱼肝脏中 *TLR2* 的表达规律相近。半滑舌鳎脾脏 *TLR7* 在荧光假单胞菌（*Pseudomonas fluorescence*）刺激后呈先上升后下降的表达趋势，这一结果与本研究脾脏中 *TLR7* 的表达模式非常相近。值得注意的是，暗纹东方鲀肝、肾和脾 3 种组织 *TLR7* 的表达量，在注射 LPS 后均在中期和后期达到最大值；而受到嗜水气单胞菌感染后，均在早期和中期就达到最大值。该结果表明，在 mRNA 水平上相较于 LPS 感染，嗜水气单胞菌感染能够更快使暗纹东方鲀产生免疫应答反应。此外，暗纹东方鲀脾组织中 *TLR21* 基因的表达量，在嗜水气单胞菌注射 1h 处达到最大值；而在肝和肾组织中，分别在 3h、24h 达到最大值，且在 LPS 刺激下 3 个组织中也出现了相似的表达规律，预示着在 mRNA 水平上暗纹东方鲀脾组织相较于肝和肾有着更敏感的免疫应答反应。在病菌感染早期，与刀鲚 *TLRs* 在 mRNA 水平上的表达变化一致，其在蛋白水平上随着感染时间的延长，也出现了显著性高调。暗纹东方鲀肝组织中 TLR2 的蛋白表达量，在嗜水气单胞菌刺激下 1h 处高调表达；而受到 LPS 感染后表达量，在 6h 处才显著上调。该结果表明，在蛋白水平上相较于 LPS 感染，嗜水气单胞菌感染能够更快使暗纹东方鲀产生免疫应答反应。

## 三、脂多糖或嗜水气单胞菌刺激下暗纹东方鲀 *MnSOD* 和 *Cu/ZnSOD* 基因表达模式分析

超氧化物歧化酶（superoxide dismutase，SOD）是一种重要的抗氧化金属酶，在生物界的分布极广，主要存在于生物体内的胞液和线粒体基质中。它在生物体中起到了保护机体免受超氧阴离子损伤的作用。虽有大量关于硬骨鱼类 *SOD* 基因的报道，但对徊游性鱼类如暗纹东方鲀的 *SOD* 基因的研究仍不够深入。本试验成功克隆出暗纹东方鲀 *Cu/ZnSOD* 和 *MnSOD* 基因，检测了其在不同组织中、在 LPS 和嗜水气单胞菌感染后的肝、肾和鳃组织中的 mRNA、酶活和蛋白表达情况。这些结果为 *Cu/ZnSOD* 和 *MnSOD* 基因的功能研究和暗纹东方鲀抗嗜水气单胞菌先天性免疫应答机制的探索奠定了基础。

**1. 材料方法**

（1）**SOD 酶活的检测** 总蛋白质提取：取新鲜组织 100mg 加入匀浆器，加 1mL 预冷的 Lysis Buffer 冰上匀浆至均匀，离心取上清液，获得暗纹东方鲀肝、肾和鳃组织总蛋白，并用蛋白定量检测试剂盒测定蛋白含量。酶活测定步骤见南京建成生物公司的 SOD 酶活测定试剂盒说明书。

（2）**蛋白质免疫印迹** 提取组织为肝、肾和鳃组织，选用抗体为抗 Cu/ZnSOD 兔多克隆抗体（稀释 1∶1 000）、抗 MnSOD 兔多克隆抗体（稀释 1∶1 000）。

**2. 结果与分析**

（1）**2 个 *TFSOD* 基因的组织表达分析** 本研究采用 qRT‑PCR 检测健康暗纹东方鲀

不同组织中 $SOD$ 基因表达的特异性。如图 6-13 所示，$TfMnSOD$ 和 $TfCu/ZnSOD$ 在肝脏、肾脏、肌肉、脑、脾脏、鳃、肠、心脏 8 个组织中均有表达，且其表达量在不同组织中表现出明显的差异。暗纹东方鲀 $MnSOD$ 和 $Cu/ZnSOD$ 基因在肝中表达量均最高，其次是心脏和脑。此外，这两个 $TfSOD$ 基因在其他组织中的表达量均非常低。

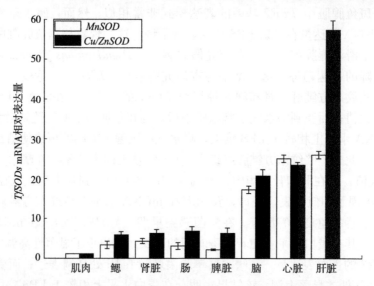

图 6-13　暗纹东方鲀 $Cu/ZnSOD$ 和 $MnSOD$ 基因的组织表达分析

注：各个组织的表达量基于 $2^{-\triangle\triangle Ct}$ 方法计算，以暗纹东方鲀 $\beta\text{-}actin$ 基因为内参，所有组织 $SOD$ 基因表达量均以肌肉中 $SOD$ 表达量为基准（$n=3$）。

（2）脂多糖或嗜水气单胞菌刺激下两个 $TfSOD$ 基因的时序表达模式　在整个试验过程中，暗纹东方鲀个体并没有因病菌感染而出现死亡的情况。但 $TfCu/ZnSOD$ 和 $TfMnSOD$ 基因在受到嗜水气单胞菌或 LPS 感染后的肝、肾和鳃组织中，其表达量均表现出显著变化（图 6-14）。在受感染的肝组织中，LPS 分别在中期和后期诱导 $TfCu/ZnSOD$；与 $TfMnSOD$ 基因表达相比，在 6h 和 12h 处表达量上调 3.8 倍和 2.8 倍。与之相反，受到嗜水气单胞菌感染的肝组织中 $TfCu/ZnSOD$ 基因的 mRNA 表达量，在 1h 处显著上调，然后在注射病菌 3h 处达到最高表达量，并上调 6.2 倍；然而，$TfMnSOD$ 的表达量仅在嗜水气单胞菌感染后的 3h 出现显著高调，其他时间点其表达量基本未发生变化。$SOD$ 基因在病菌感染后肾组织中的表达模式，明显不同于肝组织。即使健康暗纹东方鲀肝组织中 $TfSODs$ 基因的表达量高于肾组织，然而，后者在受到 LPS 刺激的早期，表现出明显的诱导性表达。受到 LPS 感染后，$TfCu/ZnSOD$ 和 $TfMnSOD$ 基因的 mRNA 表达量，分别在 12h 和 3h 处达到最高值，表达量上调 4.1 倍和 2.2 倍。与之相比，$TfMnSOD$ 的表达量在注射嗜水气单胞菌 6h 内逐渐上调，然后，在 24h 处下降到对照水平。值得注意的是，$TfCu/ZnSOD$ 在肾组织中的表达模式，与受到嗜水气单胞菌感染的肝组织相似，均在 3h 处显著高调。鳃中 $TfMnSOD$ 基因的 mRNA 表达量在注射 LPS 后所有的时间点均显著高于对照组，并在 3h 处高调 3.1 倍，达到最高值。然而，受到病菌感染后 $TfCu/ZnSOD$ 基因的 mRNA 表达量仅在 6h、12h 处出现显著高调。与之相比，即使 $TfMnSOD$ 的表达量在注射嗜水气单胞菌后 1h 处高调表达，但总体上，$TfCu/ZnSOD$ 和

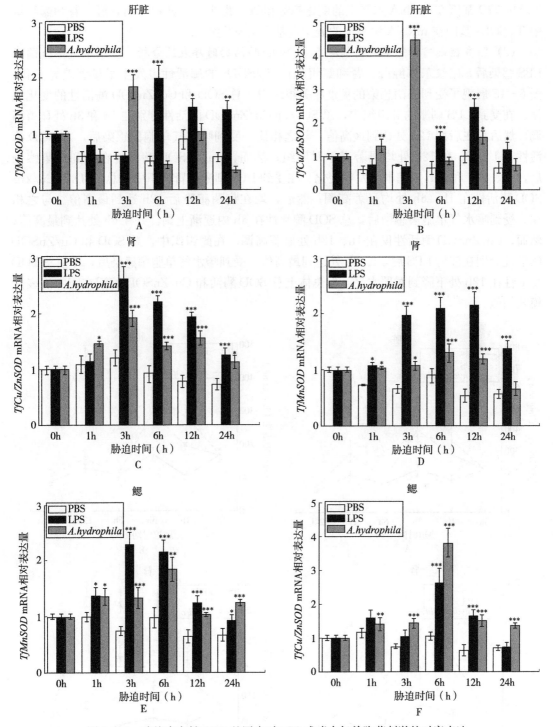

图 6-14 暗纹东方鲀 *SOD* 基因应对 LPS 或嗜水气单胞菌刺激的时序表达

注：图中 A 和 B 为肝组织，C 和 D 为肾组织，E 和 F 为鳃组织。*SOD* 基因的相对表达量以 β-*actin* 基因表达量为内参，且均以未处理的对照组的表达量为基准通过 2^(-ΔΔCt) 法进行计算。每个时间段处理组基因的表达量，均以其相应时间段 PBS 组的表达量进行比较。数值采用均值±标准方差（Means±SD）表示（n=3）；＊代表 P<0.05，＊＊代表 P<0.01，＊＊＊代表 P<0.001。

$TfMnSOD$ 基因在 mRNA 水平上的变化趋势相似。此外，注射 PBS 后，肝、肾和鳃组织中 $TfSODs$ 基因在 mRNA 水平上的表达量基本未发生变化。

（3）**脂多糖或嗜水气单胞菌刺激下 $TfSOD$ 酶活的时序表达分析**　在嗜水气单胞菌或 LPS 感染后，暗纹东方鲀肝、肾和鳃组织中 $TfSODs$ 的酶活性也发生了显著差异变化。图 6-15 展现了受到病菌感染的免疫相关组织中，总 SOD 和 Cu/ZnSOD 酶活性的变化规律。在受到 LPS 刺激的肝组织中，总 SOD 和 Cu/ZnSOD 酶活性分别在 1h 和 3h 处显著高调，然后均在后期 12h 处达到最高值。与之相比，受到嗜水气单胞菌感染后，总 SOD 酶活性在 1h、3h 和 12h 处均显著高于对照组；然而，Cu/ZnSOD 酶活性在受到病菌感染后，6h、12h 和 24h 处基本未发生变化。在受到 LPS 刺激的肾组织中，总 SOD 和 Cu/Zn-SOD 酶活性在 1h、6h 处均显著高调；然后，均在病菌感染后 12h 达到最高值。与之相比，受到嗜水气单胞菌感染后，总 SOD 酶活性在 6h 内逐渐上调，并在 6h 处达到最高值；然而，Cu/ZnSOD 酶活性仅在 1h、12h 处显著高调。在鳃组织中，总 SOD 和 Cu/ZnSOD 酶活性分别在注射 LPS 后 3h、6h 处达到最高值；受到嗜水气单胞菌感染后，即使总 SOD 酶活性在 12h 处下降到对照水平，但总体上总 SOD 酶活和 Cu/ZnSOD 酶活在鳃中的表达模式相似。

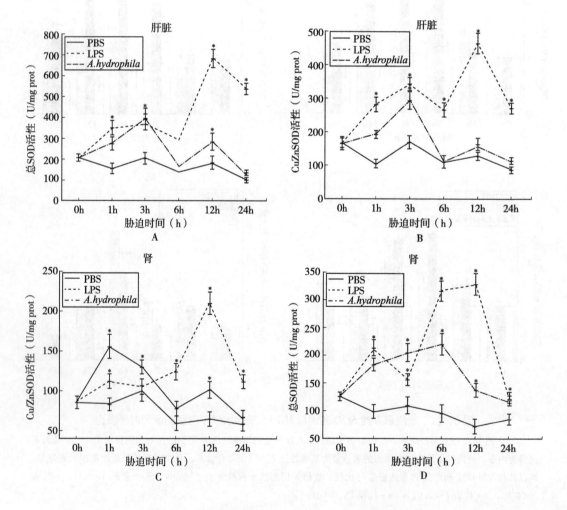

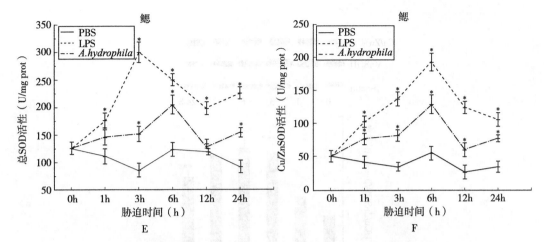

图 6-15 暗纹东方鲀 SOD 酶活应对 LPS 或嗜水气单胞菌刺激的时序表达

注：图中 A 和 B 为肝脏组织，C 和 D 为肾组织，E 和 F 为鳃组织。数值采用均值±标准方差（Means±SD）表示（$n=3$）；*代表 $P<0.05$。

（4）脂多糖或嗜水气单胞菌刺激下暗纹东方鲀肝、肾和鳃组织中 SOD 蛋白的时序表达规律　蛋白质免疫印迹分析发现，Cu/ZnSOD、MnSOD 和 β-actin 的分子量大小分别为 15ku、25ku 和 42ku。如图 6-16 和图 6-17 所示，受到嗜水气单胞菌或 LPS 感染后，

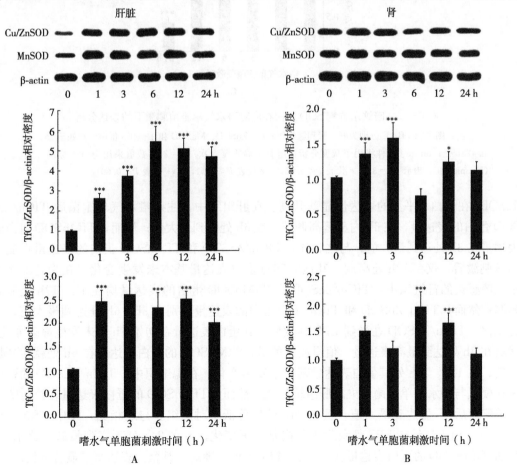

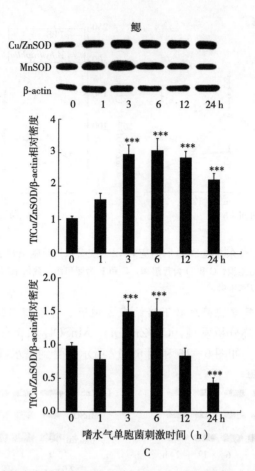

图 6-16 暗纹东方鲀 SOD 蛋白在应对嗜水气单胞菌刺激下的表达分析

注：图中 A、B、C 分别为肝、肾和鳃组织；Cu/ZnSOD、MnSOD 和 β-actin 蛋白分别处于 15、25 和 42ku 处；Image J 软件将用于灰度分析；所有试验重复 3 次（$n=3$）；数值采用均值±标准方差（Means±SD）表示（$n=3$）；* 代表 $P<0.05$，** 代表 $P<0.01$，*** 代表 $P<0.001$。

TfSODs 在蛋白水平上的表达量显著升高。在肝组织中，注射嗜水气单胞菌后 TfCu/Zn-SOD 蛋白的表达量，在 6h 内显著高调，并在 6h 处达到最大值；然而，TfMnSOD 蛋白的表达量在 3h 处达到最大值。与之相比，TfCu/ZnSOD 和 TfMnSOD 蛋白的表达量在受到 LPS 刺激后，仅在 12h 处高调，其他时间点蛋白表达量基本未发生变化。在受到嗜水气单胞菌感染的肾组织中，TfCu/ZnSOD 和 TfMnSOD 蛋白的表达量均在 1h、12h 处显著高调；然而，TfCu/ZnSOD 和 TfMnSOD 蛋白的表达量分别在 3h、6h 处达到最大值。与之相比，TfCu/ZnSOD 在受到 LPS 刺激后，其蛋白表达量在初始 1h 内未发生显著变化；然后在 3h 处达到最高表达量。值得注意的是，TfMnSOD 的蛋白表达量在 6h 处就达到最大值；在 12h、24h 处其蛋白表达量基本未发生变化。在鳃组织中，TfCu/ZnSOD 的蛋白表达模式与嗜水气单胞菌感染的肝组织相似；然而，TfMnSOD 的蛋白表达量在注射嗜水气单胞菌后 6h 处达到最大值，且在 24h 处显著低于对照组。与之相比，鳃中 TfCu/Zn-SOD 的蛋白表达量在 LPS 刺激后 12h 内基本无变化，并在 24h 处下降到最低表达水平；然而 TfMnSOD 的蛋白表达量在 3h 处达到最大值，随后，其蛋白表达水平显著下调。

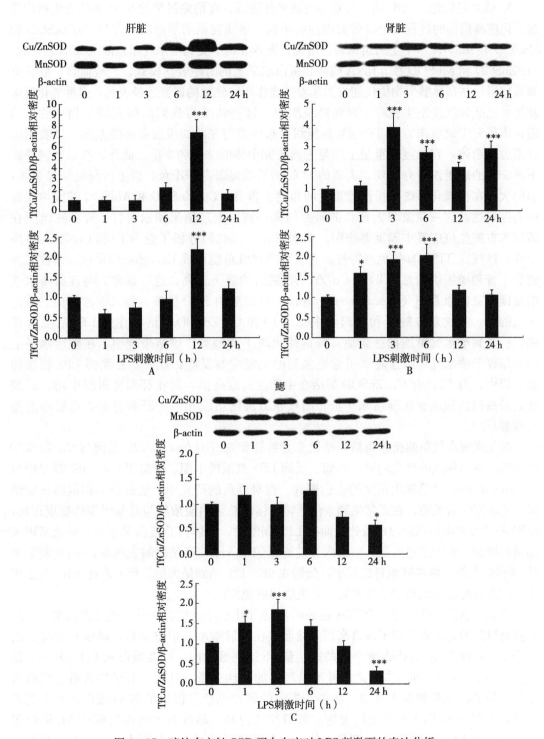

图 6-17 暗纹东方鲀 SOD 蛋白在应对 LPS 刺激下的表达分析

注：图中 A、B、C 分别为肝、肾和鳃组织；Cu/ZnSOD、MnSOD 和 β-actin 蛋白分别处于 15ku、25ku 和 42ku 处；Image J 软件将用于灰度分析；所有试验重复 3 次（n＝3）；数值采用均值±标准方差（Means± SD）表示（n＝3）；* 代表 P＜0.05，** 代表 P＜0.01，*** 代表 P＜0.001。

**3. 结果与讨论** SOD 是一种重要的抗氧化物酶，在消除过量的 ROS 和防止生物体受到氧化应激损伤的过程中扮演着关键性的角色。本研究阐明了暗纹东方鲀 *Cu/ZnSOD* 和 *MnSOD* 在 mRNA 水平上的组织表达情况；再者分析了受到嗜水气单胞菌或 LPS 感染后，Cu/ZnSOD 和 MnSOD 在 mRNA 酶活和蛋白水平上的时序表达模式。一般而言，肝具有解毒作用，并在异型生物质代谢方面起着重要作用。先前的研究已经表明，多种氧化反应及抗氧化抵御反应发生在肝、肾和鳃组织中，这一结果与我们的研究结果相一致。然而，本研究中暗纹东方鲀 TfSODs 的组织分布模式与先前的报道有略微差异。试验用暗纹东方鲀个体，在长度和重量上约是先前研究个体的 2 倍和 5 倍。此外，在对金属暴露下罗非鱼的肝组织研究发现，大鱼的 SOD 酶活性显著高于小鱼。以上的研究结果表明，鱼的大小在抗氧化系统中扮演着重要的角色。再者，*Cu/ZnSOD* 和 *MnSOD* 基因均在肝中高度表达，这一现象与大黄鱼的研究结果一致。上述结果预示着肝、肾和鳃组织在暗纹东方鲀免疫应答中起重要作用。在本研究中，我们分析了总 SOD 和 Cu/ZnSOD 酶活性，以探究 TfSODs 的免疫特性。在受到嗜水气单胞菌或 LPS 感染的早期，暗纹东方鲀肝、肾和鳃组织的总 SOD 和 Cu/ZnSOD 酶活均显著升高。这一现象，与注射嗜水气单胞菌后克氏原螯虾（*Procambarus clarkii*）肝胰腺中 SOD 的表达模式非常相似。值得注意的是，暗纹东方鲀肝和鳃组织中总 SOD 和 Cu/ZnSOD 酶活在注射 LPS 后显著高调；而受到嗜水气单胞菌感染后，酶活均出现下调趋势。该结果表明，在酶活水平上 LPS 相较于嗜水气单胞菌能够引起更强烈的免疫应答反应。此外，在受到 LPS 刺激的鳃组织中，总 SOD 和 Cu/ZnSOD 酶活在中期达到最高值，而在肝和肾组织中均在后期达到最高值。预示着在酶活水平上，暗纹东方鲀鳃组织相较于肝和肾有着更敏感的免疫应答反应。

在受到嗜水气单胞菌感染后，暗纹东方鲀肝和鳃组织 *Cu/ZnSOD* 基因与 Cu/ZnSOD 的酶活表现出相似的变化趋势。然而，受到 LPS 刺激的中期，肾组织 *Cu/ZnSOD* 基因与 Cu/ZnSOD 的酶活呈现出相反的表达模式。在对金鱼的研究中，也出现了相似的试验结果。该研究作者表明，在正常生理条件下，鱼体内总蛋白质浓度与总基因表达量成正比；SOD 酶活力大小与总蛋白成反比，而在 LPS 刺激后，鱼体内总蛋白量上升，导致基因表达量的增加。值得注意的是，暗纹东方鲀鳃组织中 *MnSOD* 基因的表达量在 LPS 刺激下 3h 达到最大值；而在肝和肾组织中，分别在 6h、12h 达到最大值。预示着在 mRNA 水平上暗纹东方鲀鳃组织相较于肝和肾有着更敏感的免疫应答反应。

在病菌感染早期，与 *TfSODs* 在 mRNA 水平上的表达变化一致，其在蛋白水平上随着感染时间的延长也出现了显著高调。然而，在注射嗜水气单胞菌后，暗纹东方鲀肝组织中 *Cu/ZnSOD* 在 mRNA 水平上的表达量 3h 达到最大值；而在蛋白水平上 6h 达到最大值，表明 mRNA 和蛋白质之间并不是严格的线性关系，且两个分子的数量主要取决于蛋白质翻译和降解两大过程。此外，先前的研究也已经揭示了 SOD 蛋白水平上的表达滞后于其在 mRNA 水平上的表达。值得注意的是，暗纹东方鲀鳃组织中 MnSOD 蛋白的表达在 LPS 刺激下 3h 达到最大值，而在肝和肾组织中，分别在 12h、6h 达到最大值。预示着在蛋白水平上，暗纹东方鲀鳃组织相较于肝和肾有着更敏感的免疫应答反应。

基于受到 LPS 刺激后 TfMnSOD 在 mRNA 酶活和蛋白水平上的表达模式，我们推断，暗纹东方鲀鳃组织相较于肝和肾有着更敏感的免疫应答反应。然而，先前的研究已经表明，花鳗鲡（Anguilla marmorata）受到嗜水气单胞菌感染后，肝和肾组织相较于鳃有着更敏感的免疫应答反应。上述结果表明，SODs在不同组织中的免疫特性与病菌和物种紧密相关。

# 7

# 第七章
# 暗纹东方鲀"中洋1号"
# 繁育与养殖技术

## 一、暗纹东方鲀亲鱼和苗种

见《中华人民共和国国家标准 GB/T 34731—2017》。

## 二、暗纹东方鲀"中洋1号"（*Takifugu fasciatus*）繁殖制种要求标准

见《暗纹东方鲀人工繁育技术规范 GB/T 37107—2018》。

## 三、暗纹东方鲀"中洋1号"养殖技术操作规范

见《江苏省地方标准 DB32/T 4208—2022》。

## 四、暗纹东方鲀"中洋1号"混养技术

混养，是根据鱼类或其他水生动物的生物学特性，使栖息习性、食性、生活习性不同的鱼类或同种异龄鱼类在同一空间和时间内一起生活和生长，从而发挥"水、种、饵"的生产潜力。简而言之，混养就是在同一水体里放养栖息习性不同、食性各异的异种同龄和同种异龄不同规格的鱼类。在池塘中进行多种鱼类、多种规格的混养，可充分发挥池塘水体和鱼种的生产潜力，合理地利用饵料，提高产量。混养是我国池塘养鱼的重要特色。混养不是简单地把几种鱼混在一个池塘中，也不是一种鱼的密养，而是多种鱼、多规格的高密度混养。

混养，可分为不同品种混养和相同品种不同规格的混养两种。在做好不同品种间混养

的同时，也不能忽视同品种不同规格的混养。它可以在一个生产季节分批捕捞、均衡上市、错开上市高峰，它具有资金回笼快、销售价格好等特点。混养的原则：混养的鱼类应不互相残害，对水质和水温要求相似。池塘鱼类混养，是指在主养某种品种的同时，兼养其他一种或多个品种的混合养殖模式。其原理是通过合理搭配不同生物品种及数量比例，利用虾、蟹、鱼、贝及水生植物等共生原理，调整生态布局，提高池塘自身的净化能力。鱼的生态环境本身就是一个人为的立体生态环保工程，为了合理利用各个水层和各种天然饵料资源，就必须采取多种鱼类混养的养殖方式，巧妙利用各种鱼类生活习性之间的互补性，在主养品种中适当套养部分有利的品种，达到调节水质、防治病害、以鱼养鱼的目的，以获得尽可能高的鱼产量。

各种鱼类分居各自的水层，充分发挥池水的最大功效。混养的目的是，为了解决水环境和池塘与生物间的矛盾化对池塘综合生产力的影响，同时，解决水环境和池塘本身的富营养化对生物造成的压力，保持生态平衡和水质稳定，从而降低发病率，为高产稳产奠定基础。同时，充分利用已有的养殖设施，提高池塘综合生产力，继而提高总体经济效益。鱼类混养成功体现在各类鱼均为长势最优化，混养的终极目的是，各类鱼均为长势最优化。无论亲鱼、鱼苗或成鱼的养殖，其成功的标志是各种鱼生长及发育均为良好。如果导致某类鱼生长或发育不佳，或者仅仅某单一鱼类生长或发育特好，均证明混养不成功，因为它不是混养的终极目的。淡水鱼混养能合理和充分利用饵料。如在鲤科鱼类混养中，投饲草料后，草鱼食用草料，其粪便可转化成腐屑食物链，可供草食性、滤食性、杂食性鱼类多次反复利用，大大提高了草料的利用率。在投喂人工精饲料时，主要被个体大的青鱼、草鱼等鱼类所吞食，但也有一部分细小颗粒散落，而被鲤、鲫、鲂和各种小规格鱼种所吞食，使全部精饲料得到有效的利用，不至于浪费。

混养能合理利用水体。不同品种的养殖鱼类，其栖息水层也是不同的。鲢、鳙栖息在水体上层；草鱼、团头鲂喜欢在水体中下层活动，青鱼、鲤、鲫、鲮、罗非鱼等则栖息在水体底层。将这些鱼类混养在一起，可充分利用池塘的各个水层。同养单一品种鱼类相比，混养增加了池塘的单位面积放养量，从而提高了鱼的产量。

淡水鱼混养可发挥养殖鱼类之间的互利作用。混养的积极意义，不仅在于配养鱼本身提供一部分鱼产量，还在于发挥各种鱼类之间的某些互利作用，因而能使各种鱼的产量均有所增产。混养能获得食用鱼和鱼种双丰收。在成鱼池混养各种规格的鱼种，既能取得成鱼高产，又能解决翌年放养大规格鱼种的需要。

淡水鱼混养可提高社会和经济效益。通过混养，不仅提高了淡水鱼的产量、降低了成本，而且可以在同一池塘中生产出各种食用鱼。特别是可以全年向市场提供活鱼，满足了消费者的不同要求，这对繁荣市场、稳定价格、提高经济效益都有重大作用。此外，在具体养殖实践中，除进行不同品种的鱼混养外，鱼虾混养、鱼蚌混养等也是被广泛运用的模式。

暗纹东方鲀"中洋1号"作为东方鲀属鱼类中的新品种，因其良好的商品属性和市场售价，具有广泛的养殖前景。除了单一品种饲养外，其他水产动物与该鱼混养也取得了一定成效。以下介绍6例暗纹东方鲀与其他水产品混养的方法。

**1. 暗纹东方鲀与刀鲚混养** 刀鲚（*Coilia nasus*），俗称刀鱼。属鲱形目、鳀科、鲚属，为我国长江流域重要的经济鱼类。与暗纹东方鲀（*Takifugu fasciatus*）（俗称"河鲀")和鲥（*Tenualosa reevesii*）并称为"长江三鲜"。

刀鲚从头向尾部逐渐变细，腹部圆润，上颌长，超过胸鳍基部。胸鳍鳍条细长，有6个长的细丝；臀鳍长，并与尾鳍相连；尾鳍短小。臀鳍鳍条80条。体长、身侧扁，向后渐细尖呈镰刀状。一般体长25～40cm、体重30～150g。吻短圆。口大而斜、下位。上颌同后伸至胸鳍基部。体侧两边被大而薄的圆鳞，腹具棱鳞，无侧线。胸鳍上部有丝状游离鳍条6根；背鳍、臀鳍各1个；臀鳍长直至尾尖与尾鳍相连；尾鳍小而成匕首形。身体呈银白色，闪闪发光。刀鲚因其死后鱼体还能保持笔直，握在手中宛如一把长刀而得名（图7-1）。

图7-1 刀鲚（*Coilia nasus*）

长江刀鲚以其肉质细嫩、肥美、时令性强而著称，一直以来都是我国上等名贵淡水鱼类。近年来，过度捕捞、生境恶化、水坝阻隔、河流污染等原因，使刀鲚资源持续衰退。长江干流区域从20世纪70年代捕捞量峰值（3 545.1t，1973年），下降到2003年不足30t；刀鲚种群低龄化和小型化亦非常明显，产量呈逐年下降趋势且个体小型化严重。同时，长江刀鲚商品鱼的价格也在不断上升。2018年清明节前，在上海等地的水产市场，长江刀鲚价格高达8 000～12 000元/kg；与此同时，国家相关部门发布的长江全面禁渔政策于2020年实施后，长江干流区域内一切野生鱼类资源禁止流入餐桌，刀鲚的养殖将具有越来越广阔的前景。

以下介绍一种暗纹东方鲀与刀鲚两种珍贵淡水鱼池塘混养的技术方法：该混养模式是一种将暗纹东方鲀、刀鲚的亲鱼进行外塘立体生态养殖的方法。该养殖模式充分利用了暗纹东方鲀亲本养殖池塘的水体空间，在不增加投入、不降低暗纹东方鲀亲本养殖密度和不影响暗纹东方鲀亲本性腺发育的情况下，增加了刀鲚这一高端淡水食用鱼的产出，提高了池塘的水体利用率，降低了生产成本，提高了经济效益；降低饲料成本；提升了暗纹东方鲀商品鱼的品质。此外，此方法使池塘水质更加稳定；本混养方法操作简便，易于被人们接受和推广。

本养殖方法由养殖池塘准备、刀鲚及暗纹东方鲀放养、麦穗鱼和白鲢放养、饲料投喂、日常管理、拉网起捕6个生产步骤组成。

（1）养殖池塘准备 选择水质清新、无污染，进排水方便，池底平坦，底质为沙底或硬泥底的池塘，池深2m、水位1.5m、面积1 667～3 335m² 为佳；每个池塘配备1～2个1.5kW的增氧机，进水口套60目筛绢网袋过滤，每667m² 用150～200kg生石灰对池塘进行泼洒消毒。待池塘消毒2d后，进水至淹没池底浸泡。浸泡48h后，彻底排干曝晒待用。

（2）**刀鲚及暗纹东方鲀放养** 在每年清明过后，气温稳定在15℃以上，外塘水温上升到15～18℃时，选择1冬龄刀鲚，移入池塘养殖池，刀鲚放养规格为体重5～6g、体长12～13cm，放养密度控制在每667m² 300～550尾，避免刀鲚放养密度过高造成互相残杀；暗纹东方鲀，亲本放养规格为700～1 200g/尾，放养密度为400～600尾，1冬龄鱼种100～150g/尾，放养密度为每667m² 800～1 000尾。

（3）麦穗鱼和白鲢放养　为了减少刀鲚互相蚕食，在池塘中放养小规格的麦穗鱼，让刀鲚亲本以麦穗鱼为食，从而避免吞食较小个体的刀鲚。一般到4—5月，在池塘中放养规格为100~160尾/kg的麦穗鱼，放养密度为每667m² 1.5~2.5kg；另外，病弱游动缓慢的麦穗鱼，可作为暗纹东方鲀的饵料，而且麦穗鱼繁殖能力强易形成种群；选择在4—5月，放养白鲢，放养密度一般在每667m² 4~6尾，以适当控制水体的单胞藻类，减少水体富营养化的情况发生，同时，又要避免过多的白鲢大量摄取水体中的藻类，导致浮游动物的饵料不足。

（4）饵料投喂　麦穗鱼放养后，每天投喂适量淡水鱼沉性硬颗粒饲料，每天1次。为了尽量避免麦穗鱼与暗纹东方鲀争食价格较高的鳗鱼饲料，时间选择在7：00—8：00，让麦穗鱼吃饱后再投喂暗纹东方鲀，以减少不必要的损耗；暗纹东方鲀放养后，就要每天投喂粗蛋白含量为45%的鳗粉状饲料，以1∶1的比例和水做成面团状，每天2次，时间选择在8：00和15：00，以投喂后2h摄食完为宜。

（5）日常管理　暗纹东方鲀亲本放养后，及时开启增氧机。4—6月晴天中午开机1h、晚上开机8~10h；7—9月晚上开机10~12h；10—12月晴天中午开机1h、晚上开机10~12h，天气恶劣则增加开机时间。4—6月每隔半个月换水1/3，7—12月每隔半个月换水1/2。

（6）拉网起捕　为了既能防止暗纹东方鲀在低温环境下被冻伤、又避免刀鲚在较高水温下新陈代谢过于旺盛、应激性增强而导致死亡，一般选择到11月中下旬、外塘水温低于15℃时就可以拉网捕捞，用网目为2~3mm的聚乙烯皮条网拉网捕捞。在拉网起网过程中，边起网边将刀鲚带水舀出。起网后，拉开网围向两边延伸，形成大的网围，先将剩余的刀鲚带水舀出网围，然后再收紧网围将暗纹东方鲀亲本用捞网捞入网箱；重复拉网3次后，99%的暗纹东方鲀亲本和刀鲚可捕获。

运用此种混养模式，优势如下：

本养殖模式刀鲚以摄食活饵麦穗鱼为主，暗纹东方鲀摄食鳗粉状饲料，麦穗鱼也会主动摄食暗纹东方鲀的残余饲料，节省了部分原料和人工投喂的成本。麦穗鱼饵料充足生长良好，刀鲚有充足的饵料来源，摄食后肉质口感较佳、品质好，其市场销售单价较高。同时，麦穗鱼摄食水中残饵，可以有效地维持水质，防止水体富营养化的发生，有利于暗纹东方鲀和刀鲚的成长。

采用该种混养方式的暗纹东方鲀和刀鲚在收获时，暗纹东方鲀亲本成活率在86%以上；刀鲚规格在体重30~50g、体长20~25cm，成活率在50%~80%，每667m²产量为7.5~10kg。按照刀鲚市场价1 000~2 000元/kg计算，每667m²可增收万元以上。

**2. 暗纹东方鲀与云斑尖塘鳢混养**　云斑尖塘鳢（*Oxyeleotris marmoratus*），俗称泰国笋壳鱼。属鲈形目、虾虎鱼亚目、塘鳢科、尖塘鳢属，为中国从泰国引进的名特优鱼类。我国于20世纪90年代引入，并率先在珠江三角洲、海南岛一带进行养殖，如今各大城市生鲜超市可见此鱼销售。

云斑尖塘鳢与一般塘鳢属鱼类相比，个头更大，体长150~200mm，最大记录体长可达665mm。体延长，粗壮，前部亚圆筒形，后部侧扁。头中大。吻短钝。眼中大，上侧位。眼间隔区无感觉管孔，鼻孔每侧2个。鳃孔宽大，鳃耙尖长。体被栉鳞，头部、项部、胸鳍基部和腹部被弱栉鳞。吻部和头的腹面无鳞。无侧线。背鳍2个，分离，相距较

近；第一背鳍起点在胸鳍基部后上方；第二
背鳍的高等于第一背鳍的高。臀鳍和第二背
鳍相对。胸鳍宽圆，扇形。腹鳍小，起点在
胸鳍基部下方。液浸标本的头、体为棕褐色，
背侧深色，腹部浅色，体侧具云纹状斑块及
不规则横带，尾鳍基部具三角形大褐斑。头
部在眼后方隐具2～3条纵纹，呈放射状。各
鳍为浅褐色，背鳍、臀鳍、腹鳍、尾鳍各有
多条黑纹。胸鳍基部的上下方常各具1个褐
斑（图7-2）。

图7-2 云斑尖塘鳢（*Oxyeleotris marmoratus*）

云斑尖塘鳢为暖水性中大型底层鱼类，
生活于热带地区、野塘、水库、河口区域及淡水河、溪中。云斑尖塘鳢为肉食性鱼类，性
情较为凶猛贪吃，主要摄食其他小型鱼类、虾、蟹等无脊椎动物。原产于泰国、马来半
岛、菲律宾、新加坡、印度尼西亚、澳大利亚至太平洋中部各岛屿。

以下介绍一种暗纹东方鲀与云斑尖塘鳢两种鱼池塘混养的技术方法：该混养模式是一
种将暗纹东方鲀、云斑尖塘鳢的商品鱼进行外塘立体生态养殖的方法。该养殖模式充分利
用了商品鱼养殖池塘的水体空间，在池塘内设置网箱饲养暗纹东方鲀，网箱外围饲养云斑
尖塘鳢。在不增加额外成本、不降低暗纹东方鲀和云斑尖塘鳢两种鱼的养殖密度和不影响
两种鱼生长发育的情况下，一次性可收获两种高端淡水食用鱼，提高了池塘的水体利用
率，降低了生产成本，提高了经济效益。

本养殖方法由养殖池塘准备、分区养殖、饵料投喂、水质调控、日常管理、商品鱼捕
捞6个步骤组成。

（1）养殖池塘准备　以珠三角地区为例，池塘面积2 668～3 335m²，长方形，东西走
向，光照充足。池深2.5m，池埂坚固，池底平坦。水源为珠江水系无污染河水，水量充
足，水质清新无异味，符合渔业养殖用水标准。池塘拥有独立的进排水系统，进排水口用
80目双层聚乙烯过滤网罩牢防逃，配备1.5kW叶轮式增氧机1台，水泵1台。对池底及
池壁进行夯实，曝晒3d后注水1m；2—3月期间，用生石灰进行清塘消毒，杀灭病原体
及蛙卵、野杂鱼、蜻蜓幼虫、水蜈蚣等敌害生物。

（2）分区养殖　在养殖池内设置网箱，控制网箱内水深1.5m左右。将暗纹东方鲀养
殖于网箱内，云斑尖塘鳢和活体饵料鲮养殖于网箱外。因为云斑尖塘鳢的鳞片结构比较特
殊，触摸鱼体有一种磨砂般的粗糙感。如果将云斑尖塘鳢养殖于网箱中，鱼容易受到惊吓
而猛烈撞击网箱，极易造成鳞片脱落而损伤表皮，严重者会造成出血、红肿甚至肌肉腐
烂，导致云斑尖塘鳢的死亡。每667m²池塘投放100g规格的云斑尖塘鳢苗800～1 000
尾，网箱内120g规格的暗纹东方鲀每立方米水体20～30尾。另外，每667m²池塘投放
25kg鲜活鲮鱼苗用作云斑尖塘鳢的活体饵料，鲮鱼苗的规格为8～10cm。

（3）饵料投喂　暗纹东方鲀的日常投喂一般以粗蛋白含量为45%的鳗粉状饲料为主，
也可投喂暗纹东方鲀专用膨化饲料，并定期在饲料中添加适量微生物制剂（如EM菌
等）。饲料投喂遵循"定时、定量、定点、定质"的原则，养殖暗纹东方鲀的网箱内设置
固定饵料台。每次投喂后半个小时左右检查食台饵料的剩余量，观察鱼的摄食和健康状

况，以便酌情增减饵料投喂量，以免鱼摄食不完而污染水质。正常情况下，建议每天投喂量为鱼体重的1%～2%，每天9：00、16：00各投喂1次，每次各占日投喂量的1/2。云斑尖塘鳢则在水底自由捕食鲜活鲮鱼苗，每隔1个月，按每667m²池塘25kg的量向养殖池内投放鲜活鲮鱼苗供其捕食。鲮鱼苗则以暗纹东方鲀吃剩饵料及水体内有机碎屑、浮游生物为食。

（4）水质调控　暗纹东方鲀和云斑尖塘鳢对水质和水中溶解氧的要求都较高，在养殖中要定期调节池塘水质，适时增氧和及时加注新水，要使池塘水质长期处于高溶解氧状态，测得溶解氧值要达到7mg/L。此外，相关人员需定期对水质进行监控，当池水透明度大于50cm时，及时施肥培饵，保证鲮有充足的饵料。

（5）日常管理　坚持每天早、中、晚3次巡塘。一是测记水温、盐度、溶解氧和pH等并观察水色变化，判断水质优劣，维持正常水位；二是检查两种鱼摄食、游动等情况；三是检查增氧机的运行情况；四是检查鱼虾是否发生病害，力求做到早发现、早治疗；五是每隔15d随机抽样暗纹东方鲀5尾、云斑尖塘鳢5尾进行生物学测定，以便掌握商品鱼的生长速度、存活率等，为确定饲料投喂量提供依据。

（6）商品鱼捕捞　暗纹东方鲀养殖于网箱中，网箱可移动、可装卸，在养殖过程中可随时根据实际生产需要，进行分规格和分疏养殖。暗纹东方鲀捕捞全程必须带水操作，起捕和运输过程中不能离水，一旦离水，暗纹东方鲀会应激鼓气，皮肤上的尖刺突起，互相摩擦，极易损伤皮肤，且容易缺氧死亡。云斑尖塘鳢养殖于网箱外，当养成商品鱼时，首先用专门的地笼捕捞数次，捕大放小，然后采用拖网进行捕捞，最后采用干塘方式彻底捕捞完毕。因其鳞片细小且有倒刺分布，整个捕捞操作和运输过程必须谨慎且轻柔，建议带上乳胶手套，切勿徒手直接触摸鱼体。

运用此种混养模式，优势如下：

本养殖模式云斑尖塘鳢以摄食活饵鲮为主，网箱内的暗纹东方鲀摄食鳗粉状饲料，鲮则主动摄食暗纹东方鲀的残余饲料，不需要额外投喂淡水鱼饲料，节省了原料和人工投喂的成本。鲮吃得好则营养好，云斑尖塘鳢摄食后肉质口感较佳、品质好，其市场销售单价较高。同时，鲮摄食水中残饵可以有效地维持水质，防止水体富营养化的发生，有利于暗纹东方鲀和云斑尖塘鳢的成长。

在南方养殖地区如珠江三角洲、闽南等地，暗纹东方鲀的养殖周期为6～12个月，商品鱼规格一般为200～800g/尾；受市场青睐的规格为250～400g/尾，超小规格或者超大规格也可销售，甚至100～150g/尾也可销售，可作为一人一尾食用。云斑尖塘鳢的养殖周期为13～18个月，商品鱼规格一般为450～1 000g/尾；受市场青睐的规格为600～750g/尾，低于450g/尾的几乎没有采购商收购；高于1 000g/尾的超大规格商品鱼不受消费者欢迎，单价比适销规格低6～16元/kg。本混养模式生产的暗纹东方鲀为200～350g/尾、云斑尖塘鳢450～650g/尾，为消费者日常食用规格，可获得较好的经济效益。

**3. 暗纹东方鲀与中华鳖混养**　中华鳖（*Trionyx sinensis*），俗称甲鱼。野生中华鳖广泛分布在中国南部、日本、越南北部、韩国等。中华鳖体躯扁平，呈椭圆形，背腹具甲；通体被柔软的革质皮肤，无角质盾片。体色基本一致，无鲜明的淡色斑点。头部粗大，前端略呈三角形。吻端延长呈管状，具长的肉质吻突，约与眼径相等。眼小，位于鼻孔的后方两侧。口无齿，脖颈细长，呈圆筒状，伸缩自如，视觉敏锐。颈基两侧及背甲前缘均无

明显的瘰粒或大疣。背甲暗绿色或黄褐色，周边为
肥厚的结缔组织，俗称"裙边"。腹甲灰白色或黄白
色，平坦光滑。尾部较短。四肢扁平，后肢比前肢
发达。前后肢各有5趾，趾间有蹼。内侧3趾有锋
利的爪。四肢均可缩入甲壳内（图7-3）。

中华鳖富含蛋白质、无机盐、维生素A、维生
素 $B_1$、维生素 $B_2$、烟酸、碳水化合物、脂肪等多种
营养成分。此外，龟甲富含骨胶原、蛋白质、脂肪、
肽类和多种酶，以及人体必需的多种微量元素。鳖
肉具有鸡、鹿、牛、羊、猪5种肉的美味，故素有
"美食五味肉"的美称。它不但味道鲜美、高蛋白、
低脂肪，而且是含有多种维生素和微量元素的滋补
珍品，能够增强身体的抗病能力及调节人体的内分

图7-3 中华鳖（*Trionyx sinensis*）

泌功能，也是提高母乳质量、增强婴儿的免疫力及智力的滋补佳品。

因中华鳖具有较高的食用及药用价值，全国各地已广泛开展人工养殖，具有良好的市
场反应。早期养殖的甲鱼价格还比较贵，后来国内开展温室甲鱼养殖，甲鱼的价格从原来
每千克几百元跌落到每千克几十元。近年来，流行仿野生态养殖中华鳖，其市场价格远超
温室大棚中华鳖，消费者也有很好的反馈。因此，外塘生态甲鱼具有很好的市场前景。

以下介绍一种利用暗纹东方鲀外塘套养中华鳖的养殖方法：该混养模式是一种将暗纹
东方鲀商品鱼、中华鳖进行外塘混养的方法。该养殖模式充分利用了商品鱼养殖池塘的水
体空间，暗纹东方鲀主要生活在水域中上层，中华鳖主要栖息在池底，两者互不干扰。鱼
鳖之前由于生物学特性差异，也不存在相同的致病感染源。此混养模式已经在广东、福建
等地推广。

本养殖方法由养殖池塘准备、搭建中华鳖栖息设施、鱼鳖种苗放养、饲料投喂、水质
调控、日常管理6个步骤组成。

（1）**养殖池塘准备** 选择安静良好的养殖区域，每口池塘面积约3 335m²。在1月上
旬排干池水，清除过多淤泥，修复好池埂，让池塘曝晒数日。于鱼种放养前20d，每
667m² 用生石灰80～90kg，化水后全池泼洒消毒。水源为长江下游江段引水，水质符合
国家渔业养殖用水标准。池塘水深2～2.5m，池底平坦，淤泥15cm左右，进排水独立完
善，各塘根据面积不同配备1台合适的增氧机。

（2）**搭建中华鳖栖息设施** 如果是没有围墙的养殖池，需再设置防逃墙。防逃墙是用
70cm高的水泥砖块堆砌，围绕养殖池四周1圈确保没有缺口，甲鱼不会逃出。用竹竿和
网片做成甲鱼的饲料台，饲料台倾斜着放置在池埂边，大部分露出水面，便于放置饲料和
甲鱼上台摄食。另外，需要搭建晒背台，每口池塘放2个竹排漂浮在水面供甲鱼晒背，竹
排面积最小为2m²。竹排的大小，可依据池塘面积和甲鱼的数量制作。

（3）**鱼鳖种苗放养** 池塘内以暗纹东方鲀为主养鱼并套养甲鱼，搭养一些滤食性鱼类
控制水中浮游生物。放养比例约为暗纹东方鲀90%、鲢5%、鳙5%，每667m²池塘混养
甲鱼50只。于4月上旬气温上升到15℃以上时，开始投放鱼苗，每口池塘放养鱼种
450kg，其中，暗纹东方鲀苗410kg，平均规格为0.1kg；鲢鱼苗20kg，平均规格为

0.3kg；鳙鱼苗 20kg，平均规格为 0.3kg；于 4 月中旬放养甲鱼亚成体 250 只，重 75kg，平均规格 0.3kg。鱼种和甲鱼在放养前，均用 0.5％的水产用聚维酮碘水溶液浸洗 15～20min。

（4）饲料投喂 暗纹东方鲀饲料为粗蛋白含量为 45％的鳗粉状饲料。投喂方法如下：将鳗粉状饲料和水按照 1∶1 的比例做成面团状，当水温上升至 18℃以上时即开始投喂，投喂坚持"四定"原则，开始每天投喂 1 次，时间为 16∶00，日投喂量为 1％；4 月中旬水温升高至 23℃以上时，每天投喂 2 次，时间为 9∶30、17∶00，日投喂量为鱼体总重的 1％～2％；以后，随水温的升高和鱼体的增长，日投喂量逐渐增加为 2％～3％；具体的投喂时间、投喂量，根据天气、水温、水质、鱼的吃食和生长情况适当进行调整，以鱼吃八九成饱为宜；甲鱼饲料选用龟鳖专用配合饲料以及动物内脏、冰鲜鱼虾等动物性饲料。除了每天投喂池塘内中华鳖总重 0.5％的龟鳖配合饲料外，鳖主要摄食池塘中的天然小鱼小虾、水生昆虫等，每周可辅助投喂动物性饲料，如冰鲜鱼虾、动物内脏等。龟鳖配合饲料每天投喂 1 次，时间为 9∶00，投喂量依天气、水温等情况而定，以甲鱼八成饱为宜，到 10 月中下旬，水温降至 15℃以下时，甲鱼进入冬眠期基本停食；鲢、鳙的饲料为池塘中天然浮游植物、浮游动物。

（5）水质调控 在水温 15～20℃时，每半个月加水 1 次，每次加水 20～25cm；当水温 20～30℃时，每 5～7d 加水 1 次，每次加水 15～20cm。每月需换水 1 次，每次换水 1/3。每 30d 左右，用生石灰调节池塘水质 1 次。当水温 30℃以上时，每 3～5d 需加水 1 次，每次 20～30cm，每 15d 左右换水 1 次，每次换水 1/2；每 20d 左右，用光合细菌溶解液改良水质 1 次。经常保持池水肥活嫩爽，透明度控制在 30～40cm。

（6）日常管理 坚持每天早、中、晚巡塘，细心观察天气、水温、水质及鱼种和甲鱼的吃食、活动、生长情况等，发现问题，根据实际情况及时妥善处理。定期做好溶解氧、pH、氨氮、亚硝酸盐等指标的测定，发现异常，及时解决。认真做好养殖记录。

运用此种混养模式，优势如下：

本养殖模式进行暗纹东方鲀与中华鳖混养，并套养了一定数量的鲢、鳙。中华鳖可以摄食沉落水底的暗纹东方鲀的残余饲料，减少了饵料的浪费。另外，池塘内放养的鲢、鳙主要觅食上层的浮游生物及浮游植物，有效地解决了室外养殖池水体富营养化的问题，有助于维持水质稳定，对暗纹东方鲀和中华鳖的生长有利。

在不增加额外成本、不降低暗纹东方鲀养殖密度和不影响其生长发育的情况下，该养殖模式还可以收获外塘生态养殖甲鱼。因其肉质细腻、风味鲜美，深受广大消费者的喜爱。目前，外塘生态养殖甲鱼市场售价每斤可达上百元，远远超过温室大棚甲鱼 40～60 元/kg 的售价，属于一种高经济价值的生态混养附加产品。

**4. 暗纹东方鲀与纳尔逊伪龟混养** 纳尔逊伪龟（*Pseudemys nelsoni*），俗称火焰龟。属鸡龟亚科、伪龟属，原产美国东南地区，如佛罗里达州和佐治亚州南部。近年来，作为观赏宠物引入我国，成为我国龟鳖养殖业中的新宠。主要养殖区域集中在广东、广西、海南等地。目前，火焰龟已成为宠物龟市场热门种类。其龟苗深受养龟爱好者喜爱，售价也远远高于中华草龟、中华花龟和巴西龟等常见的养殖种类。

火焰龟系中大型水龟，背甲长 35～45cm，火焰龟幼龟壳颜色很鲜艳，成龟壳颜色暗淡，常规重量为 3～6kg。皮肤细腻光滑，呈扁平的椭圆形，色彩从绿色到黑色，部分还带有红色的斑纹。腹甲一般是黄色的，有时会夹带红色，有时又带有黑色到红棕色的图案，图案的大小和形状不定。火焰龟的皮肤为黑色到橄榄色，颈部、四肢和尾部长有黄色和红色的条纹，头部则有黄色的条纹。雄龟具有较长的前爪和粗长的尾部，雌龟一般体型较大，前爪较短，尾比较细短。火焰龟在幼体时期体形比较扁平，随着成长，背甲的高度也会不断增高。伪龟属的原生栖息地有短吻鳄生息，所以为了摆脱鳄鱼强有力的大腭威胁而保护自己，形成了这种独特的发育特征。火焰龟体格比较强壮，是沼泽地中的游泳健将，行动敏捷迅速；它们非常喜欢日光浴，经常在岸边、浅水水面和流木上进行长时间的日光浴。伪龟属的野生栖息地是沼泽地，各种动植物十分丰富，火焰龟主食为水生植物，也会偶尔捕食水生昆虫、螺蚌等（图7-4）。

图7-4　纳尔逊伪龟（*Pseudemys nelsoni*）

火焰龟以素食为主，性格较为温驯，不会主动攻击活鱼，若人将其抓获也不会主动张嘴撕咬。因此，该种龟不仅可以与其他品种的龟鳖进行混养，也可以参照鱼鳖混养模式，将其套养在外塘鱼池内增加额外收入。

以下介绍一种暗纹东方鲀养殖池内套养成体纳尔逊伪龟繁育龟苗的技术方法：本养殖方法创造性地选择纳尔逊伪龟这一品种，在暗纹东方鲀养殖期内套养并进行人工繁殖。与传统外池养殖单一品种相比，运用本方法可以更好地利用养殖空间，每667m²池塘每年除收获暗纹东方鲀500kg外，还可以繁殖龟苗400～500只。采用此养殖方法，可使每667m²养殖池塘净利润增加千元以上。另外，与传统养殖龟种中华草龟、中华花龟、巴西龟等相比，纳尔逊伪龟经济价值更高。加上此品种抵抗力强健，不易患病，产卵量大，因此混养可操作性强，实际养殖过程中方便简单，易于被广大水产养殖户接受。

本养殖方法由养殖池修缮、暗纹东方鲀饲养、暗纹东方鲀的药物调理、种龟饲养、龟苗繁育5个步骤组成。

（1）**养殖池修缮**　选择一块环境良好、底部平整的室外土池，养殖池面积约为667m²。首先对养殖池进行修整，在池塘四周固定1圈木桩，每根木桩间距1m左右，并用结实的帆布做好围挡，围挡高度在80cm以上。在距离池塘1.5m处用砖块搭建一个2m²的小窝用作雌龟的产卵室，上面覆盖石棉瓦片遮风挡雨。产蛋室内铺设20～30cm厚的过筛细沙。水池边设置一块连接水域和产卵室的斜坡，面积为1.5m×2m，方便龟晴天晒背及雌龟上岸产卵。

（2）**暗纹东方鲀饲养**　3月下旬的晴好天气，当气温稳定在15℃以上时，挑选合格暗纹东方鲀的大规格苗种下塘饲养。125g左右的鱼苗，每667m²池塘饲养1 300～1 800尾；250g左右的鱼苗，每667m²池塘饲养900～1 250尾。选择品质有保证的苗种供应商，同批鱼苗尽量保持体型规格一致。入塘后，暗纹东方鲀的日常投喂方法如下：选取粗蛋白含量为45%的鳗粉状饲料，以1：1的比例和水做成面团状，每天定时定点投喂。投喂后观察暗纹东方鲀摄食情况，以1h内吃完为宜，剩余残饵应及时打捞清理，以免破坏水质。

当气温达到19～25℃时，每天投喂1次，气温25℃以上时，每天投喂2次，上午1次、下午1次。

（3）暗纹东方鲀的药物调理　每年的7—8月，当气温上升到35℃以上时，为避免鱼因水温过高产生应激反应影响生长，取自制中药液拌入鱼饲料投喂，用量为饲料总重的5%，高温期内每周1次。该中药调理药液的配制方法如下：取五色花500g、金银花500g、马齿苋300g、鱼腥草300g、车前草500g、黄芪500g、甘草500g、金钱草300g，将上述药材洗净后，加清水8kg大火煮开后，再小火煎煮2.5h，晾凉后滤出残渣，将药液倒入洁净容器内，并静置于干净阴凉角落备用。

（4）种龟饲养　4月中旬的晴好天气，当气温稳定在20℃以上时，挑选亲本火焰龟下塘。作为种龟，应符合8龄以上、雄龟体重达到1 000g、雌龟体重达到1 000g，体表无伤残，四肢健壮有力，背甲颜色鲜艳富有光泽。每667m²池塘投放10只雄龟、25只雌龟。龟入水前，先在水产用聚维酮碘溶液与水的混合液中浸泡30min，聚维酮碘与水的比例为1∶1 500。龟投喂方法如下：选择1 000g新鲜植物（如青菜叶、水葫芦、浮萍等），250g龟鳖配合饲料，250g动物性饲料（如蚯蚓、鱼虾或动物内脏）。将上述饲料拌匀后投放在池塘边的斜坡上，每天上午投喂1次。6—7月雌龟产蛋期间，动物性饲料投喂量增加1倍，其余饲料投喂量不变，并拌入饲料总重5%的墨鱼骨粉补充钙质。此外，应根据养殖池塘中实际投放的龟数量适量增减投喂量。

（5）龟苗繁育　进入6月，雌龟开始陆续产卵，工作人员每隔1d在产蛋室角落轻轻挖掘龟巢，捡拾受精龟卵进行孵化。孵化介质选择蛭石，加水拌匀后湿度控制在70%～80%，将受精龟卵做好标记放入蛭石上。将孵化箱放置于通风安静的室内，孵化温度控制在27～30℃，定期查看龟卵的孵化情况，及时剔除死胎蛋和变质蛋。室温孵化60～75d后，稚龟即破壳而出。待稚龟腹部的卵黄囊吸收完毕后，可以将其转移到容器内进行打包售卖。

运用此种混养模式的优势如下：

能实现更加生态化的水产养殖模式。暗纹东方鲀与火焰龟之间可以做到和谐共生，鱼未吃完的残料会被龟取食，有效地避免了饲料浪费的情况，也减少了养殖池内细菌、微生物的滋生，有利于保持水质，营造一个更适宜暗纹东方鲀生长的水体环境。此外，由于火焰龟的食性主要以素食为主，池塘岸边丛生的水生植物（如芦苇、菖蒲、空心莲子草等）在萌芽阶段就会被龟啃食，有助于保持养殖池塘环境的干净整洁。

龟鳖类动物普遍长寿，火焰龟的寿命为50～60年。若饲养的种龟保持一个良好稳定的养殖状态，可以每年都繁殖出大量龟苗，作为暗纹东方鲀池塘养殖的额外收益。因此，将该龟作为商品鱼外塘养殖的套养品种，是一个很好的选择。

**5. 暗纹东方鲀与南美白对虾混养**　南美白对虾（*Litopenaeus vannamei*），俗称基围虾。属对虾科、滨对虾属。成体最长达23cm，甲壳较薄，正常体色为青蓝色或浅青灰色，全身不具斑纹。步足常呈白垩状，故有白肢虾之称。南美白对虾额角尖端的长度不超出第1触角柄的2节，其齿式为5～9/2～4；头胸甲较短，与腹部的比例约为1∶3；额角侧沟短，到胃上刺下方即消失；头胸甲具肝刺及鳃角刺；肝刺明显；第1触角具双鞭，内鞭较外鞭纤细，长度大致相等，但皆短小（约为第1触角柄长度的1/3）；第1～3对步足的上肢十分发达，第4～5对步足无上肢，第5对步足具雏形外肢；腹部第4～6节具背脊；尾节具中央沟，但不具有缘侧刺（图7-5）。

南美白对虾自然栖息区为泥质海底，水深0～72m。成虾多生活在离岸较近的沿岸水域，幼虾则喜欢在饵料丰富的河口区觅食生长。南美白对虾属杂食性种，在人工养殖情况下，可摄食池塘中的有机碎屑，对饲料的固化率要求较高。南美白对虾对动物性饵料的需求并不十分严格，只要饵料成分中蛋白质的比率占20%以上，即可正常生长。原产于南美太平洋沿岸的水域，主要分布在美国西部太平洋沿岸热带水域，从墨西哥湾至秘鲁中部都有分布，以厄瓜多尔附近的海域更为集中。

图7-5 南美白对虾（*Litopenaeus vannamei*）

南美白对虾生长速度快，养殖60d即可上市；对盐度（0～40）适应范围较广，可采取纯淡水、半咸水、海水多种养殖模式。从自然海区到淡水池塘均可生长，且各有其生长优点；具有耐高温、抗病力强、营养需求低、生长快等有优点。对水环境因子变化的适应能力较强、对饲料蛋白含量要求低、出肉率高达65%以上、离水存活时间长等优点，是集约化高产养殖的优良品种，也是目前世界上三大养殖对虾中单产量最高的虾种。南美白对虾壳薄体肥，肉质鲜美，含肉率高，营养丰富，极大地丰富了我国人民的餐桌。我国于1988年首次引进，自从引进南美白对虾以来，经过科研人员的技术攻关，目前南美白对虾的人工育苗已经在我国取得成功，促进了南美白对虾在我国的迅速发展，在海南、广西、广东、福建、江苏等省份已经形成了一定的养殖规模，其也是我国目前对虾养殖中最具潜力的品种。

以下介绍一种暗纹东方鲀与南美白对虾室外池塘混养的技术方法：该混养模式根据暗纹东方鲀、南美白对虾的生活习性进行室外养殖，并通过套养一定比例的鲢、鳙，通过觅食浮游生物和浮游植物，有效控制水体藻类密度。对虾生活在水体底部，它主要清理残饵及鱼粪便；暗纹东方鲀主要在水体的中上层，除投饵外，同时能够捕食病虾，这样形成了一个完整的生态养殖水系和生物链。通过该立体生态养殖模式有效控制水质变化，充分利用水体，降低养殖成本，经济效益显著提高。

本养殖方法由养殖池选择与清整、鱼种及虾苗迁移和运输、鱼种及虾苗放养、饲料投喂与水质监控、日常管理、鱼虾捕获6个步骤组成。

（1）**养殖池的选择与清整** 选择水质清新、无污染，水深1.8m以上，进排水方便，池底平坦，底质为沙底或硬泥底，面积1.33～2hm²的池塘为宜。除新建池塘外，老池塘需机械或人工清淤、翻耕或日光曝晒。池塘清整完毕后，进水2～3次泡池，每次进水30～40cm，每次泡池时间持续3～5d。鱼苗放养前的20～30d清除敌害。方法是：池中进水20～30cm，用含有效氯25%以上的漂白粉20～30g/m³或用生石灰200～300g/m³溶于水中全池泼洒，3～5d将池水全部排干。在放苗前的10～15d，用60～80目筛网进水50～60cm，施发酵好的畜禽粪便，每667m² 50～75kg，或尿素2kg、磷肥0.2kg，以培养基础饵料。使水呈黄绿色或茶褐色，池水透明度30～40cm。

（2）鱼种及虾苗迁移和运输 在暗纹东方鲀投放到室外养殖池之前，将经过室内强化培育的鱼苗从集约化养殖池迁移到室外，选择体重70～150g且具有游动活泼、体质健壮、对外界刺激反应灵敏形态特征的暗纹东方鲀进行人工捕捞。然后装入充氧水车，控制充氧水车内水温在18～20℃，装载密度控制在300～500尾/m³；在南美白对虾投放进室外养殖池之前，选择优质的南美白对虾苗，使用30L的氧气袋，将其中注水1/3，每袋装虾苗2万～3万尾，充进足够的氧气，控制袋中水温在20～22℃，运输时间控制在15h之内。

（3）鱼种及虾苗放养 在翌年的4月中下旬，测得室外养殖池的水温稳定在18℃以上时，先投放少量经室内强化培育的暗纹东方鲀种苗进行试水，经24h观察无异常后，将充氧水车内的种苗投入室外养殖池，控制室外养殖池的投放密度为2～3尾/m³；待暗纹东方鲀放养完成后，以1 000m³/10～15尾的密度投放规格为100～150g的鲢和鳙，鲢与鳙的搭配比例为1∶（1.2～1.5）。在翌年的4月下旬，在已经投放了暗纹东方鲀的室外养殖池靠近池埂四周的浅水区，设置4个长30～40m、宽3～5m的暂养区。在5月上旬，室外养殖池水温稳定在20℃以上时，先将虾苗装袋充氧放入暂养区中，待充氧袋中的水温与养殖池水温一致时，解开充氧袋，投放虾苗入池，控制暂养区投放密度250～300尾/m³。虾苗在暂养区暂养30～40d后，虾苗身长大于2cm后，拆除暂养区，全池放养。

（4）饲料投喂与水质监控 待投放全部完成，暗纹东方鲀选用相应的配合饲料，每天早晚各投放1次，日投放量为鱼体重的1%～3%；待暗纹东方鲀饲料投放完1h后，沿池埂四周浅水区投喂相应的南美白对虾混合饲料，日投饵量占虾体重的1%～2%。定期对水质进行监控，当池水透明度大于50cm时，及时施肥培饵。

（5）日常管理 坚持每天早、中、晚3次巡塘。一是测记水温、盐度、溶解氧和pH等并观察水色变化，判断水质优劣，维持正常水位；二是检查鱼虾苗摄食、游动等情况；三是检查增氧机的运行情况；四是检查鱼虾是否发生病害，力求做到早发现、早治疗；五是每隔15d，随机抽样暗纹东方鲀5尾、对虾20尾进行生物学测定，以便掌握鱼虾苗的生长速度、存活率等，为确定饲料投喂量提供依据。

（6）鱼虾捕获 当南美白对虾生长规格大于120尾/kg时，用推移抄网沿室外养殖池四周推捕；待对虾捕获完成后，在当年的10月至11月底，对暗纹东方鲀采用拉网的方式进行捕捞后，转移至室内养殖池越冬。室外养殖池的水域面积为10亩，深度为2～3m。

运用此种混养模式，优势如下：

增加了室外养殖池的空间利用率和经济效益。鲢和鳙生活在室外养殖池上部，暗纹东方鲀主要生活在室外养殖池的中部，而南美白对虾生活在室外养殖池底部，从而形成立体化生态养殖。

以暗纹东方鲀为主，南美白对虾、鲢为辅助的立体生态养殖模式可以有效地净化水质。鲢和鳙主要觅食上层的浮游生物及浮游植物，有效地解决了室外养殖池蓝藻的问题，下层的南美白对虾解决了残饵和鱼粪便问题。

促进暗纹东方鲀肌肉及性腺的发育。室外养殖池广阔的水域提供给暗纹东方鲀自然生态的生长环境和无限制的游动，且暗纹东方鲀通过捕食富含高蛋白的刚死亡南美白对虾促进了发育，也使得推向市场的暗纹东方鲀肉质更加紧致，更符合消费者的口味偏好。

有效解决了养殖池的水温问题。在每年的3月底至10月份之间，室外养殖池的水温可以稳定在18～24℃，且光照充足，进一步降低养殖成本。

**6. 暗纹东方鲀与日本沼虾混养** 日本沼虾（*Macrobrachium nipponensis*），俗称青虾、河虾，属节肢动物门、甲壳纲、十足目、长臂虾科、沼虾属。系亚洲地区特有的淡水虾种。

日本沼虾体形呈长圆筒形，成虾体长 3～8cm。体形粗短，分为头胸部与腹部两部分。头胸部比较粗大，往后渐次细小；腹部后半部显得更为狭小。头胸部各节愈合，背部和两侧由一坚硬的几丁质外骨骼覆盖，称为头胸甲或背甲。头胸甲前端中央有一剑状突起，称为额剑，其长度为头胸甲的 3/4～4/5，额剑尖锐、平直，上缘有 12～15 个齿、下缘有 2～4 个齿。额剑的形状与齿式，是日本沼虾区别于其他虾类的重要形态特征之一。其身体由 20 个体节组成（头部 5 节、胸部 8 节、腹部 7 节），除腹部第七节外，每个体节都长有 1 对附肢。头部 5 对附肢，第一小颚、第二附肢为重要的感觉器官，分别为小触角、大触角，掌握身体的平衡、升降和前进方向；其余 3 对附肢为大颚、第一小颚、第二小颚，组成口器。胸部 8 对附肢，前 3 对为颚足，把握食物，也是口器的组成部分；后 5 对称为步足，用来爬行、捕食或防御敌害，其中，第一、第二步足末端呈钳状，第二步足强大有力，成体雄虾的第二步足的长度可为体长的 1.5～2.0 倍，它是成虾雌雄彼此区别的最显著的标志之一。腹部 6 对附肢，前 5 对称为游泳足，是主要的游泳器官，也能辅助爬行；最后 1 对附肢称为尾肢，尤其强大而宽阔，向后延伸和尾节组成扇形的扇尾，能起到控制日本沼虾在水中平衡、升降、缩退与起舵的作用（图 7-6）。

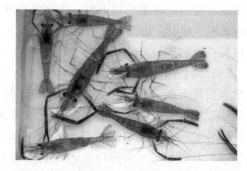

图 7-6 日本沼虾（*Macrobrachium nipponensis*）

日本沼虾肉质细嫩，滋味鲜美，营养丰富。除供鲜食（炒、炸、煮、烩等）外，还可剥制成干品——虾米，供出口和内销，还可以制成虾酱和虾油，是上等的调味佳品。虾壳可加工成工业用甲壳素和甲素糖胺，也可制成干粉，作为饲料添加剂。还具有很好的药用价值，虾肉具有补肾壮阳、通乳、解毒的作用。因其优良的品质属性，目前日本沼虾养殖产业在我国蓬勃发展，主要集中在湖北、湖南、江西、安徽、浙江、江苏等省份。

以下介绍一种暗纹东方鲀室外池塘内套养日本沼虾的技术方法：该混养模式根据暗纹东方鲀和日本沼虾的生活习性进行室外养殖。在养殖池内种植水生植物，改善水体质量的同时，也营造出更适合日本沼虾栖息的环境。暗纹东方鲀生活在水体中上层，日本沼虾生活在水体的底部或栖息于水生植物的叶片下根系缝隙间，并主要清理残饵及鱼粪便。暗纹东方鲀除了人工投喂的饲料外，同时能够捕食病虾，这样形成了一个完整的生态养殖水系和生物链。通过该立体生态养殖，有效控制水质变化，充分利用水体，降低养殖成本，经济效益显著提高。

本养殖方法由放养前池塘准备、进排水系管理、鱼虾放养安排、水生植物种植、饲料投喂、增氧调水、日常管理、商品鱼虾捕捞等 8 个步骤组成。

（1）放养前池塘准备 选择水质清新、无污染，水深 1.8m 以上，进排水方便，池底平坦，底质为沙底或硬泥底，面积 20～30 亩的池塘为宜。除新建池塘外，老池塘需机械或人工清淤、翻耕或日光曝晒。池塘清整完毕后，进水 2～3 次泡池，每次进水 30～

40cm，每次泡池时间持续 3～5d。每 667m² 用 50kg 生石灰化水全池泼洒清塘，晒池 2周。种上水草后，加入新鲜水 60cm 左右，1 周后测试 pH 小于 8 即可。

（2）进排水系管理　做到进排水通畅，进水管口套上 60～80 目的尼龙筛绢袋，防止外河野杂鱼苗或水生昆虫等进入池塘争食夺氧。进水过滤用的筛绢袋很容易被老鼠咬破或石子刮破，在每次进水前要注意检查进水滤袋有无破损，并除去袋内杂物。

（3）鱼虾放养安排　为了确保养殖产品当年上市，应选择大规格的种苗。暗纹东方鲀鱼苗的规格为 130～150g，每 667m² 放养 1 000 尾，放养时间均可选择在 4 月中上旬的晴天上午，水温在 15℃ 以上便可下塘；日本沼虾放养时间为 7 月中下旬，选择规格 1.5cm以上，每 667m² 放养 3 万尾。放养种苗都必须体质健壮，无病无伤，规格尽量整齐。

（4）水生植物种植　养殖池中种植的水生植物，既有利于吸收水体中的氨氮、亚硝酸盐等废物，也有利于日本沼虾遮阴、栖息、生长、蜕壳。特别在 7 月中旬至 8 月中旬35℃ 以上的高温天气下，能避免暗纹东方鲀摄食下降的情况发生，还能为日本沼虾提供藏身处，以躲避暗纹东方鲀对其进行的捕食行为。

水草种植：在 3 月中旬清塘晒池结束后，选择轮叶黑藻或小茨藻等本地品种，沿池边成排均匀栽种，每排需草种 1kg，行、株距为 4m×2m，种草面积约为池塘面积的 1/3。菱角种植：在 4 月上中旬水温 15℃ 左右，将已催出 1～3cm 嫩芽的种菱用泥包好，每 3 枚为 1 窝，沿池塘中央沟两边行距 2m 各播种 1 行，株距也为 2m。6 月过后，如果菱角叶片遮盖面超过水面的 30%，应做适当的打头清理，避免过多的菱叶影响水体流动，造成水体溶氧不足。水草和菱角栽种后 5～7d，基本生根活棵，应及时施放无机肥，每 667m² 投放尿素 5kg、过磷酸钙 5kg、草木灰 10kg 与干泥土均匀拌和，撒在植株上方沉入池底，便于吸收利用。

（5）饲料投喂　饲料选择：暗纹东方鲀以粗蛋白含量为 45% 的鳗粉状饲料为主，也会捕捉池塘内伤残病弱、游动缓慢的日本沼虾，维持虾的种群健康；日本沼虾以池塘内水生植物叶片、有机质和暗纹东方鲀鳗粉状饲料剩料为食，不专门投饵。

投喂时间：4 月上旬水温高于 15℃ 便可饲喂，其中，6—9 月间水温在 25℃ 以上为暗纹东方鲀的摄食旺盛期，占全年总投饵量的 70% 以上。水温高于 32℃，暗纹东方鲀摄食明显减少，应注意适当控制投饵；10 月中旬过后，水温若低于 15℃，便可停食。粗蛋白含量为 45% 的鳗粉状饲料加水拌和成团，加工成大小适口的软颗粒，日投饵量为暗纹东方鲀存塘重量的 2%～3%，刚下塘的暗纹东方鲀要做好投食驯化，即先全池沿边均匀投撒，后逐步减少投喂点，并向各饵料台集中，每天分 3 次平均投喂；7～10d 驯化成功后，全部投于饵料台内，改为每天投 2 次，7：00 投日饵量的 60%、17：00 投日饵量的 40%。

（6）增氧调水　由于暗纹东方鲀的需氧量比一般养殖鱼类更高，因此，每 2 001m² 水面应配置 2.2kW 的增氧机 1 台，特别是到 8 月以后，要注意保持池塘水质"肥、活、嫩、爽"，透明度控制在 35cm 以上，并适时增氧换水。水体透明度小于 30cm 时，要及时施用水质改良剂（主要成分以羟基铁、碱式硫酸铝等为佳）。为了避免高温对暗纹东方鲀摄食的不利影响，水温 30℃ 以上时，要将池塘水位加深到 1.6m 以上。若水草或菱角的遮阴面不够，要及时移入凤眼莲、大萍等浮叶植物。

（7）日常管理　坚持每天早、中、晚 3 次巡塘。一是测记水温、盐度、溶解氧和 pH等，并观察水色变化，判断水质优劣，维持正常水位；二是检查两种鱼摄食、游动等情况；三是检查增氧机的运行情况；四是检查鱼虾是否发生病害，力求做到早发现、早治疗；五是每隔15d，随机抽样暗纹东方鲀5尾、日本沼虾10尾进行生物学测定，以便掌握商品鱼的生长速度、存活率等，为确定饲料投喂量提供依据。

（8）商品鱼虾捕捞　为了便于捕捞，8—9月菱角采收时就应该及时清除菱叶，10月下旬起人工清除池底水草。11月中旬起，暗纹东方鲀的商品鱼规格达到200～300g时，用拉网捕捞；日本沼虾的商品规格为220～300尾/kg，先用地笼诱捕90%，后在暗纹东方鲀起网后用细目拉网捕捉。为了确保池塘内所养殖产品能够在春节档上市获得良好售价，各地养殖户应根据当地市场行情和价格趋势，灵活调整鱼虾的捕捞时间。

运用此种混养模式，优势如下：

增加了室外养殖池的空间利用率和经济效益。暗纹东方鲀生活在养殖池水体中上层，日本沼虾生活在养殖池水体下层，水中还有菱、黑藻等水生植物净化水质、提供氧气，鱼、草、虾互不干扰，共同成长，形成了一套立体生态的养殖模式。

室外养殖池广阔的水域，提供给暗纹东方鲀模拟自然的生长环境和无限制的游动，且暗纹东方鲀通过捕食富含高蛋白的刚死亡日本沼虾促进了发育，也使得推向市场的暗纹东方鲀肉质更加的紧致，更符合消费者的口味偏好。

在收获暗纹东方鲀商品鱼的同时，每667m² 池塘还可收获日本沼虾50～60kg，在上海、苏州、杭州等城市，春节前日本沼虾的售价可达160～200元/kg。该虾属于高经济价值的附加水产品，具有广阔的利润空间。

# 8

# 第八章
# 暗纹东方鲀"中洋1号"疾病防治

我国的暗纹东方鲀疾病防治工作，是随着其养殖的发展而开始的。今后，随着暗纹东方鲀养殖产业的进一步扩大，必然会进一步的深入发展。暗纹东方鲀的疾病研究与防治时间，不仅丰富了东方鲀属病理学的基础，也为河鲀的健康养殖提供了一定的技术保证。

渔药大部分是由人药、兽药、农药等转换过来的。抗生素等药物仍然是目前应用最广泛的药物，但是其副作用大，不但可能导致鱼体内药物残留，甚至会破坏水资源。传统的养殖模式造成的细菌抗药性问题，想完全避免还需要依靠整个行业的技术发展。但采取必要的措施预防鱼病，不使用或者减少使用抗生素的量，从而延缓细菌等疾病的抗药性，是完全可行的一条道路。

养殖实践证明，做好暗纹东方鲀病害防治工作，是健康养殖的关键技术环节。预防病害的发生，不能孤立地只考虑病原因素，要把外界环境中的其他因素与暗纹东方鲀本身的生物学特性联合起来考虑。在疾病的防治过程中，遵循防大于治，即预防和治疗相结合的原则，提高河鲀的健康水平。要从以下两个方面入手：①以生态学原理为基础，改善养殖水环境，控制病原，切断其传染与侵袭途径，全面提高鱼体的抗病能力；②一旦发现个别暗纹东方鲀个体患病，应该及时查明病因，根据病原体种类、性质，选择高效、低毒、低残留的渔药、中草药等进行治疗。

## 一、病害特点及防治策略

由于暗纹东方鲀的生理特点、生态习性和养殖方式与常见的鲤科鱼类不同，不能简单地套用鲤科鱼类的防治方法，而且应该根据鱼的年龄、发病程度、养殖水体环境等客观因素选择符合实际的防治手段。因此，对于多数河鲀养殖单位来说，暗纹东方鲀病害防治的工作还是一个陌生的领域。只有正确地认识暗纹东方鲀病害的特点，掌握其发病和流行的规律，才能有效地防治。暗纹东方鲀病害发生特点及其防治策略如下。

（1）突发性、暴发性的病害多　目前，已知的大多数鱼类致病病原体都能感染暗纹东方鲀，并且使其在感染期间不致病，但是使其成为该病原的携带者和传播者，使鱼体处于亚健康状态。由于养殖单位对暗纹东方鲀疾病的认识不足，导致未能及时做足预防手段，一旦发病便毫无对策，从而引发养殖河鲀的突发性和暴发性疾病。

（2）河鲀属于底层鱼类，喜欢栖息于水底层　这对其病害的诊断和治疗均有一定难度。如病鱼大多数都食欲减退，病重时食欲丧失，无法通过吞食药饵治疗。疾病大规模发生后，一般只能拯救那些尚未丧失食欲和尚未发病的个体。对于病情严重的个体，往往难以医治。

（3）遵循"防重于治"的原则，采取生态防治技术，控制疾病的发生　生态防治主要是针对上述特点，采取相应的技术措施，使得养殖的暗纹东方鲀处于一个良好的养殖水环境中，以提高其免疫能力，防止病害发生。主要通过以下措施：①根据养殖暗纹东方鲀的不同生长时期对环境的不同要求，调控和改善养殖水体环境；②根据致病微生物发病的特点和规律，适时地采用多项技术控制病原体滋生和传播；③根据暗纹东方鲀的生物学特性，采用有针对性的方法，如适当地增加动物性饵料，调整投喂饲料的时间和频率等措施，以提高其免疫力和机体抗病能力；④根据暗纹东方鲀的生物学特性，对培育池进行必要的改造，做好培育池、工具、容器等的系统消毒工作。

## 二、发病原因

河鲀和其他鱼类一样，发病主要取决于环境、病原体和鱼体三者间相互作用的结果。当环境恶化、病原菌大量滋生的时候，暗纹东方鲀机体免疫能力下降，从而引起生理状态的紊乱和恶化，而暴发疾病，继而导致大量死亡。患病的主要因素有：①非生物因素，主要为水温、溶解氧、pH 等因子；②生物因素，主要有致病微生物、寄生虫等因子。

**1. 水环境恶化是暗纹东方鲀疾病发生的外因**　高密度养殖河鲀，其水环境的质量是暗纹东方鲀是否发病的重要外部因子。可以从以下指标来衡量：

（1）水温　暗纹东方鲀最适生长水温为 $23 \sim 32 ℃$。在养殖过程中水温变化不宜过大，一般来说，水温的瞬时变化对仔鱼、稚鱼不应该超过 $2 ℃$，成鱼不应该超过 $5 ℃$，否则容易造成机体调节系统紊乱而引发疾病。

（2）溶解氧　水中的溶解氧不宜太高或者太低，一般来说，不宜低于 $3 mg/L$，否则会引起鱼体浮头，严重时造成缺氧死亡。在室外土塘养殖时，由于水体中藻类繁殖旺盛，导致水体中溶解氧含量过高，从而诱发鱼苗的气泡病。

（3）有机物　水体中有机物含量超标，粪便、残饵过多，水体中硝化细菌含量过少，水体自我净化能力不足，从而导致的水体恶化，诱导水体中病原体的繁殖。当水体中氨氮含量大于 $1.0 mg/L$ 时，暗纹东方鲀抵抗力下降，含量过高会导致氨氮中毒。当亚硝酸盐含量大于 $0.1 mg/L$ 时，常会诱导出血病；大于 $4.5 mg/L$ 时，易发生亚硝酸盐中毒。

（4）pH　暗纹东方鲀生活在过酸或者过碱的环境中，生长都会受到影响，并且会诱发相关疾病的产生。

**2. 免疫力下降是诱导暗纹东方鲀疾病的内因**　抵抗能力强时，暗纹东方鲀体内虽有病原体存在或者遭受入侵，也不会引起相关疾病；只有抵抗力下降时，病原体的入侵才会引起病害。影响抵抗能力下降的主要因素如下：

（1）**放养密度过大** 养殖密度过大、食物不足或水环境恶化容易造成缺氧、缺饵等情况，再加上暗纹东方鲀喜食同类的特性，从而导致体质下降和组织破损，为病原微生物的入侵创造了条件。

（2）**投放饵料不当** 投放未经消毒或腐败变质的饵料，如变质的陈鱼虾、鱼糜，容易引发细菌性疾病，出现黄脂症。投饵过量，剩饵会给病原体繁殖创造条件；投喂过少，河鲀吃不饱，抵抗力下降。

（3）**鱼体受伤** 分塘筛选、转池、并池等操作过程中，造成鱼体不同程度的损伤，如鳍条折断、皮肤擦伤，从而导致霉菌和细菌侵入鱼体。

（4）**鱼种质量差** 引进的鱼种种质不纯或是采用同一世代亲本全人工繁殖所获鱼种，在养殖环境中抗病能力弱。

（5）**滥用药物** 养殖单位盲目使用抗生素和化学药物，导致河鲀抵抗力下降。

**3. 病原体大量滋生才会导致暗纹东方鲀鱼病流行** 养殖水体在正常情况下呈微生态平衡状态，但当水温升高、有机物含量过多、pH不适宜时，微生物则大量繁殖，侵害河鲀内脏等实质性器官，诱发鱼病。目前，已发现的病原体主要有细菌、病毒、真菌和寄生虫等。

（1）**细菌** 细菌性疾病是暗纹东方鲀养殖中的主要病害。由柱状噬纤维菌引起的暗纹东方鲀烂鳃病；由气单胞菌引起的暗纹东方鲀肠炎病、赤鳍病；以腐败假单胞菌引起的烂尾病对河鲀危害最大。

（2）**病毒** 病毒性疾病主要是由弹状病毒引起的出血病，使病鲀各鳍基和鳍条、肠壁，甚至眼睛充血、出血，发病季节在6—10月，病程快、死亡率高，主要危害成鱼。

（3）**真菌** 暗纹东方鲀受伤时，由于水霉菌的侵入易引起水霉病，毛霉菌的侵入易引起毛霉病。真菌性疾病除危害河鲀的幼体和成鱼外，还危及卵。

（4）**寄生虫** 寄生虫病主要是小瓜虫病、车轮虫病、异钩虫病，寄生虫寄生在暗纹东方鲀的体表、鳃部等处夺取营养，损伤鱼体，并易引起细菌性疾病的继发感染。

## 三、暗纹东方鲀养殖各时期防治对策

暗纹东方鲀终身生活在水中，一旦疾病暴发，鱼病不能像人和家畜那样采用大规模人工注射或者内服药物。并且河鲀发病以后食欲减退，就算有针对此疾病的特效药，也很难使药物有效快速地进入体内，从而治疗疾病。因此，河鲀疾病防治同样遵循以防为主、防治结合的原则。

**1. 孵化时期** 在受精卵孵化时期，最容易出现的疾病就是水霉病。孵化用水应该提前消毒、过滤、封闭循环使用。在孵化的过程中，使用亚甲基蓝可以有效地减少水霉病的发生。对于已经死去发霉的卵，要及时除去。

**2. 鱼种培育时期**

（1）**仔鱼期** 确保投喂的饵料是新鲜且未被污染的，静水培育要经常换水，以保证水质干净。

（2）**稚鱼期** 食性转化后，应该及时按照密度和规格分开养殖。由于暗纹东方鲀独特的同类相残习性，分规格养殖可以有效提高存活率。对于受伤个体应该及时治疗，以防诱发其他疾病感染。培育时期应该及时清除死、伤稚鱼。勤吸污、勤换水，从而保持水质清新。同时，做好外来生物的防治工作，避免老鼠、水蛇、野猫等物种的侵入。

**3. 幼鱼养殖时期**

（1）饲料管理　对于开包的饲料应及时用完，每天投喂的饲料应保证新鲜，严防饲料污染和变质。严格按照"定时""定点""定质""定量"的"四定"原则进行投喂。

（2）水质管理　根据暗纹东方鲀发育的不同时期、对水质的不同要求而调控水质。根据养殖池塘的大小和水质的自我净化能力，来控制放养密度；及时清除残余饵料、死病鱼和排泄物等。根据水质情况，每隔 10～15d 换水 1 次，每次换水量为 10%～30%，适当地添加 EM 菌、硝化细菌等有益微生物，从而保持良好的水质。

**4. 成鱼培育时期**　主要以室外土塘养殖和室内循环水养殖为主。每年 4 月，水温达到 18℃以上时，可以将河鲀转入室外土塘养殖。在此期间需要加强对水质的管理，从而避免由于养殖水环境的变换导致的应激。到 6—7 月，水温不应该高于 30℃，超过 30℃，可适当添加地下水或者河水降温。到 10 月，水温降低到 18℃以下，河鲀要移入大棚越冬。移入前要强化培养，增强营养，饲料中适当添加维生素 C 等饲料添加剂，或投喂小鱼、小虾等鲜活饵料。搬运时应该小心操作，尽可能地减少损伤，以免诱发水霉病。在进入养殖大棚前，鱼体应该进行消毒，从而杀灭体表的病菌、寄生虫等。四季中连绵阴雨的季节、水温变化过大时容易发病，要定时泼洒生石灰、聚维酮碘或中草药等。病死鱼要及时捞出，隔离治疗，严防交叉感染。

**5. 亲鱼培育**　同成鱼培育。

**6. 暗纹东方鲀对 3 种常用水体消毒剂的敏感性试验**　随着暗纹东方鲀养殖规模和市场需求的不断扩大，在实际的养殖生产过程中，使用消毒剂的次数和频率会越来越多。但大多数养殖从业者单纯的根据其经验，随意性、过量用药等不合理用药现象时有发生，不但不能有效的预防治疗疾病，反而会对健康的养殖造成负面影响。因此，有必要开展消毒剂对暗纹东方鲀急性毒性试验，从而获得消毒剂用量的安全界限，能发挥消毒剂应有的作用。在暗纹东方鲀养殖过程中，最常用的 3 种消毒剂分别为苯扎溴铵、戊二醛、聚维酮碘，其被用于养殖水体和养殖器械的消毒，以及常见的出血病、烂尾、烂鳃病的防治。

（1）材料和方法

①实验动物：试验用暗纹东方鲀稚鱼，取自江苏中洋集团股份有限公司繁育中心。为全人工繁殖的同一批次规格整齐的鱼苗，42 日龄，平均全长（1.73±0.32）cm，平均体重（0.19±0.01）g。试验前，受试个体在水族箱内驯养 2d，使其适应当前试验条件。驯养期间每天换水，投喂枝角类，24h 不间断充气。试验开始前，从水族箱内挑取规格一致的个体作为试验对象。

②试验用水：试验用水为公司繁育中心孵化用水，盐度 0，pH 8.2～8.5，总氨氮（1.0±0.2）$\mu g/L$，亚硝酸盐（10±1）$\mu g/L$，溶解氧 6.00～7.5mg/L。

③试验药物及溶液配置：试验前分别用双蒸水将苯扎溴铵（45%，长沙拜特生物科技研究所有限公司）、戊二醛（2000，广州市利健药业有限公司）、聚维酮碘（7.5%，北京中涨鑫海生物技术有限公司）制成 1 000mg/L 的母液，试验开始时向试验用水中添加不同体积的母液，稀释至试验所设定的质量浓度，所添加母液体积不超过试验用水的

0.5%。试验期间每天更换试验药液前，均重新配置药物母液。

④试验方法：根据预试验结果，分别设置5个试验药物质量浓度组及1个对照组，每个浓度设置3个重复。试验采用96h半静水法，试验容器为2L玻璃烧杯，加入食盐用水1.5L，然后添加试验药物母液至设定的质量浓度，最后各投放暗纹东方鲀稚鱼10尾。试验过程中不充气，每隔24h全部更换1次相应药物质量浓度的药液。苯扎溴铵、戊二醛和聚维酮碘均属于稳定型化学物质，其水溶液质量浓度24h内不会发生显著变化。试验过程中，观察暗纹东方鲀稚鱼的中毒症状，记录24h、48h、72h和96h时统计受试鱼死亡数目并计算死亡率，及时捞出死亡个体。死亡的判断标准为鱼体被触动后5s内无任何反应。整个试验过程中不投喂，试验水体温度为21～23℃，pH 8.20～8.50，溶解氧6.00～7.50mg/L。

⑤数据处理：试验数据采用概率单位法，分别计算苯扎溴铵、戊二醛和聚维酮碘对暗纹东方鲀稚鱼的半致死质量浓度（$LC_{50}$）及95%可信限区间。安全质量浓度按下式计算：

$$安全质量浓度 = 0.3 \times 48hLC_{50}/(24hLC_{50}/48hLC_{50})^2$$

根据国家环保局1992年颁布的《化学农药环境安全评价试验准则》中规定的，有毒物质对鱼类毒性等级评价标准性等级评价标准，48h半致死质量浓度划分为4个等级：<0.1mg/L为剧毒；0.1～1mg/L为高毒；1～10mg/L为中毒；>10mg/L为低毒。

（2）结果与分析

①中毒症状：暗纹东方鲀稚鱼在3种消毒剂不同试验质量浓度的药液中，均表现出不同程度的中毒反应。当暗纹东方鲀稚鱼暴露在低质量浓度的苯扎溴铵、戊二醛和聚维酮碘的药液中时，游泳正常，与空白对照组无显著差别。在试验中后期（72h），不同药液试验组均有极个别的个体安静地死去，且死亡的个体体色发白。随着药液质量浓度的不断提高，暗纹东方鲀个体不适现象愈发明显。尤其是高质量浓度苯扎溴铵、戊二醛和聚维酮碘试验组中，暗纹东方鲀稚鱼个体出现狂躁不安、急游急停、气囊鼓起或者鱼体向一侧扭曲、侧游、分泌大量黏液等明显中毒症状，死亡后鱼体僵硬、扭曲、白化（表8-1）。

表8-1 试验药物质量浓度设置（mg/L）

| 药物名称 | 对照组 | | | 试验组 | | |
|---|---|---|---|---|---|---|
| 苯扎溴铵 | 0 | 0.30 | 0.54 | 0.97 | 1.75 | 3.15 |
| 戊二醛 | 0 | 0.80 | 1.32 | 2.20 | 3.63 | 6.00 |
| 聚维酮碘 | 0 | 50.00 | 76.92 | 118.02 | 182.02 | 280.00 |

②苯扎溴铵对暗纹东方鲀稚鱼的毒性试验：苯扎溴铵对暗纹东方鲀稚鱼的急性毒性试验结果及分析见表8-2和表8-3。由表8-2可见，随着苯扎溴铵质量浓度的增大和胁迫时间的延长，苯扎溴铵对暗纹东方鲀稚鱼的急性毒性效应明显增强，死亡率明显升高。由表8-3可见，苯扎溴铵对暗纹东方鲀稚鱼胁迫24h时的半致死质量浓度为1.04mg/L。当胁迫时间达到96h时，半致死质量浓度为0.53mg/L，为胁迫24h半致死质量浓度的51%。表明苯扎溴铵对暗纹东方鲀稚鱼的致毒效应随着药物胁迫时间的延长而明显增强。计算表明，苯扎溴铵对暗纹东方鲀稚鱼的安全质量浓度为0.24mg/L。

表8-2　苯扎溴铵对暗纹东方鲀稚鱼急性毒性试验结果

| 质量浓度（mg/L） | 死亡率（%） | | | |
|---|---|---|---|---|
| | 24h | 48h | 72h | 96h |
| 0.30 | 0 | 0 | 3 | 7 |
| 0.54 | 0 | 3 | 10 | 40 |
| 0.97 | 43 | 57 | 83 | 97 |
| 1.75 | 90 | 97 | 100 | 100 |
| 3.15 | 100 | 100 | 97 | 100 |
| 对照组 | 0 | 0 | 0 | 0 |

表8-3　苯扎溴铵对暗纹东方鲀稚鱼急性毒性试验结果分析

| 受试时间（h） | 半致死质量浓度（mg/L） | 95%置信区间（mg/L） | 回归方程 | $r^2$ | 安全质量浓度（mg/L） |
|---|---|---|---|---|---|
| 24 | 1.04 | 0.86～1.25 | $y = 5.66x - 12.07$ | 1 | |
| 48 | 0.95 | 0.83～1.08 | $y = 7.20x - 16.45$ | 0.99 | |
| 72 | 0.72 | 0.63～0.83 | $y = 5.50x - 10.75$ | 0.89 | |
| 96 | 0.53 | 0.46～0.61 | $y = 6.55x - 11.86$ | 0.98 | 0.24 |

③戊二醛对暗纹东方鲀稚鱼的毒性试验：戊二醛对暗纹东方鲀稚鱼的急性毒性试验结果及分析见表8-4、表8-5。由表8-4可见，随着戊二醛质量浓度的增大和胁迫时间的延长，戊二醛对暗纹东方鲀稚鱼的急性毒性效应明显增强，死亡率明显升高。由表8-5可见，戊二醛对暗纹东方鲀稚鱼胁迫24h时的半致死质量浓度为4.27mg/L。当胁迫时间达到96h时，半致死质量浓度为2.40mg/L，为胁迫24h半致死质量浓度的56%。表明戊二醛对暗纹东方鲀稚鱼的致毒效应随着药物胁迫时间的延长而明显增强。计算表明，戊二醛对暗纹东方鲀稚鱼的安全质量浓度为0.74mg/L。

表8-4　戊二醛对暗纹东方鲀稚鱼的急性毒性试验结果

| 质量浓度（mg/L） | 死亡率（%） | | | |
|---|---|---|---|---|
| | 24h | 48h | 72h | 96h |
| 0.80 | 0 | 0 | 0 | 3 |
| 1.32 | 0 | 0 | 7 | 10 |
| 2.20 | 3 | 3 | 17 | 33 |
| 3.36 | 30 | 53 | 73 | 87 |
| 6.00 | 87 | 100 | 100 | 100 |
| 对照组 | 0 | 0 | 0 | 0 |

④聚维酮碘对暗纹东方鲀稚鱼的毒性试验：聚维酮碘对暗纹东方鲀稚鱼的急性毒性试验结果及分析见表8-6、表8-7。由表8-6可见，随着聚维酮碘质量浓度的增大和胁迫时间的延长，聚维酮碘对暗纹东方鲀稚鱼的急性毒性效应明显增强，死亡率明显升高。由

表8-7可见，聚维酮碘对暗纹东方鲀稚鱼胁迫24h时的半致死质量浓度为269.80mg/L。当胁迫时间达到96h时，半致死质量浓度值为151.09mg/L，为胁迫24h半致死质量浓度的56%。表明聚维酮碘对暗纹东方鲀稚鱼的致毒效应随着药物胁迫时间的延长而明显增强。计算表明，聚维酮碘对暗纹东方鲀稚鱼的安全浓度为32.97mg/L。

**表8-5 戊二醛对暗纹东方鲀稚鱼急性毒性试验结果分析**

| 受试时间<br>(h) | 半致死质量浓度<br>(mg/L) | 95%置信区间<br>(mg/L) | 回归方程 | $r^2$ | 安全质量浓度<br>(mg/L) |
|---|---|---|---|---|---|
| 24 | 4.27 | 3.60~5.06 | $y=6.51x-18.65$ | 0.99 | |
| 48 | 3.55 | 3.16~3.99 | $y=8.83x-26.37$ | 1 | |
| 72 | 2.94 | 2.53~3.42 | $y=4.82x-11.71$ | 0.92 | |
| 96 | 2.40 | 2.03~2.85 | $y=4.27x-9.44$ | 0.96 | 0.74 |

**表8-6 聚维酮碘对暗纹东方鲀稚鱼急性毒性试验结果**

| 质量浓度 (mg/L) | 死亡率（%） | | | |
|---|---|---|---|---|
| | 24h | 48h | 72h | 96h |
| 50.00 | 0 | 0 | 3 | 3 |
| 76.92 | 0 | 7 | 13 | 10 |
| 118.02 | 3 | 13 | 17 | 20 |
| 182.02 | 10 | 27 | 43 | 73 |
| 280.00 | 60 | 84 | 93 | 100 |
| 对照组 | 0 | 0 | 0 | 0 |

**表8-7 聚维酮碘对暗纹东方鲀稚鱼急性毒性试验结果分析**

| 受试时间<br>(h) | 半致死质量浓度<br>(mg/L) | 95%置信区间<br>(mg/L) | 回归方程 | $r^2$ | 安全质量浓度<br>(mg/L) |
|---|---|---|---|---|---|
| 24 | 269.80 | 224.41~324.35 | $y=5.59x-8.59$ | 0.93 | |
| 48 | 200.00 | 165.68~241.43 | $y=4.22x-4.70$ | 0.88 | |
| 72 | 158.54 | 132.58~189.58 | $y=4.07x-3.97$ | 0.89 | |
| 96 | 151.09 | 126.94~179.83 | $y=4.18x-4.11$ | 0.92 | 32.97 |

⑤消毒剂对暗纹东方鲀稚鱼的毒性比较：以安全质量浓度为衡量标准，本试验所选消毒剂对暗纹东方鲀稚鱼的毒性依次为苯扎溴铵＞戊二醛＞聚维酮碘。由试验结果可知，苯扎溴铵、戊二醛和聚维酮碘对暗纹东方鲀稚鱼48h半致死质量浓度分别为0.95mg/L、3.55mg/L和200.00mg/L。对照有毒物质对鱼类毒性等级评价标准可知，对于暗纹东方鲀而言，苯扎溴铵、戊二醛和聚维酮碘分别为高毒、中毒和低毒（表8-1至表8-7）。

（3）**结论** 本研究表明，苯扎溴铵、戊二醛和聚维酮碘对暗纹东方鲀稚鱼的安全质量浓度均高于药物生产厂家推荐的最大治疗质量浓度，说明上述3种药物能够在暗纹东方鲀育苗和养殖生产中使用。但在实际生产过程中，药物的毒性还受到水温、溶解氧、有机物等水质因子，养殖动物生理状态、是否饱食、规格大小等生物因子，以及给药方式等人为因素的影响。因此，生产中还需结合实际情况给药，并密切观察鱼类活动情况，以确保用药安全和有效。

## 四、暗纹东方鲀常见病

随着暗纹东方鲀养殖业的发展，由于水体污染、饲养管理不当、病害防治不力等原因的影响，鱼病问题日益突出。且生态防治在我国还不成熟，受到诸多因素的限制，目前，养殖单位不可能完全脱离抗生素的使用防治鱼病。如长期、反复使用同种类型的抗生素，以及诊断失误，养殖水体中的致病微生物抗药性将不断增强，造成投喂大而效果愈来愈差的死循环。且过多的使用药物会使得暗纹东方鲀肝脏受损，免疫力低下；同时，这些积累药物的暗纹东方鲀在被人食用后，同样会损害人体的健康。因此，应实行"以生态养殖为主、药物治疗为辅"的技术路线，尽可能地做到对症下药，减少抗生素等药物的使用。

暗纹东方鲀常见鱼病按照病原种类，可分为真菌性疾病、细菌性疾病、寄生虫病、病毒病和非生物性疾病五大类。

### 1. 小瓜虫病

【病原】该病由原生动物小瓜虫侵入鱼体皮肤或鳃部而引发。小瓜虫是以胞囊形式繁殖和传播子代的，一般分为3个生活周期，分别是滋养体、包囊和掠食体，其中，掠食体阶段是小瓜虫的感染期和用药敏感期。镜检成虫体内具有马蹄形大核。幼鱼仅有圆形、椭圆形或棒形的大核。虫体柔而可塑，形态多变。发病后传染快，流行广，危害大。

【症状】病原多子小瓜虫主要寄生在鱼类的皮肤、鳍、鳃、头、口腔及眼等部位，形成胞囊，呈白色小点状（图8-1）。肉眼可见，会引起体表各组织充血。鱼类感染小瓜虫后不能觅食，加之继发细菌、病毒感染，可造成大批鱼死亡，其死亡率可达60%～70%，甚至全军覆没，对养殖生产带来严重威胁。病鱼反应迟钝，游动异常，常沿池壁在水中上层快速游动，或头朝上、尾朝下与池壁摩擦，常导致下颌皮肤发炎或形成厚厚的皮茧，食欲减退，严重时不吃食物。在强光下可见，鱼体皮肤上有许多小白点，打开鳃盖，可见鳃丝上黏液多分布有大量小白点。在显微镜下观察，可见卵圆形或球形的小瓜虫，大小为 $300\mu m$ 左右，会变形，全身密布纤毛不停转动，可见到马蹄形的核。

A

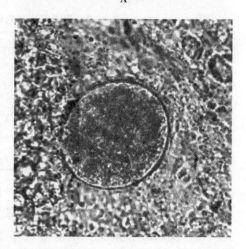

B

图8-1 小瓜虫病

A. 患小瓜虫病的暗纹东方鲀（箭头处能明显观察到背鳍上白色点状的小瓜虫）

B. 显微镜下的小瓜虫

【病因】小瓜虫病的暴发往往是多种因素，与季节和水质是密不可分的。在集约化养殖状态下，养殖密度高，水质和底质条件差，鱼体的免疫力下降，容易暴发疾病。

【发病季节】小瓜虫病的发生环境有明显的季节性，一般发生在12月至翌年6月。水温在14～25℃时，为小瓜虫繁殖的最适宜温度，也是此病的好发季节。而水温在10℃以下或高于28℃以上时，小瓜虫幼虫发育停止或逐渐死亡。

【养殖密度和水质】当养殖密度过大时，导致暗纹东方鲀氧气不足，鱼体处于低氧状态，机体抗病力下降；在投喂及管理不当时，养殖水质过差，也会使暗纹东方鲀免疫力下降，患上小瓜虫病。

【防治方法】小瓜虫病是全球淡水鱼类普遍的流行病，没有特效药，水产上能有效治疗小瓜虫的药物，目前都因为其对人体的毒性和致癌作用而被国家明令禁止。因此，在小瓜虫病的病害防控中，预防大于治疗。

（1）预防方法　保持合适的水温，温度不宜长期在14～25℃，冬天应该适当加温，提前预防；保持适宜的养殖密度；保持充足的氧气，提高暗纹东方鲀的免疫力；在冬末和初春季节，定期抽样检查，及时发现病害；发现有少数鱼沿池水面上游动或在池边摩擦，及时取样镜检，确定病因。此外，在越冬池每 $667m^2$ 接种 1.9～2.1kg 枝角类，能有效控制暗纹东方鲀越冬期间的小瓜虫病。

（2）治疗方法　室内小水体养殖，可以改变养殖水环境。将水温升至30℃以上，2～3d后，小瓜虫的存活率显著降低；用硫酸铜和硫酸亚铁（5∶2）混合溶液 0.7mg/L 全池泼洒，效果显著。另外，研究表明 40～50mg/L 的福尔马林溶液、8～10mg/L 的聚维酮碘溶液药浴 100～125min 和 20～40g/L 的盐溶液药浴 8～16h，对暗纹东方鲀的小瓜虫病有良好效果。

**2. 车轮虫病**

【病原和症状】车轮虫病主要是由显著车轮虫、东方车轮虫、中华杜氏车轮虫、微小车轮虫等引起。发病时主要引起寄主各部位分泌大量的黏液，尤其在鳃部，并且伴有红肿、烂鳃的现象。当车轮虫寄生到后期时，可见鱼体全身为灰黑色，光泽暗淡；病鱼食欲不振、拒绝摄食，行动呆滞，经常在池底、池边或沙石边摩擦体表，烦躁不安。显微镜下观察，可见车轮虫纤毛旋转，不停地摆动。主要引起苗种的呼吸困难，从而造成大批量死亡。

【病因】此病多为高温期发病，但对鱼的危害不大。车轮虫主要寄生在暗纹东方鲀体表各处及其鳃组织，在鼻孔中也有发现，并且一年四季均可发病，主要集中在4—7月。

【防治方法】

（1）预防方法　车轮虫病的暴发往往与水质不良、动物性饵料不足、放养密度大等因素相关。因此，在实际的养殖过程中要及时注意水质的管理，确定合适的放养密度，保持食物营养均衡。鱼苗、鱼种下塘前，应对鱼体进行消毒，避免鱼体上携带的寄生虫感染。

（2）治疗方法　硫酸铜和硫酸亚铁混合 0.7mg/L 全池泼洒，或者 30mg/L 的福尔马林溶液药浴24h，都能取得不错的疗效。

**3. 水霉病**

【病原和症状】水霉病是一种真菌性疾病，其中最常见的是水霉和绵霉。主要是真菌门、鞭毛菌亚门、藻状菌纲、水霉目、水霉科的水霉属和绵霉属。因拉网、拥挤或其他不良环境因素导致的组织破损，造成体表组织受损，水中的水霉孢子伺机附着，于受伤破损的组织上开始形成菌丝。菌丝除附着于损伤组织，在后期亦可蔓延至周围正常组织，贯穿皮肤深入肌肉组织，从而导致鱼类丧失游泳能力。发病时主要覆盖在鱼类的皮肤、眼等部位。病鱼反应迟钝、不喜游动，常聚集水底不动。感染初期，可见短白色絮状物，肉眼可见；感染后期，菌丝可覆盖鱼类全身。鱼类初期感染水霉病后食欲下降，后期不再摄食。如不及时治疗，死亡率可达50%以上，甚至全军覆没，对生产养殖带来严重损失。

【病因】水霉病的暴发主要有两个前提，往往与季节和水质密不可分。在集约化养殖或工厂化养殖的条件下，养殖密度高，水质和土质条件差，鱼体免疫力低下，容易暴发疾病。

【发病季节】水霉病的发生有明显的季节性，一般发生在10月至翌年3月。水温在10~15℃时为水霉孢子繁殖的最适宜温度范围。25℃以上时，各种的游孢子繁殖力减弱，较不易感染。

【养殖密度和水质】当养殖密度过大时，导致暗纹东方鲀争抢食物时候互相碰撞，易使得皮肤破损；或在密度规格管理不当时，由于暗纹东方鲀特殊的喜食同类的习性，使得相对规格较小的鱼腹部、背部、尾鳍等受损从而发生感染。或在投喂管理不当时，饲料粪便清理不及时，养殖水质过差，水体中腐殖质含量过高，为霉菌提供了良好的繁殖环境，从而使得暗纹东方鲀易感染水霉病。

【防治方法】水霉病是全球淡水鱼类普遍的流行病。对于鱼类疾病治疗，都应该秉持预防为主、治疗为辅的观念。因此，防大于治。水霉病如果发现得早，使用相应的药物治疗，存活率可达90%以上。

(1) 预防方法　保持合适的水温。水霉病有明显的季节性，在夏季几乎不会得水霉病，因此，在秋冬季节或突然降雨时应适当升温预防，28℃最佳；其次保持合理的暗纹东方鲀养殖密度和养殖规格，能有效避免互相撕咬导致的损伤，从而避免水霉病的发生。

(2) 治疗方法　室内工厂化养殖或小水体养殖，可适当地更换新水，及时地清理饲料和粪便残渣，改变养殖水环境，抑制水体中霉菌孢子的繁殖；如病鱼数量少，使用10%的聚维酮碘消毒剂浸泡30min，亦可低浓度全池泼洒消毒；可将水体盐度提高至5~10；在感染的前期，如果病鱼还可摄食，可内服抗菌药物（如磺胺类）。如后期感染严重，鱼类不再摄食，室内养殖可将鱼捞出置于圆桶内，10mg/L的亚甲基蓝充气浸泡30~60min，隔天浸泡；因为亚甲基蓝同样会损伤硝化细菌，对水体的生态平衡造成破坏。室外土塘养殖，可使用聚维酮碘3g/m³全池泼洒，隔天使用，效果良好。如果发现治理及时，存活率可达90%以上。

### 4. 霉菌病

【病原和症状】病原为毛霉菌（尚未定种）。菌丝蓝染、较粗，分支较少，多呈现直角形。毛霉菌对暗纹东方鲀的病害尚未见到报道，华元渝曾在江苏常熟发现暗纹东方鲀患有此病。此病一年四季均可发生，以冬春季节为发病高峰，但在其他季节也有发生的现象。该病传染机制尚不清楚，发病率不高，一旦发病，死亡率极高。患病的暗纹东方鲀起初无明显病症表现，随着病情的严重，在身体一侧或多侧出现浅色的白点。随后白点不断扩大，颜色逐渐由白色变为棕黄色。此时的暗纹东方鲀往往出现不安、拒绝摄食、狂游等特性。解剖病鱼，内脏器官无明显病变。显微结构观察表明，皮肤损伤处表皮细胞坏死，皮肤浅层和皮下组织内见大量霉菌菌丝。菌丝周围肌肉组织细胞形态结构消失，可见菌丝侵入血管，引起血栓。此病发病时间较长，死亡率高。

【防治方法】目前，对此病尚无显著有效的治疗方法。只能预防为主，可及时调节水质，经常使用 EM 菌等有益菌群调节水质，从而控制水体中有害菌群的数量。当发现有患病的迹象时，及时投喂磺胺类抗生素，有一定的疗效。

**5. 烂鳃病**

【病原和症状】主要是柱状嗜纤维菌（*Cytophaga calumnnaris*）。同时，也可以在鳃组织上分离到嗜水气单胞菌和弧菌。

【病因】烂鳃病在整个养殖过程中是一种常见病和多发病。病原菌可通过水传播和接触传播。尤其在夏季高温季节，病鱼不断在水中散布病原，而且散布的速度很快，此时正值病原菌生长的最适温度。该病一般在水温 15℃ 以上开始发生，感染的强度与水温、水质污染程度和养殖密度相关。

【病症与病理变化】病鱼游动缓慢，初期体色发黑。随着病情的加剧体色逐渐变白，食欲减退，对外界刺激反应迟钝，常在池边或水面附近游动。病鱼表现为呼吸困难，打开鳃盖可见鳃丝黏液增多。严重时，鳃丝中常伴有大量水霉菌和其他杂物碎片。

【防治方法】烂鳃病主要是细菌性疾病，目前养殖过程中主要的治疗方法还是预防为主、治疗为辅。①首先需要定期检测水质，抽污，保持水质清洁；②鱼种定期消毒，可使用低浓度的高锰酸钾或乳酸恩诺沙星等；③定期检查鳃丝上是否有寄生虫等，并根据寄生虫种类选择合适的杀虫药。

如后期确诊为细菌性烂鳃，应使用外部消毒和口服相结合的办法。①选择合适的消毒剂，如聚维酮碘、漂白粉等；②根据药物使用说明，按照推荐剂量使用抗生素，如恩诺沙星、红霉素、土霉素等。

**6. 烂尾病**

【病原和症状】烂尾病的主要流行病原体是温和气单胞菌和腐败假单胞菌。发病初期，尾柄处充血。随着病情的严重，各鳍基部发白，严重时尾鳍等鳍都会溃烂。通过病理学检查，可发现发病初期鳍条各部分断裂，在断裂处有出血及细胞肿胀等特点。出现表皮细胞变形、坏死、软骨外露等现象，鳍条明显结构消失，炎症细胞浸润。

【病因】烂尾病主要是由于暗纹东方鲀在放养过程中密度较高引起的，此病在越冬池中特别常见。由于密度高，加上动物性饵料不足时，会引起同类相残（暗纹东方鲀会有攻击同类鳍条或者机体的一种本能行为）。鳍条严重受伤时，失去辨别方向和活动的能力，此时极易引起烂鳍甚至溃疡。

【防治方法】

（1）预防方法　预防此病最重要的就是要控制养殖的密度，此病发生的关键在于互相撕咬的概率变大，从而导致受伤的个体增多，而易发病。同时，可以多适当地投喂动物性饵料。

（2）治疗方法　全池泼洒消毒剂，给水体和鱼体表面消毒。

**7. 肠炎病**

【病原和症状】主要病原体为肠型点状气单胞菌。当鱼患肠炎病时，病鱼食欲减退或者完全不吃食，初期肛门发红，严重时肛门红肿，可见到直肠脱出肛门外，场内无实物。解剖可见淡黄色黏液，呈现为柠檬黄念珠状。具体表现为病鱼游动迟缓，离群，不久即死亡。严重的个体，会发现鱼肠道内充满气体和淡黄色液体，死亡时腹部朝上。

【防治方法】

（1）预防方法　主要是加强生态防治，不投喂腐败陈旧的饲料，保持良好水质。

（2）治疗方法　每千克饲料添加 0.1～0.2g 大蒜素，或按照商品化大蒜素使用说明添加，连续投喂 5～7d。

**8. 出血病**

【病原和症状】病原为弹状病毒，大小约为 300nm。在发病初期，没有明显的特点。随着病情的发展，鱼体色发黑，眼睛至吻部颜色明显变淡。有时候鱼体颜色变淡，眼睛更苍白。全身各个部位鳍条充血。严重时可看见鳍条、上下颌、眼睛及背部鳍条均严重充血。部分鱼类眼眶出血，眼球突出，鳃丝出现不同程度的腐烂，黏液增多。解剖肠道时，可使肠壁充血呈紫红色，肠内无食物时，肝脏出现淤血和充血现象。胆囊肿大；胆内呈淡黄色；病情严重的鱼疯狂游动或精疲力竭后静卧水底不动，最后衰竭而死。该病死亡率较高，出现明显症状后 24h 大量死亡，对于暗纹东方鲀的危害性极大。

病例检查表明：①以肠出血为主的出血病，病鱼肠道上皮细胞肿胀，杯状细胞少量增加，但是由于肠壁充血，会导致渗出及出血的状况；②小血管管壁之间广泛受损，形成微血栓，同时，引起脏器组织梗死样病变；③在干细胞等胞浆中可看到嗜酸性包涵体，肝脏血管扩张充血，肝细胞灶性出血及炎症细胞浸润。

【病因】从目前的报道来看，无论是暗纹东方鲀还是红鳍东方鲀，其发病的季节都在 6—10 月，并且秋季为高发期，主要危害的是 300g/尾以上的成鱼。该病发病快、死亡率高，同时也被称为暴发病。

【防治方法】

（1）预防方法　①使用 20mg/L 的漂白粉（30％有效氯）或 200mg/L 的生石灰全池泼洒，养殖场附近及周围也应该定期使用漂白粉泼洒，从而预防外源性疾病；②调控好水体环境，及时抽污，在高温季节观察水质并及时换水，特别是底层水，要使用抽水机将其抽除；③投喂的饵料要新鲜无霉变，最好是每天新鲜制作的饵料；④及时观察鱼情，如若死亡，应该及时捞出并销毁。

（2）治疗方法　目前，对于此病尚无特效药。如发现鱼体发病时，常采用水体泼洒药物和拌药饵结合的办法。通常采用的方法有：①0.5～0.8mg/L 的盐酸土霉素泼洒；②0.1mg/L 的红霉素全池泼洒；③全池泼洒含氯消毒药，如二氧化氯 0.2～0.3mg/L。

药饵投喂：①每千克饲料使用 0.1～0.3g 盐酸土霉素，连续投喂 5～7d；②使用中草药配合饵料，从而提高鱼体的免疫力。每 100kg 鱼体重每天使用大黄、黄芩、黄檗、板蓝根各 0.5kg，制成药物饵料连续投喂 5～7d；或每 100kg 的鱼每天使用 40mL 浓度为 4％的碘拌饵料投喂，连续投喂 5～7d，能够有一定疗效。

**9. 非生物性疾病**　有些疾病并非由细菌、病毒等因素引起。而是与其生长环境有关，如气泡病和黄脂症。

（1）气泡病　该病是由于水体过肥、水中的溶解氧含量过高而引起的。

【病症】鳍条均发白，内有气泡，鱼体失去平衡，侧卧于水面，直到死亡。此病仅对鱼苗有危害，一般死亡率为5%。

【防治方法】适当换水，中和氧气含量。适当提高盐度，增强鱼体的应激能力。

（2）黄脂症 当投喂饲料脂肪含量过高，且长期摄食鲜度不高的冷冻鱼时，会诱导黄脂症疾病。

【病症】病鱼不活泼，体色呈黑色，斑纹不明显。肝脏呈黄褐色，腹腔内的脂肪层已成为黄色稍硬的块状物。

【防治方法】建议添加胆汁酸每千克拌1t料使用，长期添加，可降低黄脂症的发病率。

# 9

# 第九章
# 暗纹东方鲀"中洋1号"综合利用

东方鲀属鱼类味道鲜美，营养价值高，享有"鱼中之王"的美誉，颇受一些亚洲国家（中国、日本、韩国等）人民的喜爱，尤其以日本人最爱食用。在我国长江中下游地区及部分沿海地区的居民，自古以来就有食用的习惯。但野生的河鲀体内含有河豚毒素（TTX），处理不当极易致死。我国在1990年颁布的《中华人民共和国水产品卫生管理方法》明文规定河鲀有剧毒，不得流入市场。因特殊情况需要进行加工使用的，应在有条件的地方集中加工，在加工处理前必须先除去内脏、皮肤、眼睛等剧毒部位，洗净血污，经盐腌晒干后无毒方可出售，并且相关操作需有相关资质的人员进行。但民间每年都有因为误食河鲀而死亡的案例。

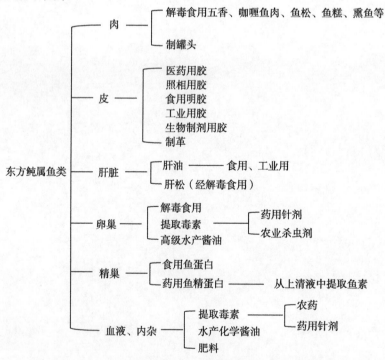

图9-1　东方鲀属鱼各器官综合利用

近年来，由于过度捕捞，东方鲀种质资源下降，养殖的东方鲀比野生的东方鲀毒性小且能保持味道鲜美、营养价值高等特点。基于此，2016年，农业部、国家卫生和计划生育委员会和国家食品药品监督管理总局联合发文《关于有条件放开养殖河豚生产经营的通知》，只针对红鳍东方鲀与暗纹东方鲀。江苏中洋集团股份有限公司自从1997年经过连续5代的选育，最终申报成功的新品种暗纹东方鲀"中洋1号"，对其肌肉、肝脏、鱼皮、精巢、卵巢等组织进行河豚毒素检测，结果均未检出，判定其毒性为无毒。

东方鲀属鱼类"全身都是宝"，其肌肉、精巢、卵巢、肝脏、皮肤等几乎所有部位都具有利用价值（图9-1）。

## 一、养殖暗纹东方鲀鲜、冻品加工操作规范

见《中华人民共和国国家标准GB/T 39122—2020》。

## 二、河鲀烹饪方法介绍

我国食用河鲀有着悠久的历史，加上我国地大物博，口味众多，结合各地的风味，人们总结出不少烹饪河鲀的方法。

**1. 炸河鲀鱼块**（图9-2）

（1）**材料** 经过处理的河鲀鱼1条，圆白菜1/4颗，西红柿1/4，鸡蛋黄1个，面粉50g，生抽、胡椒粉、料酒、干淀粉、番茄酱适量。

（2）**做法** ①把河鲀鱼解冻，分解成3部分，上面肉、骨头、下面肉备用；②切成小块，用酒、生抽、胡椒粉腌制30min以上，再用干淀粉轻裹备用；③在腌制河鲀鱼块时，用面粉＋鸡蛋黄＋盐搅拌成黏糊状；④油锅倒油加热，用一点儿面糊放在锅里，如果立刻飘浮起来，就证明油温已经可以。把腌好的河鲀鱼块裹上面糊，下油锅炸直至浮起，颜色变成金黄就可以捞起，控干油装盘。

图9-2 炸河鲀鱼块

**2. 清炖河鲀鱼**（图9-3）

（1）**材料** 河鲀鱼、杏鲍菇、食盐、胡椒粉、调和油。

（2）**做法** ①河鲀鱼干提前泡好洗净，切成小块，再用温水洗净；②电炖锅中放入姜片和葱末，放入洗净的河鲀鱼干，再放2片姜片，放入切好的杏鲍菇；③倒入适量的水，中档炖煮30min；④烧开后放少许胡椒粉、盐、芝麻油和葱末即可。

**3. 河鲀刺身**（图9-4）

（1）**材料** 河鲀肉。

（2）**做法** 河鲀刺身有厚切和薄切两种吃法。厚切更能体现出河鲀肉质本身独特的嚼劲，回味更长；而薄切是一种艺术的欣赏——一片片薄如蝉翼，晶莹剔透的刺身或摆成菊

花造型，或摆成牡丹造型。

图 9-3　清炖河鲀鱼

图 9-4　河鲀刺身

**4. 凉拌鱼皮**（图 9-5）

（1）材料　河鲀皮。

（2）做法　①取河鲀鱼皮，洗净后放入温水中，加入食用碱泡发 1h；②泡发好以后清洗干净，再把清洗干净的鱼皮放入热水锅中放 15s，泡好的鱼皮呈透明状，捞出挤干水分，再切成条状；③把鱼皮凉拌下，先放入少许生抽、料酒、白胡椒粉去腥，放入蒜末、小米辣、少许芝麻油、油泼辣子搅拌均匀，最后放入香菜，腌制 10min 即可食用。

**5. 河鲀酒**（图 9-6）

（1）材料　现杀河鲀雄鱼精巢。

（2）做法　①将精巢洗净，用高度白酒浸泡，然后在精巢表面扎 1 个小孔；②倒入米酒中混合饮用，最好加热饮用，口感更佳。

图 9-5　凉拌鱼皮

图 9-6　河鲀酒

## 三、中毒后的急救

自从开放东方鲀属养殖市场以来，市面上流通的暗纹东方鲀和红鳍东方鲀都需经过资格审查的公司方可售卖，且养殖的暗纹东方鲀均已无毒（低于最低的毒性检测标准）。但时有听闻河鲀吃死人的新闻，那些均为野生捕捞的东方鲀属，且处理不到位，就会引起中毒。如若不及时救治，就会导致死亡。对于一个成年男性，若食用含河豚毒素仅为 2mg 的河鲀，就可能致其死亡。

如果对河鲀的了解和认知不深入，仅仅认为河鲀的卵巢有剧毒，殊不知不同海域、种类、器官的含毒量的知识了解尚少，在处理河鲀的时候仅仅以为去除卵巢即可，没有经过专业的知识和操作培训，在大量使用含毒的部位后，从而引起食物中毒。

部分渔民在海洋中捕捞海产品，对东方鲀属的了解不够深刻，未能挑选出有毒的鲀科鱼类，从而使得含有剧毒的鲀科鱼类流入市场。且鱼贩和消费者对鲀科鱼类缺乏辨种的能力，或加工不当，从而引起食物中毒。

沿海的部分鱼类加工厂对水产品的加工管理制度不严格，加工后的河鲀含毒部位没有彻底处理，随意丢放，部分群众或者拾荒者拣去后使用，从而引起中毒。

目前，市场上被批准开放养殖和使用的东方鲀属鱼类，只有暗纹东方鲀和红鳍东方鲀，也只批准拥有相关资质的企业生产和养殖；市场上流通的暗纹东方鲀经控毒健康养殖毒性低，经过多重的检测、多人的食用，已经达到国家安全食用的标准。所以在此呼吁大家，要到正规市场购买河鲀，不要贪图便宜去小摊小贩处购买，否则误食中毒，得不偿失。

## 四、中毒的症状表现

河豚毒素（tetrodotoxin，TTX）是东方鲀属（俗称河鲀）及其他生物体内含有的一种生物碱。TTX 中毒症状因人而异，且和摄入量的不同而不同。该毒素经腹腔注射，对小鼠的 $LD_{50}$ 为 $8\mu g/kg$，曾一度被认为是自然界中毒性最强的非蛋白类毒素。TTX 中毒潜伏期很短，短至 $10\sim30min$、长至 $3\sim6h$ 发病。发病急，如果抢救不及时，中毒后最快的 $10min$ 内死亡，最迟 $4\sim6h$ 死亡。目前，临床根据中毒的现象，就症状分为以下 3 个方面：

**1. 胃肠症状** 食后不久即有恶心、呕吐、腹痛或腹泻等。

**2. 神经麻痹症状** 开始有口唇、舌尖、指端麻木，继而全身麻木、眼睑下垂、四肢无力、步态不稳、共济失调，肌肉软瘫和腱反射消失。

**3. 呼吸、回流衰竭症状** 呼吸困难、急促表浅而不规则紫绀，血压下降，瞳孔先缩小、后散大或两侧不对称，语言障碍，昏迷，最后死于呼吸、回流衰竭。

诊断依据：

（1）有进食河鲀史，多在 $0.5\sim3h$ 内发病，同食者也有类似症状出现。

（2）典型的临床表现。

（3）心电图检查显示出不同程度的房室传导阻滞。

（4）动物试验取患者尿液 $5mL$，注射于雄蟾蜍的腹腔内，于注射后 $0.5h$、$1h$、$3h$、$7h$ 分别观察其中毒现象，可进行确诊及预后诊断。

一般认为，若有从唇、舌、咽喉到四肢末端的进展性麻痹，即可考虑 TTX 中毒。相关统计表明，误食河鲀的死亡率高达 $40\%$。但病人经过抢救后无任何后遗症，且 TTX 为生物碱，不具有免疫原性，中毒后机体不会产生抗体，再次误食仍会中毒。

## 五、中毒后的急救措施

目前，临床上无治疗的特效药，可用糖皮质激素等药物对症处理。

如果发现为中毒现象，在送往医院的路上先进行人工催吐，将未消化的河鲀尽快催吐出来，减少毒素的积累。现代医学治疗的方法主要有：

（1）洗胃与导泄　在食用2～4h后进行疗效较佳。机械催吐或者口服1%的硫酸铜溶液50～100mL，后用1：5 000的高锰酸钾溶液或者0.5%的活性炭悬液洗胃，水温以25～30℃为宜。最后口服硫酸镁导泻，从而及时排出未吸收的毒素。

（2）静脉注射维生素C、生理盐水等，利尿，从而促进毒素的排泄。

（3）L-半胱氨酸50～100mg/d，静脉滴注，肌肉麻痹时可用士的宁2～3mg，肌内注射或皮下注射，每天3次；也可应用糖皮质激素、东莨菪碱或阿托品等药物拮抗毒素作用。

（4）心律失常的治疗　患者以严重的心动过缓或房室传导阻滞多见，可用阿托品或异丙肾上腺素皮下或静脉注射，使得心律尽量维持在正常的范围。酌情使用糖皮质激素、肌苷等药物。

（5）呼吸衰竭的治疗　吸氧气，给予呼吸兴奋剂，如洛贝林和尼可刹米等。如果效果不佳，尽早气管插管或器官切开，进行机械通气。

（6）血液透析　重度中毒患者容易出现呼吸和循环障碍，应尽快进行血液透析，加速毒素排泄，可明显提高救治成功率（图9-7）。

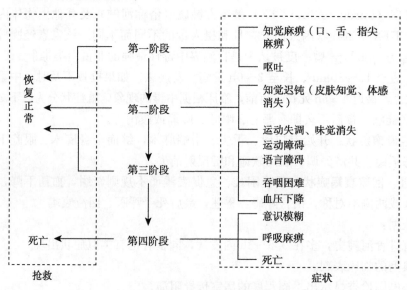

图9-7　河豚毒素中毒的临床症状及抢救效果

## 六、预防措施

**1. 严格的食品监管制度**　国家食品卫生监督机构要联合有关执法部门，加强对河鲀产品从饲养、加工到销售等渠道的监管力度。在全国有条件的城市设立专门的河鲀餐饮店定点食用；或者对食品从业者进行相关的培训，只有拥有相关资质证书的厨师或酒店才能进行相关的售卖。禁止非法加工、销售等，加工后的厨余废料要进行焚烧或者进行特定的处理予以销毁，不可随意丢弃，应符合厨房垃圾分类的标准。

**2. 提高去毒食用方法的科学性** 由于 TTX 的耐热性好，单纯通过烹煮也许无法将其毒性完全破坏。因此，在料理前必须确认河鲀为人工养殖的暗纹东方鲀，而不是非法途径捕捞的野生暗纹东方鲀，然后必须去除卵巢等毒性含量大的部位，确认皮、肌肉、精巢为可食用的部位。将肌肉作为生鱼片食用时，需经过淡水流水充分洗涤后方可食用。

对东方鲀属鱼类加强相关科普知识的宣传，充分利用新兴的网络社交平台等加强宣传，提高群众对河豚毒素危害的认知性；同时，加强对《食品卫生法》等法规的宣传，提高相关从业人员和广大消费者的法制观念及食品安全的认知水平。

# 参 考 文 献

邓伟，2019. 温度胁迫对多鳞白甲鱼 AMPK 介导的能量稳态及脂肪酸代谢的影响 [D]. 咸阳：西北农林
　　科技大学.

洪磊，张秀梅，2005. 环境胁迫对许氏平鲉和花鲈血糖、血沉降的影响 [J]. 中国水产科学，12（4）：
　　414-418.

华雪铭，周洪琪，张冬青，等，2007. 壳聚糖和益生菌对暗纹东方鲀抗病力和免疫功能的影响 [J]. 水
　　产学报，31（4）：478-486.

华元渝，顾志峰，周昕，等，2002. 暗纹东方鲀控毒养殖技术的研究 [J]. 淡水渔业，32（5）：20-23.

冀德伟，李明云，王天柱，等，2009. 不同低温胁迫时间对大黄鱼血清生化指标的影响 [J]. 水产科学，
　　28（1）：1-4.

贾明亮，2010. 低温胁迫对奥尼罗非鱼的生长、肌肉组成和血液生理生化指标的影响 [D]. 湛江：广东
　　海洋大学.

贾巧静，2015. 大黄鱼 MAPK 家族部分基因克隆与表达分析 [D]. 厦门：集美大学.

江东能，2012. 低温胁迫对以色列红罗非鱼生理生化指标的影响 [D]. 湛江：广东海洋大学.

李佳佳，2008. 暗纹东方鲀（*Takifugu obscurus*）早期发育阶段渗透压调节能力的研究 [D]. 南京：南
　　京师范大学.

刘明丽，2015. 斑马鱼低温响应基因顺式调控元件的鉴定及鳞头犬牙南极鱼 *ATP6V0C* 基因在 HeLa 细
　　胞中抗寒研究 [D]. 上海：上海海洋大学.

刘襄河，叶超霞，沈碧端，等，2014. 饲料中糖/脂肪比对暗纹东方鲀幼鱼生长、血液指标、肝代谢酶活
　　性及 PEPCK 基因表达的影响 [J]. 水产学报，38（8）：1149-1158.

刘襄河，叶超霞，郑丽勉，等，2013. 饲料糊精水平对暗纹东方鲀幼鱼生长、消化酶活性和血液生化指
　　标的影响 [J]. 水产学报，37（9）：1359-1368.

刘岩，2016. 基于 1H NMR 代谢组学方法研究敌敌畏对金鱼的毒性及作用机制 [D]. 南京：南京理工
　　大学.

罗胜玉，2016. 低温胁迫对黄姑鱼生理生化指标和 *Hsp70* 基因表达模式的影响 [D]. 舟山：浙江海洋
　　大学.

马晶晶，2008. n-3 高不饱和脂肪酸对黑鲷幼鱼生长及脂肪代谢的影响 [D]. 杭州：浙江大学.

孙建华，2017. 红鳍东方鲀低温转录组基因差异表达分析及系谱认证研究 [D]. 上海：上海海洋大学.

王家庆，张丽丽，马爽，2014. 虹鳟冷休克蛋白 Y-box 基因的 cDNA 全长克隆与序列分析 [J]. 南京农
　　业大学学报，37（2）：153-159.

王金凤，2020. 低温胁迫诱导罗非鱼和斑马鱼鱼鳃差异凋亡的分子机制 [D]. 上海：上海海洋大学.

王丽雅，2013. 养殖雄性暗纹东方鲀营养品质研究 [D]. 上海：上海海洋大学.

王美垚，2009. 急性低温胁迫及恢复对吉富罗非鱼血清生化、免疫以及应激蛋白 HSP70 基因表达的影
　　响 [D]. 南京：南京农业大学.

王素久，张海发，赵俊，等，2011. 不同盐度对斜带石斑鱼幼鱼生长和生理的影响 [J]. 广东海洋大学
　　学报，31（6）：39-44.

王涛，王玮，陈同庆，等，2019. 急性铜胁迫对暗纹东方鲀组织铜积累，氧化应激，消化酶，组织病变及脂代谢相关基因表达的影响 [J]. 中国水产科学，26 (6)：1144 - 1152.

卫育良，2014. 水解鱼蛋白对摄食高植物蛋白饲料的大菱鲆幼鱼生长性能的影响及其代谢组学初步分析 [D]. 青岛：中国海洋大学.

文鑫，2019. 暗纹东方鲀（*Takifugu fasciatus*）应对低温胁迫的生理响应和分子机制研究 [D]. 南京：南京师范大学.

吴容，2013. 养殖暗纹东方鲀肉中特征性气味物质鉴定研究 [D]. 上海：上海海洋大学.

谢妙，2012. 低温胁迫对斜带石斑鱼生理、生化、脂肪酸的影响 [D]. 湛江：广东海洋大学.

许琼琼，2016. 低温胁迫对 ROS 产生、MAPK 和 Selenoprotein P 功能的影响 [D]. 上海：上海海洋大学.

杨敏，2016. 一种南极鱼Ⅲ型抗冻蛋白抵抗低温分子机制的初步研究 [D]. 上海：上海海洋大学.

杨鸢劼，陈辉，贺艳辉，2016. 温室养殖暗纹东方鲀毛霉菌的鉴定、致病性和病理学研究 [J]. 中国水产科学，13 (2)：269 - 276.

殷芹，2010. 小鼠法和高效液相色谱法测定野生河鲀不同组织内河豚毒素的含量 [D]. 青岛：中国海洋大学.

张娜，罗国芝，谭洪新，等，2010. 温度对宝石鲈生长及血液生化免疫指标的影响 [J]. 中国水产科学，17 (6)：1236 - 1242.

张鑫宇，2020. 暗纹东方鲀 *HTR*4、*TGF - β*1 和 *CIRP* 基因的克隆、表达分析及 SNP 位点开发 [D]. 南京：南京师范大学.

赵爽，2010. 暗纹东方鲀应激行为及其功能形态学的研究 [D]. 上海：上海海洋大学.

周鑫，董云伟，王芳，等，2013. 草鱼 *hsp*70 和 *hsp*90 对温度急性变化的响应 [J]. 水产学报，37 (2)：216 - 221.

朱华平，刘玉姣，刘志刚，等，2014. 低温胁迫对尼罗罗非鱼水通道蛋白基因（*AQP*1）表达的影响 [J]. 中国水产科学，21 (6)：1181 - 1189.

朱琼，2011. 鳜快肌、慢肌组成比较脏及肌纤维早期发育特征 [D]. 上海：上海海洋大学.

Adjoumani J Y, Wang K, Zhou M, et al., 2016. Effect of dietary betaine on growth performance, antioxidant capacity and lipid metabolism in blunt snout bream fed a high - fat diet [J]. Fish Physiology & Biochemistry, 43 (6)：1733 - 1745.

Banaee M, Haghi B N, Tahery S, et al., 2016. Effects of sub - lethal toxicity of paraquat on blood biochemical parameters of common carp, *Cyprinus carpio* (Linnaeus, 1758) [J]. Iranian Journal of Toxicology, 10 (6)：1 - 5.

Bastiaan S, Nederbragt A J, SisselJ, et al., 2011. The genome sequence of Atlantic cod reveals a unique immune system [J]. Nature, 477 (7363)：207 - 210.

Bing X, Li X, Lin Z, et al., 2016. Prediction of toxin genes from Chinese yellow catfish based on transcriptomic and proteomic sequencing [J]. International Journal of Molecular Sciences, 17 (4)：556 - 578.

Brentnall M, Rodriguez - Menocal L, Guevara R L D, et al., 2013. Caspase - 9, caspase - 3 and caspase - 7 have distinct roles during intrinsic apoptosis [J]. BMC Cell Biology, 14 (1)：32.

Cao L, Huang Q, Wu Z, et al., 2016. Neofunctionalization of zona pellucida proteins enhances freeze - prevention in the eggs of Antarctic notothenioids [J]. Nature Communications, 7：12987.

Chen L, Hu Y, He J, et al., 2017. Responses of the proteome and metabolome in livers of zebrafish exposed chronically to environmentally relevant concentrations of microcystin - LR [J]. Environmental Science & Technology, 51 (1): 596 - 607.

Chen S, Yu M, Chu X, et al., 2017. Cold - induced retrotransposition of fish LINEs [J]. Journal of Genetics and Genomics, 44 (8): 385 - 394.

Cheng C H, Guo Z X, Luo S W, et al., 2018. Effects of high temperature on biochemical parameters, oxidative stress, DNA damage and apoptosis of pufferfish (*Takifugu obscurus*) [J]. Ecotoxicology and Environmental Safety, 150: 190 - 198.

Cheng C H, Guo Z X, Ye C X, et al., 2017. Effect of dietary astaxanthin on the growth performance, non - specific immunity, and antioxidant capacity of pufferfish (*Takifugu obscurus*) under high temperature stress [J]. Fish Physiology & Biochemistry, 44 (1): 209 - 218.

Cheng C H, Liang H Y, Luo S W, et al., 2018. The protective effects of vitamin C on apoptosis, DNA damage and proteome of pufferfish (*Takifugu obscurus*) under low temperature stress [J]. Journal of Thermal Biology, 71: 128 - 135.

Cheng C H, Yang F F, Liao S A, et al., 2015. High temperature induces apoptosis and oxidative stress in pufferfish (*Takifugu obscurus*) blood cells [J]. Journal of Thermal Biology, 53: 172 - 179.

Chouchani E T, Kazak L, Jedrychowski M P, et al., 2016. Mitochondrial ROS regulate thermogenic energy expenditure and sulfenylation of UCP1 [J]. Nature, 532 (7597): 112 - 116.

Colakoglu H E, Yazlik M O, Kaya U, et al., 2017. MDA and GSH - Px activity in transition dairy cows under seasonal variations and their relationship with reproductive performance [J]. Journal of Veterinary Research, 61 (4): 497 - 502.

Gierczik K, Székely A, Ahres M, et al., 2019. Overexpression of two upstream phospholipid signaling genes improves cold stress response and hypoxia tolerance, but leads to developmental abnormalities in barley [J]. Plant Molecular Biology Reporter, 37 (4): 314 - 326.

Hasanally D, Edel A, Chaudhary R, et al., 2016. Identification of oxidized phosphatidylinositols present in OxLDL and human atherosclerotic plaque [J]. Lipids, 52 (1): 11 - 26.

Hornstein J, Espinosa E P, Cerrato R M, et al., 2018. The influence of temperature stress on the physiology of the Atlantic surfclam, *Spisula solidissima* [J]. Comparative Biochemistry & Physiology Part A Molecular & Integrative Physiology, 222: 66 - 73.

Jia J, Zhang Y, Yuan X, et al., 2018. Reactive oxygen species participate in liver function recovery during compensatory growth in zebrafish (*Danio rerio*) [J]. Biochemical & Biophysical Research Communications, 499 (2): 285 - 290.

Jia Y, Yin S, Li L, et al., 2016. iTRAQ proteomic analysis of salinity acclimation proteins in the gill of tropical marbled eel (*Anguilla marmorata*) [J]. Fish Physiology & Biochemistry, 42 (3): 935 - 946.

Jiang L, Yan Q, Fang S, et al., 2017. Calcium binding protein 39 promotes hepatocellular carcinoma growth and metastasis by activating ERK signaling pathway [J]. Hepatology, 66 (5): 1529 - 1545.

Kang C K, Chen Y C, Chang C H, et al., 2015. Seawater - acclimation abates cold effects on $Na^+$, $K^+$ - ATPase activity in gills of the juvenile milkfish, *Chanos chanos* [J]. Aquaculture, 446 (5): 67 - 73.

Kerner J, Hoppel C, 2020. Fatty acid import into mitochondria [J]. BBA - Molecular and Cell Biology of Lipids, 1486 (1): 1 - 17.

Long Y, Yan J, Song G, et al., 2016. Transcriptional events co - regulated by hypoxia and cold stresses in Zebrafish larvae [J]. BMC Genomics, 16 (1): 1 - 15.

Ma M, Zhu Z, Cheng S, et al., 2020. Methyl jasmonate alleviates chilling injury by regulating membrane lipid composition in green bell pepper [J]. Scientia Horticulturae, 266: 109308.

Mahanty A, Purohit G K, Banerjee S, et al., 2016. Proteomic changes in the liver of *Channa striatus* in response to high temperature stress [J]. Electrophoresis, 37 (12): 1704-1717.

Man W, Fw A, Sx B, et al., 2021. Acute hypoxia and reoxygenation: Effect on oxidative stress and hypoxia signal transduction in the juvenile yellow catfish (*Pelteobagrus fulvidraco*) [J]. Aquaculture, 531: 735903.

Masroor W, Farcy E, Gros R, et al., 2017. Effect of combined stress (salinity and temperature) in European sea bass *Dicentrarchus labrax* osmoregulatory processes [J]. Comparative Biochemistry and Physiology Part A: Molecular & Integrative Physiology, 215: 45-54.

Mateus A P, Costa R, Gisbert E, et al., 2017. Thermal imprinting modifies bone homeostasis in cold challenged sea bream (*Sparus aurata*, L.) [J]. Journal of Experimental Biology, 220 (19): 3442-3454.

Meng X L, Liu P, Li J, et al., 2014. Physiological responses of swimming crab Portunus trituberculatus under cold acclimation: Antioxidant defense and heat shock proteins [J]. Aquaculture, 434: 11-17.

Mininni A N, Milan M, Ferraresso S, et al., 2014. Liver transcriptome analysis in *gilthead sea bream* upon exposure to low temperature [J]. BMC Genomics, 15 (1): 765.

Nuezortín W G, Carter C G, Nichols P D, et al., 2018. Liver proteome response of pre-harvest *Atlantic salmon* following exposure to elevated temperature [J]. BMC Genomics, 19 (1): 133.

Obayashi Y, Arisaka H, Yoshida S, et al., 2015. The protection mechanism of proline from D-galactosamine hepatitis involves the early activation of ROS-eliminating pathway in the liver [J]. Springerplus, 4 (1): 199.

Peng H, Mingli L, Dong Z, et al., 2015. Global identification of the genetic networks and cis-regulatory elements of the cold response in zebrafish [J]. Nucleic Acids Research, 43 (19): 9198-9213.

Shin S C, Ahn D H, Su J K, et al., 2014. The genome sequence of the Antarctic *bullhead notothen* reveals evolutionary adaptations to a cold environment [J]. Genome Biology, 15 (9): 468.

Smillie C L, Sirey T, Ponting C P, 2018. Complexities of post-transcriptional regulation and the modeling of ceRNA crosstalk [J]. Critical Reviews in Biochemistry & Molecular Biology, 53 (3): 231-245.

Sohail M I, Schmid D, Wlcek K, et al., 2017. Molecular mechanism of taurocholate transport by the bile salt export pump, an ABC-transporter associated with intrahepatic cholestasis [J]. Molecular Pharmacology, 92 (4): 401-413.

Song J W, Lam S M, FanX, et al., 2020. Omics-driven systems interrogation of metabolic dysregulation in COVID-19 pathogenesis [J]. Cell Metabolism, 32 (2): 188-202.

Song L W, Zheng G, Wang A L, 2017. Effects of Isatis root polysaccharide on non-specific immune responses and nutritive indices in obscure pufferfish, *Takifugu obscurus* [J]. Aquaculture Research, 49 (2): 603-613.

Sun Z Z, Tan X H, Liu Q Y, et al., 2019. Physiological, immune responses and liver lipid metabolism of orangespotted grouper (*Epinephelus coioides*) under cold stress [J]. Aquaculture, 498: 545-555.

Sutherland B J, Koczka K W, Yasuike M, et al., 2014. Comparative transcriptomics of Atlantic *Salmo salar*, chum *Oncorhynchus keta* and pink salmon *O. gorbuscha* during infections with salmon lice Lepeophtheirus salmonis [J]. BMC Genomics, 15 (1): 200.

Tian J J, Lei C X, Ji H, et al., 2017. Comparative analysis of effects of dietary arachidonic acid and EPA on growth, tissue fatty acid composition, antioxidant response and lipid metabolism in juvenile grass carp, *Ctenopharyngodon idellus* [J]. British Journal of Nutrition, 118 (6): 411 - 422.

Tufi S, Stel J M, Boer J D, et al., 2015. Metabolomics to explore imidacloprid - induced toxicity in the central nervous system of the freshwater snail *lymnaea stagnalis* [J]. Environmental Science & Technology, 49 (24): 14529 - 14536.

Wang J, Hou X, Xue X F, et al., 2018. Interactive effects of temperature and salinity on the survival, oxidative stress, and $Na^+/K^+$ - ATPase activity of newly hatched obscure puffer (*Takifugu obscurus*) larvae [J]. Fish Physiology and Biochemistry, 45 (1): 93 - 103.

Wang J, Tang H, Zhang X, et al., 2017. Mitigation of nitrite toxicity by increased salinity is associated with multiple physiological responses: A case study using an economically important model species, the juvenile obscure puffer (*Takifugu obscurus*) [J]. Environmental Pollution, 232: 137 - 145.

Wang L, Wu ZQ, Wang XL, et al., 2016. Immune responses of two superoxide dismutases (SODs) after lipopolysaccharide or Aeromonas hydrophila challenge in pufferfish, *Takifugu obscurus* [J]. Aquaculture, 459: 1 - 7.

Wen X, Hu Y, Zhang X, et al., 2019. Integrated application of multi - omics provides insights into cold stress responses in pufferfish *Takifugu fasciatus* [J]. BMC Genomics, 20 (1): 563.

Wen X, Wang L, Zhu W, et al., 2017. Three toll - like receptors (TLRs) respond to Aeromonas hydrophila or lipopolysaccharide challenge in pufferfish, *Takifugu fasciatus* [J]. Aquaculture, 481: 40 - 47.

Wen X, Zhang X, Hu Y, et al., 2019. iTRAQ - based quantitative proteomic analysis of *Takifugu fasciatus* liver in response to low - temperature stress [J]. Journal of Proteomics, 201: 27 - 36.

Wiles S C, Bertram M G, Martin J M, et al., 2020. Long - term pharmaceutical contamination and temperature stress disrupt fish behavior [J]. Environmental Science and Technology, 54 (13): 8072 - 8082.

Wen X, Chu P, Xu J J, et al., 2021. Combined effects of low temperature and salinity on the immune response, antioxidant capacity and lipid metabolism in the pufferfish (*Takifugu fasciatus*) [J]. Aquaculture, 531: 735866.

Xiao Y T, Wang J, Yan W H, et al., 2017. p38α MAPK antagonizing JNK to control the hepatic fat accumulation in pediatric patients onset intestinal failure [J]. Cell Death & Disease, 12 (8): 523 - 531.

Xu H, Zhang D L, Yu D H, et al., 2015. Molecular cloning and expression analysis of scd1 gene from large yellow croaker *Larimichthys crocea* under cold stress [J]. Gene, 568 (1): 100 - 108.

Xu Q, Cai C, Hu X, et al., 2015. Evolutionary suppression of erythropoiesis via the modulation of TGF - β signalling in an *Antarctic icefish* [J]. Molecular Ecology, 24 (18): 4664 - 4678.

Xue T, Ping L, Yong Z, et al., 2016. Interleukin - 6 induced "acute" phenotypic microenvironment promotes Th1 anti - tumor immunity in cryo - thermal therapy revealed by shotgun and parallel reaction monitoring proteomics [J]. Theranostics, 6 (6): 773 - 794.

Ye C X, Wan F, Sun Z Z, et al., 2016. Effect of phosphorus supplementation on cell viability, anti - oxidative capacity and comparative proteomic profiles of puffer fish (*Takifugu obscurus*) under low temperature stress [J]. Aquaculture, 452: 200 - 208.

Yuan F, Wang H, Tian Y, et al., 2016. Fish oil alleviated high - fat diet - induced non - alcoholic fatty liver disease via regulating hepatic lipids metabolism and metaflammation: a transcriptomic study [J]. Lipids in Health & Disease, 15 (1): 20.

Zhang G, Zhang J, Wen X, et al. , 2017. Comparative iTRAQ - based quantitative proteomic analysis of *Pelteobagrus vachelli* liver against acute hypoxia: implications in metabolic responses [J]. Proteomics, 17 (17): 1700140.

Zhang L, Wang Z, Zhang J, et al. , 2018. Porcine Parvovirus infection impairs progesterone production in Luteal Cells through MAPKs, p53 and mitochondria - mediated Apoptosis [J]. Biology of Reproduction, 98 (4): 558 - 569.

Zhou L, Charkraborty T, Nagahama Y, 2014. Rspo1/Wnt signaling molecules are sufficient to induce ovarian differentiation in the XY Medaka (*Oryzias latipes*) [J]. Journal of Luminescence, 154 (4): 305 - 309.

图书在版编目（CIP）数据

暗纹东方鲀"中洋1号"生物学研究与绿色养殖技术 /
王涛，尹绍武编著. —北京：中国农业出版社，2023.6
ISBN 978-7-109-30805-3

Ⅰ.①暗… Ⅱ.①王… ②尹… Ⅲ.①河豚－生物学
②河豚－鱼类养殖 Ⅳ.①Q959.489②S965.225

中国国家版本馆CIP数据核字（2023）第108693号

中国农业出版社出版

地址：北京市朝阳区麦子店街18号楼
邮编：100125
责任编辑：张艳晶 文字编辑：林珠英
版式设计：杨 婧 责任校对：张雯婷
印刷：北京印刷一厂
版次：2023年6月第1版
印次：2023年6月北京第1次印刷
发行：新华书店北京发行所
开本：787mm×1092mm 1/16
印张：13.25 插页：4
字数：380千字
定价：72.00元

图 1-1　暗纹东方鲀

图 1-2　红鳍东方鲀

图 1-3　菊黄东方鲀

图 1-4　黄鳍东方鲀

图 1-5　双斑东方鲀

图 1-6　弓斑东方鲀

图 1-7　铅点东方鲀

图 1-8　虫纹东方鲀

图 1-9　假睛东方鲀

图 1-10　星点东方鲀

图 1-11　黑青斑河鲀

图 3-1　未选育的暗纹东方鲀

图 3-2　暗纹东方鲀"中洋 1 号"

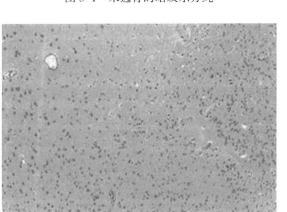

图 3-5　暗纹东方鲀中脑组织

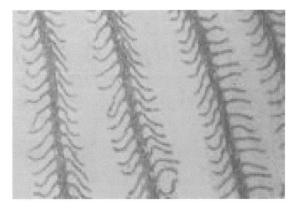

图 3-6　暗纹东方鲀鳃组织

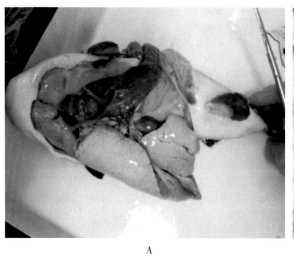

A

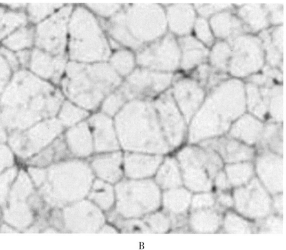

B

图 3-7　暗纹东方鲀肝脏结构

A.正常暗纹东方鲀肝脏外观　B.正常暗纹东方鲀肝脏显微结构

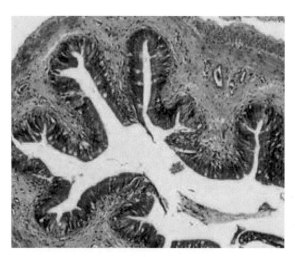

图 3-8　暗纹东方鲀肠组织

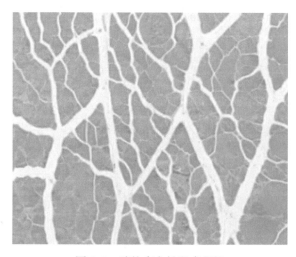

图 3-9　暗纹东方鲀肌肉组织

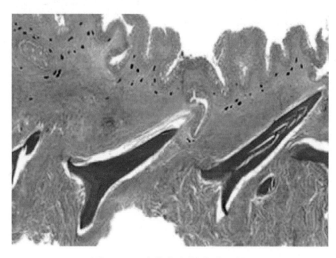

图 3-10　暗纹东方鲀皮肤组织

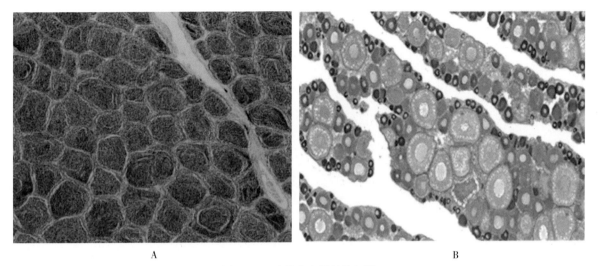

A                                           B

图 3-11   暗纹东方鲀性腺组织

A. 暗纹东方鲀精巢显微结构   B. 暗纹东方鲀卵巢显微结构

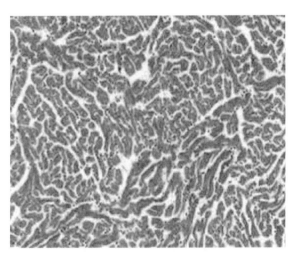

图 3-12   暗纹东方鲀心脏组织

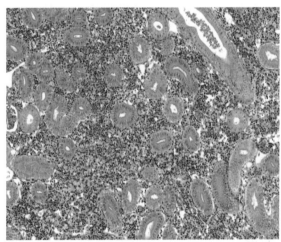

图 3-13   暗纹东方鲀肾脏组织

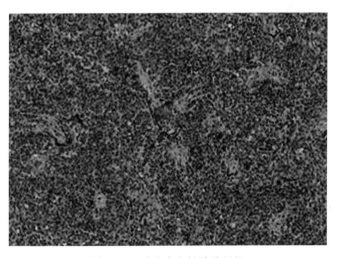

图 3-14   暗纹东方鲀脾脏组织

A

B

图 5-20　显著差异共表达基因和代谢物的互作网络图

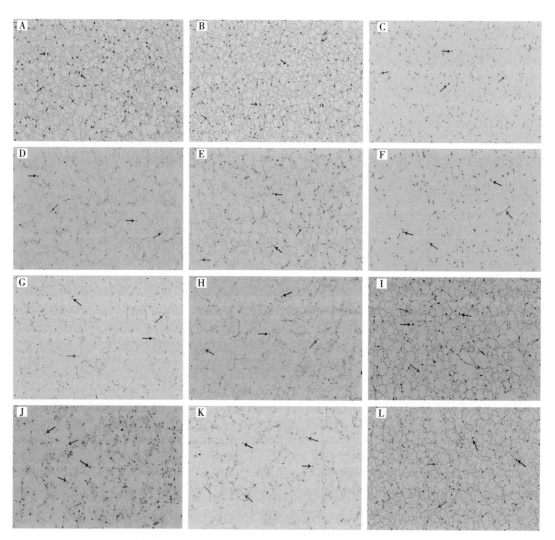

图 5-32　低温下盐度对暗纹东方鲀肝脏细胞凋亡的影响

　　注：（A）013、（B）017、（C）021、（D）025、（E）1013、（F）1017、（G）1021、（H）1025、（I）2013、（J）2017、（K）2021、（L）2025；棕黄色的点代表阳性的凋亡细胞（黑色箭头）；浅蓝色点或深蓝色点代表阴性正常细胞（红色箭头）。